国家工科数学教学基地　国家级精品课程使用教材

Nucleus

新核心

理工基础教材

线性代数

第二版

向光辉　曹玥　主编

上海交通大学数学系　组编

上海交通大学出版社

SHANGHAI JIAO TONG UNIVERSITY PRESS

内容提要

全书共分为五章，包括行列式，矩阵，线性方程组，矩阵的特征值与特征向量和二次型. 本教材吸取优秀教材精华部分，依照文科生和留学生的知识结构要求及特点，围绕教学大纲内容，强调教材的层次性针对性，即便于文科生高等数学教导，也方便自学，各知识点后配有相应习题，并附有习题答案.

本书可作为外语学院、媒设学院、行政管理、国际经济与贸易、公共事业管理、留学生等的教学用书，也可供广大读者进行自学.

图书在版编目(CIP)数据

线性代数/ 向光辉，曹玥主编；上海交通大学数学系组编. —2 版. —上海：上海交通大学出版社，2021.8

ISBN 978-7-313-25321-7

Ⅰ. ①线… Ⅱ. ①向… ②曹… ③上… Ⅲ. ①线性代数—高等学校—教材 Ⅳ. ①O151.2

中国版本图书馆 CIP 数据核字(2021)第 170233 号

线性代数(第二版)

XIANXING DAISHU (DIERBAN)

主　　编：向光辉　曹玥

组　　编：上海交通大学数学系

出版发行：上海交通大学出版社

地　　址：上海市番禺路 951 号

邮政编码：200030

电　　话：021-64071208

印　　制：上海景条印刷有限公司

经　　销：全国新华书店

开　　本：710 mm×1000 mm　1/16

印　　张：15.25

字　　数：284 千字

版　　次：2017 年 1 月第 1 版　2021 年 8 月第 2 版

印　　次：2021 年 8 月第 2 次印刷

书　　号：ISBN 978-7-313-25321-7

定　　价：42.00 元

第二版前言

承蒙各位老师与学生的厚爱，本书已经走过了五个春秋。在深感欣慰之余，编者深知，教材中仍然存在着不少问题，更有许多有待完善之处。为适应新时代的教学要求，自2018年起，编者开始着手教材的再版工作，历经三年终于修订完成。此次再版基本保持第一版的定位，主要改动包括：

(1) 用更加精简的语言叙述主要概念和定理，使之更清晰易懂；

(2) 对部分内容的结构以及例题的位置进行了适当调整，使之更具有逻辑性和系统性；

(3) 增加了部分专业名词的中英文对照；

(4) 对初版中的一些错误做了订正。

第二版的修订工作由向光辉和曹玥完成。这里特别感谢上海交通大学出版社的杨帆老师和编辑部的老师们在修订工作中提供的专业意见与建议，以及数学科学学院给予的支持与鼓励，同时感谢留学生班的同学们在再版过程中给予编者的帮助。

限于编者的水平与经验，本书中的缺点和不足之处在所难免，敬请同行和读者不吝指正。

编　者

2021年6月

前　言

在信息极为丰富的今天，对人才的培养更加需要具有针对性，才能提高教学质量，高效完成教学目标.本书是编者在结合多年线性代数课堂教学实践的基础上，根据学校教育发展的多元化、特色化导向要求而编写的.

本书在编写过程中注重构建知识主线，力求运用生动形象的语言阐述数学概念及定理，在形象的同时不失数学的严密性，力求完整清晰；在内容选取上注重系统性和层次性.在保持知识体系的完整性基础上，特别注重对知识点难度的把握；结合各小节内容配置不同层次的练习题，方便读者使用.

全书共分为五章，包括行列式，矩阵，线性方程组，矩阵的特征值与特征向量，二次型.本教材可作为外语学院、媒设学院、行政管理、国际经济与贸易、公共事业管理等各专业的学生及留学生的教材和教学参考书；也可供自学读者阅读.

本书由向光辉和曹玥共同编写，习题和答案由曹玥收集和整理.限于编者的水平与经验，书中存在的不足之处，恳请读者指正.

目　录

1 行 列 式

行列式的概念最初是在研究线性方程组解的过程中产生的. 行列式本质上是由一些数值排列成的数表按一定的法则计算得到的一个**数**. 如今,它在数学的许多分支中都有着非常广泛的应用,是一种常用的计算工具. 特别地,行列式公式给出构成行列式的数表的重要信息,它在本课程研究线性方程组、矩阵及向量组的线性相关性等方面具有重要作用.

1.1 二阶与三阶行列式

本节主要对二阶、三阶行列式进行简要介绍,它们是学习和讨论更高阶行列式的基础.

1.1.1 二阶行列式

定义 1.1 用记号

$$\begin{vmatrix} a_{11} & a_{12} \\ a_{21} & a_{22} \end{vmatrix}$$

表示代数和 $a_{11}a_{22}-a_{12}a_{21}$,称为**二阶行列式**,即

$$\begin{vmatrix} a_{11} & a_{12} \\ a_{21} & a_{22} \end{vmatrix}=a_{11}a_{22}-a_{12}a_{21}.$$

式中,a_{11},a_{12},a_{21},a_{22} 称为行列式的**元素**或**元**. 横排称为**行**,竖排称为**列**,元素 a_{ij} 的第一个下标 i 称为**行标**,表明该元素位于第 i 行,第二个下标 j 称为**列标**,表明该元素位于第 j 列.

上述二阶行列式的定义,可用**对角线法则**来记忆. 参看图 1.1,将 a_{11} 到 a_{22} 的实连线称为**主对角线**,a_{12} 到 a_{21} 的虚连线称为**副对角线**,则二阶行列式是主对角线上的两元素之积减去副对角线上两元素之积所得的差.

图 1.1

例 1.1 $\begin{vmatrix} 5 & -1 \\ 7 & 2 \end{vmatrix}=5\times 2-(-1)\times 7=17.$

例 1.2 设 $D=\begin{vmatrix}\lambda^2 & \lambda \\ 3 & 1\end{vmatrix}$，问：

(1) 当 λ 为何值时，$D=0$；

(2) 当 λ 为何值时，$D\neq 0$.

解 $D=\begin{vmatrix}\lambda^2 & \lambda \\ 3 & 1\end{vmatrix}=\lambda^2-3\lambda=\lambda(\lambda-3)$，

(1) 当 $\lambda=0$ 或 $\lambda=3$ 时，$D=0$.

(2) 当 $\lambda\neq 0$ 且 $\lambda\neq 3$ 时，$D\neq 0$.

1.1.2 二阶行列式的应用

行列式是解线性方程组的有力工具，现在利用二阶行列式求解二元线性方程组.

对二元方程组

$$\begin{cases}a_{11}x_1+a_{12}x_2=b_1,\\ a_{21}x_1+a_{22}x_2=b_2,\end{cases}$$

利用加减消元法解得

$$x_1=\frac{b_1a_{22}-a_{12}b_2}{a_{11}a_{22}-a_{12}a_{21}},\ x_2=\frac{a_{11}b_2-b_1a_{21}}{a_{11}a_{22}-a_{12}a_{21}}.$$

若记 D，D_1，D_2 分别为分母和分子的行列式.

$$D=\begin{vmatrix}a_{11} & a_{12} \\ a_{21} & a_{22}\end{vmatrix},\ D_1=\begin{vmatrix}b_1 & a_{12} \\ b_2 & a_{22}\end{vmatrix},\ D_2=\begin{vmatrix}a_{11} & b_1 \\ a_{21} & b_2\end{vmatrix},\text{则}$$

当 $D\neq 0$ 时，二元线性方程组有唯一解，这个结论称为**克莱姆法则**，我们将在 1.5 节的定理 1.6 中给出详细叙述，即

$$x_1=\frac{D_1}{D},\ x_2=\frac{D_2}{D}.$$

注 从形式上看，分母 D 是由方程组的系数所确定的二阶行列式(称为**系数行列式**)，x_1 的分子 D_1 是用常数项 b_1、b_2 替换 D 中 x_1 的系数 a_{11}、a_{21} 所得的二阶行列式，x_2 的分子 D_2 是用常数项 b_1、b_2 替换 D 中 x_2 的系数 a_{12}、a_{22} 所得的二阶行列式. 对三元线性方程组也有类似的规律.

例 1.3 解方程组 $\begin{cases}2x_1 - x_2 = 1,\\ x_1 + 2x_2 = 8.\end{cases}$

解 由 $D=\begin{vmatrix}2 & -1\\ 1 & 2\end{vmatrix}=5\neq 0$, $D_1=\begin{vmatrix}1 & -1\\ 8 & 2\end{vmatrix}=10$, $D_2=\begin{vmatrix}2 & 1\\ 1 & 8\end{vmatrix}=15$,
知方程组有唯一解：

$$x_1=\frac{D_1}{D}=\frac{10}{5}=2,\ x_2=\frac{D_2}{D}=\frac{15}{5}=3.$$

1.1.3 三阶行列式

定义 1.2 用记号 $\begin{vmatrix}a_{11} & a_{12} & a_{13}\\ a_{21} & a_{22} & a_{23}\\ a_{31} & a_{32} & a_{33}\end{vmatrix}$ 表示代数和

$$a_{11}a_{22}a_{33}+a_{12}a_{23}a_{31}+a_{13}a_{21}a_{32}-a_{13}a_{22}a_{31}-a_{11}a_{23}a_{32}-a_{12}a_{21}a_{33},$$

称为**三阶行列式**，即

$$\begin{vmatrix}a_{11} & a_{12} & a_{13}\\ a_{21} & a_{22} & a_{23}\\ a_{31} & a_{32} & a_{33}\end{vmatrix}=a_{11}a_{22}a_{33}+a_{12}a_{23}a_{31}+a_{13}a_{21}a_{32}-a_{13}a_{22}a_{31}-a_{11}a_{23}a_{32}-a_{12}a_{21}a_{33}.$$

由上述定义可见，三阶行列式有 6 项，每一项均为不同行不同列的三个元素之积再加以正负号，其运算规律可用“**对角线法则**”或“**沙路法则**”来表述.

(1) 对角线法则(见图 1.2).

(2) 沙路法则(见图 1.3).

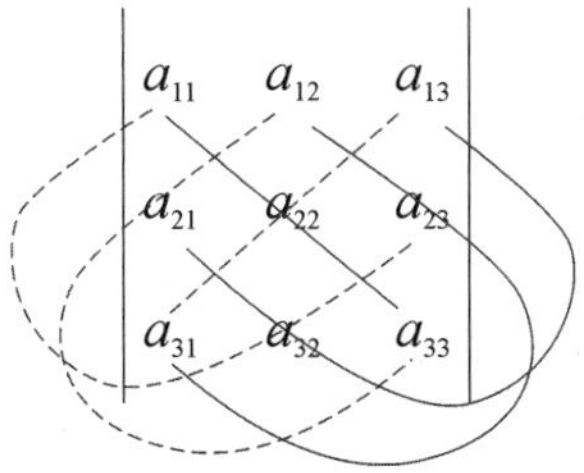

图 1.2

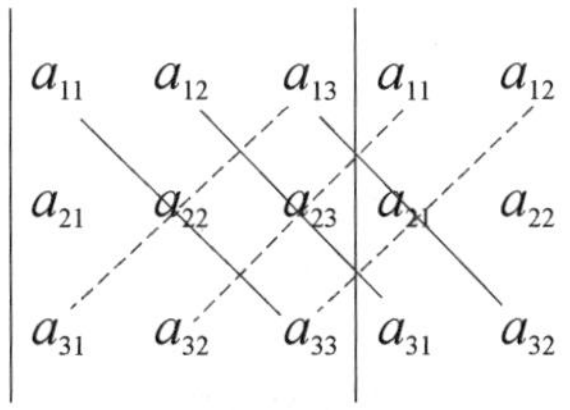

图 1.3

例 1.4 计算：$\begin{vmatrix} 3 & 1 & -1 \\ -5 & 1 & 3 \\ 2 & 0 & 1 \end{vmatrix}$.

解 $\begin{vmatrix} 3 & 1 & -1 \\ -5 & 1 & 3 \\ 2 & 0 & 1 \end{vmatrix} = 3\times1\times1+1\times3\times2+(-1)\times(-5)\times0-(-1)\times 1\times2-3\times3\times0-1\times(-5)\times1=9+7=16.$

例 1.5 解方程：$\begin{vmatrix} 3 & 1 & 1 \\ x & 1 & 0 \\ x^2 & 3 & 1 \end{vmatrix}=0.$

解 $\begin{vmatrix} 3 & 1 & 1 \\ x & 1 & 0 \\ x^2 & 3 & 1 \end{vmatrix}= 3+3x-x^2-x=0$，即 $x^2-2x-3=0$，得 $x=-1$ 或 $x=3$.

例 1.6 当 k 取何值时，$\begin{vmatrix} k & 3 & 4 \\ -1 & k & 0 \\ 0 & k & 1 \end{vmatrix}=0.$

解 $\begin{vmatrix} k & 3 & 4 \\ -1 & k & 0 \\ 0 & k & 1 \end{vmatrix}=k^2-4k+3=(k-3)(k-1)$，

所以当 $k=1$ 或 $k=3$，$\begin{vmatrix} k & 3 & 4 \\ -1 & k & 0 \\ 0 & k & 1 \end{vmatrix}=0.$

例 1.7 设 $D=\begin{vmatrix} a & 1 & 0 \\ 1 & a & 0 \\ 4 & 0 & 1 \end{vmatrix}$，试给出 $D>0$ 的充分必要条件.

解 $D=\begin{vmatrix} a & 1 & 0 \\ 1 & a & 0 \\ 4 & 0 & 1 \end{vmatrix}=a^2-1$，要使 $D>0$，即要 $a^2-1>0$，从而得 $|a|>1$，故使 $D>0$ 的充分必要条件是 $a>1$ 或 $a<-1$.

1.1.4 三阶行列式的应用

类似二元线性方程组的求解，对三元线性方程组

$$\begin{cases}a_{11}x_1+a_{12}x_2+a_{13}x_3=b_1,\\a_{21}x_1+a_{22}x_2+a_{23}x_3=b_2,\\a_{31}x_1+a_{32}x_2+a_{33}x_3=b_3,\end{cases}$$

记

$$D=\begin{vmatrix}a_{11}&a_{12}&a_{13}\\a_{21}&a_{22}&a_{23}\\a_{31}&a_{32}&a_{33}\end{vmatrix},\ D_1=\begin{vmatrix}b_1&a_{12}&a_{13}\\b_2&a_{22}&a_{23}\\b_3&a_{32}&a_{33}\end{vmatrix},$$

$$D_2=\begin{vmatrix}a_{11}&b_1&a_{13}\\a_{21}&b_2&a_{23}\\a_{31}&b_3&a_{33}\end{vmatrix},\ D_3=\begin{vmatrix}a_{11}&a_{12}&b_1\\a_{21}&a_{22}&b_2\\a_{31}&a_{32}&b_3\end{vmatrix},$$

若系数行列式 $D\neq 0$，则该方程组有唯一解：

$$x_1=\frac{D_1}{D},\ x_2=\frac{D_2}{D},\ x_3=\frac{D_3}{D}.$$

也可以记为
$$\begin{bmatrix}x_1\\x_2\\x_3\end{bmatrix}=\begin{bmatrix}D_1/D\\D_2/D\\D_3/D\end{bmatrix},$$

或

$$[x_1\quad x_2\quad x_3]^{\mathrm{T}}=\begin{bmatrix}\frac{D_1}{D}&\frac{D_2}{D}&\frac{D_3}{D}\end{bmatrix}^{\mathrm{T}}.$$

注意这种表示与第 2、第 3 章内容的联系.

例 1.8 求解三元线性方程组

$$\begin{cases}2x_1-4x_2+x_3=1,\\x_1-5x_2+3x_3=2,\\x_1-x_2+x_3=-1.\end{cases}$$

解 由 $D=\begin{vmatrix}2&-4&1\\1&-5&3\\1&-1&1\end{vmatrix}=-8\neq 0$，且

$$D_1=\begin{vmatrix}1&-4&1\\2&-5&3\\-1&-1&1\end{vmatrix}=11,\ D_2=\begin{vmatrix}2&1&1\\1&2&3\\1&-1&1\end{vmatrix}=9,\ D_3=\begin{vmatrix}2&-4&1\\1&-5&2\\1&-1&-1\end{vmatrix}=6,$$

得方程组的解为 $x_1=-\dfrac{11}{8}$, $x_2=-\dfrac{9}{8}$, $x_3=-\dfrac{3}{4}$.

例 1.9 求一个二次多项式 $f(x)$,使

$$f(1)=0,\ f(2)=3,\ f(-3)=28.$$

解 设所求的二次多项式为:$f(x)=ax^2+bx+c$,

由题意,得 $\begin{cases}f(1)=a+b+c=0,\\f(2)=4a+2b+c=3,\\f(-3)=9a-3b+c=28.\end{cases}$

因为 $D=-20\neq 0$, $D_1=-40$, $D_2=60$, $D_3=-20$,所以 $a=2$, $b=-3$, $c=1$,故所求多项式为 $f(x)=2x^2-3x+1$.

习 题 1-1

1. 计算下列二阶行列式:

(1) $\begin{vmatrix}6&9\\8&12\end{vmatrix}$;

(2) $\begin{vmatrix}a&b\\a^2&b^2\end{vmatrix}$;

(3) $\begin{vmatrix}x-1&1\\x^2&x^2+x+1\end{vmatrix}$;

(4) $\begin{vmatrix}1&\log_b a\\\log_a b&1\end{vmatrix}$;

(5) $\begin{vmatrix}1&3\\1&4\end{vmatrix}$;

(6) $\begin{vmatrix}2&1\\-1&2\end{vmatrix}$;

(7) $\begin{vmatrix}1&3\\2&7\end{vmatrix}$;

(8) $\begin{vmatrix}\ln x&y^2\\x&\ln y\end{vmatrix}$;

(9) $\begin{vmatrix}1&3\\2&6\end{vmatrix}$;

(10) $\begin{vmatrix}2&5\\4&10\end{vmatrix}$.

2. 设 $D=\begin{vmatrix}\lambda^2&\lambda\\3&3\end{vmatrix}$,问:

(1) 当 λ 为何值时,$D=0$?

(2) 当 λ 为何值时,$D\neq 0$?

3. 计算下列三阶行列式:

(1) $\begin{vmatrix} 1 & -2 & 1 \\ 2 & 1 & -3 \\ -1 & 1 & -1 \end{vmatrix}$；　　(2) $\begin{vmatrix} 1 & 1 & 1 \\ 3 & 1 & 4 \\ 8 & 9 & 5 \end{vmatrix}$；

(3) $\begin{vmatrix} 0 & a & 0 \\ b & 0 & c \\ 0 & d & 0 \end{vmatrix}$；　　(4) $\begin{vmatrix} 1 & 2 & 3 \\ 3 & 1 & 2 \\ 2 & 3 & 1 \end{vmatrix}$；

(5) $\begin{vmatrix} 1 & 0 & -1 \\ 3 & 5 & 0 \\ 0 & 4 & 1 \end{vmatrix}$；　　(6) $\begin{vmatrix} a & b & c \\ b & c & a \\ c & a & b \end{vmatrix}$.

4. a，b 满足什么条件时，有 $\begin{vmatrix} a & b & 0 \\ -b & a & 0 \\ 1 & 0 & 1 \end{vmatrix}=0$.

5. 当 x 取何值时，$\begin{vmatrix} 3 & 1 & x \\ 4 & x & 0 \\ 1 & 0 & x \end{vmatrix}\neq 0$?

6. $\begin{vmatrix} a & 1 & 1 \\ 0 & -1 & 0 \\ 4 & a & a \end{vmatrix}>0$ 的充分必要条件是什么?

7. 利用二阶行列式解二元一次方程组：

(1) $\begin{cases} x+y=2, \\ x-y=1; \end{cases}$　　(2) $\begin{cases} x+3y=4, \\ 2x-y=5. \end{cases}$

8. 解方程 $\begin{vmatrix} 1 & 1 & 1 \\ 2 & 3 & x \\ 4 & 9 & x^2 \end{vmatrix}=0$.

9. 解方程组 $\begin{cases} 2x_1-x_2-x_3=4, \\ 3x_1+4x_2-2x_3=11, \\ 3x_1-2x_2+4x_3=11. \end{cases}$

1.2　n 阶行列式

为了给出 n 阶行列式的定义，首先研究三阶行列式的结构.

我们知道，三阶行列式定义为

$$\begin{vmatrix} a_{11} & a_{12} & a_{13} \\ a_{21} & a_{22} & a_{23} \\ a_{31} & a_{32} & a_{33} \end{vmatrix} = a_{11}a_{22}a_{33} + a_{12}a_{23}a_{31} + a_{13}a_{21}a_{32} - a_{13}a_{22}a_{31} - a_{11}a_{23}a_{32} - a_{12}a_{21}a_{33},$$

容易看出:

(1) 每项都是取自不同行不同列的三个元素的乘积;

(2) 三阶行列式共有 6(=3!) 项;

(3) 每项的符号是:当该项元素的行标按自然数顺序排列后,若对应的列标构成的排列是偶排列则取正号,是奇排列则取负号. 因此各项所带的正负号可以表示为 $(-1)^{N(j_1j_2j_3)}$,其中 $N(j_1j_2j_3)$ 为列标排列的逆序数. $N(j_1j_2j_3)$ 为偶数时取正号,为奇数时取负号.

经过分析,三阶行列式可以写成

$$\begin{vmatrix} a_{11} & a_{12} & a_{13} \\ a_{21} & a_{22} & a_{23} \\ a_{31} & a_{32} & a_{33} \end{vmatrix} = \sum_{j_1j_2j_3} (-1)^{N(j_1j_2j_3)} a_{1j_1}a_{2j_2}a_{3j_3},$$

其中 $\sum\limits_{j_1j_2j_3}$ 为对所有三级排列 $j_1j_2j_3$ 求和.

受此启示,在引入 n 阶行列式的定义之前,我们给出排列与逆序的概念.

1.2.1 排列与逆序

定义 1.3 由自然数 1, 2, …, n 组成的不重复的每一种有确定次序的排列,称为一个 n **级排列**(简称**排列**).

例如, 2431 是一个四级排列, 45321 是一个五级排列. 我们知道, n 级排列的总数是

$$P_n = n \cdot (n-1) \cdots 3 \cdot 2 \cdot 1 = n!$$

显然, $12\cdots n$ 也是一个 n 级排列,这个排列具有自然顺序,就是按递增的顺序排起来的,称为**自然排列**. 其他的排列都或多或少地破坏自然顺序.

定义 1.4 在一个 n 级排列 $(i_1i_2\cdots i_t\cdots i_s\cdots i_n)$ 中,若数 $i_t > i_s$, 则称数 i_t 与 i_s 构成一个**逆序**. 一个 n 级排列中逆序的总数称为该排列的**逆序数**. 记为 $N(i_1i_2\cdots i_n)$.

例 1.10 由 1, 2, 3 这三个数码组成的 3 级排列共有 $3!=6$ 种,其排列如表 1.1 所示.

表 1.1

排　　列	逆　　序	逆 序 数	排列的奇偶性
1 2 3	无	0	偶排列
1 3 2	32	1	奇排列
2 1 3	21	1	奇排列
2 3 1	21，31	2	偶排列
3 1 2	31，32	2	偶排列
3 2 1	21，31，32	3	奇排列

下面讨论计算排列逆序数的方法：

不失一般性，不妨设 n 个元素为 1 至 n 这 n 个自然数，并规定由小到大为标准次序，设

$$p_1p_2\cdots p_n$$

为这 n 个自然数的一个排列，考虑元素 $p_i(i=1, 2, \cdots, n)$，如果比 p_i 大的且排在 p_i 前面的元素有 t_i 个，就说 p_i 这个元素的逆序数是 t_i，全体元素的逆序数之总和为

$$N(i_1i_2\cdots i_n)=t_1+t_2+\cdots+t_n=\sum_{i=1}^{n}t_i,$$

即是这个排列的逆序数.

例 1.11　求排列 45321 的逆序数.

解　在排列 45321 中，

4 排在首位，逆序数为 0；

5 是最大数，故逆序数为 0；

3 的前面比 3 大的数有两个：4，5，故逆序数为 2；

2 的前面比 2 大的数有三个：3，4，5，故逆序数为 3；

1 的前面比 1 大的数有四个：2，3，4，5，故逆序数为 4；

于是这个排列的逆序数为

$$N(i_1i_2\cdots i_n)=0+0+2+3+4=9.$$

排列 $i_1i_2\cdots i_n$ 逆序数 $N(i_1i_2\cdots i_n)$ 的计算有两种方法：

(1) $N(i_1i_2\cdots i_n)=$（i_2 前边比 i_2 大的数的个数）+（i_3 前边比 i_3 大的数的个数）$+\cdots+$（i_n 前边比 i_n 大的数的个数）.

(2) $N(i_1i_2\cdots i_n)=$(i_1 后面比 i_1 小的数的个数)$+$(i_2 后面比 i_2 小的数的个数)$+\cdots+$(i_{n-1} 后面比 i_{n-1} 小的数的个数).

例 1.12 例 1.11 用第(2)种方法来求逆序数:

解 在排列 45321 中,

对于 4 来讲,后面有 3 个数比它小;对于 5 来讲,后面有 3 个数比它小;对于 3 来讲,后面有 2 个数比它小;对于 2 来讲,后面有 1 个数比它小.

于是这个排列的逆序数为

$$N(i_1i_2\cdots i_n)=3+3+2+1=9.$$

因此为了找出排列 $(i_1i_2\cdots i_n)$ 所有的逆序而不遗漏,必须对此排列的 n 个数从左到右顺序地考察.

例 1.13 若 $(-1)^{N(i432k)+N(52j14)}a_{i5}a_{42}a_{3j}a_{21}a_{k4}$ 是五阶行列式的一项,则 i, j, k 应为何值? 此时该项的符号是什么?

解 由行列式定义,每一项中的元素取自不同行不同列,故有

$j=3$, $i=1$ 时 $k=5$, 或 $i=5$ 时 $k=1$,

当 $i=1$, $j=3$, $k=5$ 时, $N(14325)+N(52314)=9$,

故 $-a_{15}a_{42}a_{33}a_{21}a_{54}$ 为 D 的一项.

当 $i=5$, $j=3$, $k=1$ 时, $N(54321)+N(52314)=16$,

故 $a_{55}a_{42}a_{33}a_{21}a_{14}$ 也为 D 的一项.

例 1.14 写出四阶行列式中含有因子 $a_{11}a_{23}$ 的项.

分析 由行列式的定义知, $D=\sum(-1)^l a_{1i_1}a_{2i_2}a_{3i_3}a_{4i_4}$, 其中 $i_1i_2i_3i_4$ 是 1, 2, 3, 4 的某个排列,本题中 $i_1=1$, $i_2=3$, 所以 i_3, i_4 分别为 2 或 4, 故 $i_1i_2i_3i_4$ 是为 1324 或 1342. 注意行列式的项不仅仅有数值还应有符号 $(-1)^{N(i_1i_2i_3i_4)}$.

解 四阶行列式中含有因子 $a_{11}a_{23}$ 的项有

$$(-1)^{N(1324)}a_{11}a_{23}a_{32}a_{44}=-a_{11}a_{23}a_{32}a_{44},\ (-1)^{N(1342)}a_{11}a_{23}a_{34}a_{42}=a_{11}a_{23}a_{34}a_{42}.$$

定义 1.5 逆序数为奇数的排列称为**奇排列**;逆序数为偶数的排列为**偶排列**.

例 1.15 求逆序数: $13\cdots(2n-1)24\cdots(2n)$, 并讨论其奇偶性.

解 对于 1 来讲,后面不存在比 1 小的数,对于 3 来讲,后面有 1 个数 2 比它小,对于 5 来讲,后面有 2 个数比它小,……,而对于 $(2n-1)$ 来讲,后面有 $(n-1)$ 个数比它小,故

$$N[13\cdots(2n-1)24\cdots(2n)]=0+1+2+3+\cdots+n-1=\frac{n(n-1)}{2}.$$

另解 排列：1 3 5 … $2n-1$ 2 4 6 … $2n$

↓ ↓ ↓ ↓ ↓ ↓ ↓ ↓

逆序：0 0 0 … 0 $n-1$ $n-2$ $n-3$ … 0

所以

$$N[13\cdots(2n-1)24\cdots(2n)]=(n-1)+(n-2)+\cdots 1+0=\frac{n(n-1)}{2}.$$

当 $n=4k$，$4k+1$ 时，该排列是偶排列；当 $n=4k+2$，$4k+3$ 时，该排列是奇排列.

1.2.2 *n* 阶行列式

定义 1.6 由 n^2 个元素 $a_{ij}(i, j=1, 2, \cdots, n)$ 组成的记号

$$\begin{vmatrix} a_{11} & a_{12} & \cdots & a_{1n} \\ a_{21} & a_{22} & \cdots & a_{2n} \\ \vdots & \vdots & \ddots & \vdots \\ a_{n1} & a_{n2} & \cdots & a_{nn} \end{vmatrix}$$

称为 n **阶行列式**，其中横排称为**行**，竖排称为**列**，它表示所有取自不同行、不同列的 n 个元素乘积 $a_{1j_1}a_{2j_2}\cdots a_{nj_n}$ 的代数和，各项的符号是：当该项各元素的行标按自然数顺序排列后，若对应的列标构成的排列是偶排列则取正号，是奇排列则取负号，即

$$\begin{vmatrix} a_{11} & a_{12} & \cdots & a_{1n} \\ a_{21} & a_{22} & \cdots & a_{2n} \\ \vdots & \vdots & \ddots & \vdots \\ a_{n1} & a_{n2} & \cdots & a_{nn} \end{vmatrix}=\sum_{j_1j_2\cdots j_n}(-1)^{N(j_1j_2\cdots j_n)}a_{1j_1}a_{2j_2}\cdots a_{nj_n},$$

其中 $\sum\limits_{j_1j_2\cdots j_n}$ 表示对所有 n 级排列 $j_1j_2\cdots j_n$ 求和.

行列式有时也简记为 $\det(a_{ij})$ 或 $|a_{ij}|$，a_{ij} 称为行列式的**元素**，

$$(-1)^{N(j_1j_2\cdots j_n)}a_{1j_1}a_{2j_2}\cdots a_{nj_n}$$

称为行列式的**一般项**.

注 (1) n 阶行列式是 $n!$ 项的代数和，且冠以正号的项和冠以负号的项(不包括元素本身所带的符号)各占一半，因此，行列式的本质是特殊定义的数；

(2) $a_{1j_1}a_{2j_2}\cdots a_{nj_n}$ 的符号为 $(-1)^{N(j_1j_2\cdots j_n)}$ (不包括元素本身所带的符号);

(3) 一阶行列式 $|a|=a$,不要与绝对值记号相混淆.

例 1.16 计算行列式:$D=\begin{vmatrix}0&0&0&1\\0&0&2&0\\0&3&0&1\\4&0&0&0\end{vmatrix}$.

解 四阶行列式的一般项为 $(-1)^{N(j_1j_2j_3j_4)}a_{1j_1}a_{2j_2}a_{3j_3}a_{4j_4}$,

D 中第 1 行的非零元素只有 a_{14},因而 j_1 只能取 4,同理由 D 中第 2, 3, 4 行知

$$j_2=3,\ j_3=2,\ j_4=1,$$

即行列式 D 中的非零项只有一项,为

$$D=(-1)^{N(4321)}a_{14}a_{23}a_{32}a_{41}=(-1)^{N(4321)}1\cdot 2\cdot 3\cdot 4=24.$$

注 虽然例 1.16 中行列式 D 的第三行最后一个元素非零,但 D 的第一行的非零元素只有 a_{14},因此代去此元素所在的列之后不考虑 a_{34} 这一项.

例 1.17 用行列式的定义计算下列行列式:

$$\begin{vmatrix}0&1&0&1\\1&0&1&0\\0&1&0&0\\0&0&1&1\end{vmatrix}.$$

解 $\begin{vmatrix}0&1&0&1\\1&0&1&0\\0&1&0&0\\0&0&1&1\end{vmatrix}=(-1)^{N(4123)}a_{14}a_{21}a_{32}a_{43}=(-1)^{0+1+1+1}\cdot 1=-1.$

例 1.18 设 $D_1=\begin{vmatrix}a_{11}&a_{12}&\cdots&a_{1n}\\a_{21}&a_{22}&\cdots&a_{2n}\\\vdots&\vdots&\ddots&\vdots\\a_{n1}&a_{n2}&\cdots&a_{nn}\end{vmatrix}$, $D_2=\begin{vmatrix}a_{11}&a_{12}b^{-1}&\cdots&a_{1n}b^{1-n}\\a_{21}b&a_{22}&\cdots&a_{2n}b^{2-n}\\\vdots&\vdots&\ddots&\vdots\\a_{n1}b^{n-1}&a_{n2}b^{n-2}&\cdots&a_{nn}\end{vmatrix}$,

证明 $D_1=D_2$.

证 由定义知,$D_1=\sum\limits_{j_1j_2\cdots j_n}(-1)^{N(j_1j_2\cdots j_n)}a_{1j_1}a_{2j_2}\cdots a_{nj_n}$,再注意 D_2 中第 i 行第 j 列的元素可表示 $a_{ij}b^{i-j}$,故

$$D_2=\sum_{j_1j_2\cdots j_n}(-1)^{N(j_1j_2\cdots j_n)}a_{1j_1}a_{2j_2}\cdots a_{nj_n}b^{(1+2+\cdots+n)-(j_1+j_2+\cdots+j_n)},$$

由 $j_1+j_2+\cdots+j_n=1+2+\cdots+n$，知 $D_2=\sum\limits_{j_1j_2\cdots j_n}(-1)^{N(j_1j_2\cdots j_n)}a_{1j_1}a_{2j_2}\cdots a_{nj_n}$，从而 $D_1=D_2$.

特别地，非对角线上元素全为 0 的行列式称为**对角行列式**，对角线以下(上)的元素全为 0 的行列式称为**上(下)三角(形)行列式**，此类行列式可以直接求值.

例 1.19 证明下三角形行列式

$$D=\begin{vmatrix} a_{11} & 0 & \cdots & 0 \\ a_{21} & a_{22} & \cdots & 0 \\ \vdots & \vdots & \ddots & 0 \\ a_{n1} & a_{n2} & \cdots & a_{nn} \end{vmatrix}=a_{11}a_{22}\cdots a_{nn}.$$

证明 由于当 $j>i$ 时，$a_{ij}=0$，故 D 中可能不为 0 的元素 a_{ip_i}，其下标应有 $p_i\leqslant i$，即 $p_1\leqslant 1$，$p_2\leqslant 2$，…，$p_n\leqslant n$，在所有排列 $p_1p_2\cdots p_n$ 中，能满足上述关系的排列只有一个自然排列 $12\cdots n$，所以 D 中可能不为 0 的项只有一项 $(-1)^0a_{11}a_{22}\cdots a_{nn}$，所以

$$D=\begin{vmatrix} a_{11} & 0 & \cdots & 0 \\ a_{21} & a_{22} & \cdots & 0 \\ \vdots & \vdots & \ddots & 0 \\ a_{n1} & a_{n2} & \cdots & a_{nn} \end{vmatrix}=a_{11}a_{22}\cdots a_{nn}.$$

注意 上三角形行列式

$$D=\begin{vmatrix} a_{11} & a_{12} & \cdots & a_{1n} \\ 0 & a_{22} & \cdots & a_{2n} \\ \vdots & \vdots & \ddots & \vdots \\ 0 & 0 & \cdots & a_{nn} \end{vmatrix}=a_{11}a_{22}\cdots a_{nn}.$$

对角行列式

$$D=\begin{vmatrix} a_{11} & 0 & \cdots & 0 \\ 0 & a_{22} & \cdots & 0 \\ \vdots & \vdots & \ddots & \vdots \\ 0 & 0 & \cdots & a_{nn} \end{vmatrix}=a_{11}a_{22}\cdots a_{nn}.$$

$$D=\begin{vmatrix} 0 & \cdots & 0 & a_{1n} \\ 0 & \cdots & a_{2,n-1} & 0 \\ \vdots & \ddots & \vdots & \vdots \\ a_{n1} & \cdots & 0 & 0 \end{vmatrix}=(-1)^{\frac{n(n-1)}{2}}a_{1n}a_{2,n-1}\cdots a_{n1}.$$

上面几个特殊的行列式很重要,我们要牢记并能直接应用于行列式的计算.

1.2.3 对换

为了研究 n 阶行列式的性质,首先讨论对换以及它与排列的奇偶性的关系.

定义 1.7 在排列中,将任意两个元素对调,其余的元素不动,这种做出新排列的方法称为**对换**.将两个相邻元素对换,称为**相邻对换**.

例如,对排列 21354 施以 (1, 4) 对换后得到排列 24351.

定理 1.1 任意一个排列经过一个对换后,其奇偶性改变.

证 先证相邻对换的情形.

设排列为 $a_1\cdots a_i a b b_1\cdots b_m$,对换 a 与 b,变为 $a_1\cdots a_i b a b_1\cdots b_m$,显然 a_1,…,b_1,…,b_m 这些元素的逆序数经过对换后并不改变,而 a,b 两元素的逆序数改变为:

当 $a<b$ 时,经对换后 a 的逆序数增加 1 而 b 的逆序数不变;

当 $a>b$ 时,a 的逆序数不变而 b 的逆序数减少 1;

所以排列 $a_1\cdots a_i a b b_1\cdots b_m$ 与排列 $a_1\cdots a_i b a b_1\cdots b_m$ 的奇偶性不同.

再证一般对换的情形.

设排列为 $a_1\cdots a_i a b_1\cdots b_m b c_1\cdots c_n$,把它做 m 次相邻对换,变成 $a_1\cdots a_i a b b_1\cdots b_m c_1\cdots c_n$,再做 $m+1$ 次相邻对换,变成 $a_1\cdots a_i b b_1\cdots b_m a c_1\cdots c_n$,总之,经 $2m+1$ 次相邻对换,排列 $a_1\cdots a_i a b_1\cdots b_m b c_1\cdots c_n$ 变成排列 $a_1\cdots a_i b b_1\cdots b_m a c_1\cdots c_n$,所以这两个排列的奇偶性相反.

推论 1.1 奇排列变成自然数顺序排列的对换次数为奇数,偶排列变成自然数顺序排列的对换次数为偶数.

定理 1.2 n 个自然数 $(n>1)$ 共有 $n!$ 个 n 级排列,其中奇偶排列各占一半.

用前面的 3 级排列验证,见表 1.1,奇偶排列各三个.

定理 1.3 n 阶行列式也定义为

$$D=\sum(-1)^{S}a_{i_1j_1}a_{i_2j_2}\cdots a_{i_nj_n},$$

其中 S 为行标与列标排列的逆序数之和,即

$$S=N(i_1i_2\cdots i_n)+N(j_1j_2\cdots j_n).$$

推论 1.2 n 阶行列式也可定义为

$$D=\sum(-1)^{N(i_1i_2\cdots i_n)}a_{i_11}a_{i_12}\cdots a_{i_nn}.$$

例 1.20 试判断

$$a_{14}a_{23}a_{31}a_{42}a_{56}a_{65} \text{ 和 } -a_{32}a_{43}a_{14}a_{51}a_{25}a_{66}$$

是否都是六阶行列式中的项.

解 $a_{14}a_{23}a_{31}a_{42}a_{56}a_{65}$ 下标的逆序数为 $N(431265)=0+1+2+2+0+1=6$，所以 $a_{14}a_{23}a_{31}a_{42}a_{56}a_{65}$ 是六阶行列式中的项.

而 $a_{32}a_{43}a_{14}a_{51}a_{25}a_{66}$ 下标的逆序数为 $N(341526)+N(234156)=5+3=8$，

所以 $-a_{32}a_{43}a_{14}a_{51}a_{25}a_{66}$ 不是六阶行列式中的项.

例 1.21 已知 $f(x)=\begin{vmatrix} x & 1 & 1 & 2 \\ 1 & x & 1 & -1 \\ 3 & 2 & x & 1 \\ 1 & 1 & 2x & 1 \end{vmatrix}$，求 x^3 的系数.

解 含 x^3 的项有两项，即

$$f(x)=\begin{vmatrix} x & 1 & 1 & 2 \\ 1 & x & 1 & -1 \\ 3 & 2 & x & 1 \\ 1 & 1 & 2x & 1 \end{vmatrix},$$

对应系数为 $(-1)^{N(1234)}a_{11}a_{22}a_{33}a_{44}+(-1)^{N(1243)}a_{11}a_{22}a_{34}a_{43}=a_{11}a_{22}a_{33}a_{44}-a_{11}a_{22}a_{34}a_{43}=x^3-2x^3=-x^3$，
故 x^3 的系数为 -1.

习 题 1-2

1. 求下列排列的逆序数：

(1) 4123；　(2) 2413；　(3) 36715284；　(4) 3712456.

2. 设 n 阶排列 $a_1a_2\cdots a_n$ 的逆序数为 s，求排列 $a_na_{n-1}\cdots a_2a_1$ 的逆序数.

3. 写出四阶行列式 $|a_{ij}|$ 中含因子 $a_{11}a_{23}$ 的项.

4. 在六阶行列式中,下列各元素的乘积应取什么符号?

(1) $a_{15}a_{23}a_{32}a_{44}a_{51}a_{66}$;　(2) $a_{11}a_{26}a_{32}a_{44}a_{53}a_{65}$;　(3) $a_{21}a_{53}a_{42}a_{65}a_{34}a_{16}$.

5. (1) 要使九阶排列 $3729i14j5$ 为偶排列,则 i, j 应取何值?

(2) 要使五阶行列式中 $a_{2i}a_{35}a_{5j}a_{44}a_{12}$ 取负号,则 i, j 应取何值?

6. 用定义计算下列行列式:

(1) $\begin{vmatrix} 0 & 0 & 1 & 0 \\ 0 & 1 & 0 & 0 \\ 0 & 0 & 0 & 1 \\ 1 & 0 & 0 & 0 \end{vmatrix}$;　(2) $\begin{vmatrix} 1 & 1 & 1 & 0 \\ 0 & 1 & 0 & 1 \\ 0 & 1 & 1 & 1 \\ 0 & 0 & 1 & 0 \end{vmatrix}$;

(3) $\begin{vmatrix} 0 & 1 & 0 & \cdots & 0 \\ 0 & 0 & 2 & \cdots & 0 \\ \vdots & \vdots & \vdots & \ddots & \vdots \\ 0 & 0 & 0 & \cdots & n-1 \\ n & 0 & 0 & \cdots & 0 \end{vmatrix}$.

7. 计算下列行列式:

(1) $\begin{vmatrix} 1 & 0 & 1 & 8 \\ 0 & 2 & 4 & 0 \\ 0 & 0 & 1 & 1 \\ 0 & 0 & 0 & 5 \end{vmatrix}$;　(2) $\begin{vmatrix} 0 & 1 & 0 & 0 \\ 1 & 0 & 0 & 0 \\ 0 & 0 & 1 & 0 \\ 0 & 0 & 0 & 1 \end{vmatrix}$;

(3) $\begin{vmatrix} 1 & 2 & 3 & 4 \\ 0 & 2 & 1 & 2 \\ 0 & 0 & 15 & 16 \\ 0 & 0 & 0 & 2 \end{vmatrix}$;　(4) $\begin{vmatrix} 0 & 0 & 0 & 9 \\ 0 & 0 & 1 & 2 \\ 0 & 12 & 0 & 0 \\ 1 & 4 & 0 & 0 \end{vmatrix}$.

8. 按定义计算 $f(x)=\begin{vmatrix} 2x & x & 1 & 2 \\ 1 & x & 1 & -1 \\ 3 & 2 & x & 1 \\ 1 & 1 & 1 & x \end{vmatrix}$ 中 x^4 与 x^3 的系数.

1.3　行列式的性质

行列式的奥妙在于对行列式的行或列进行了某些变换(如行和列变换、交换两行(列)位置、某行(列)乘以某数后加到另一行(列)等)后,变换前后两个行列式的值保持相应的线性关系,这引导我们利用这些性质简化高阶行列式的计算.本节首先讨论行列式变换的性质,再讨论如何利用这些性质计算高阶行列式的值.

1.3.1 行列式的性质

将行列式 D 的行与列互换后得到的行列式,称为 D 的**转置行列式**,记为 D^{T} 或 D'. 若

$$D=\begin{vmatrix} a_{11} & a_{12} & \cdots & a_{1n} \\ a_{21} & a_{22} & \cdots & a_{2n} \\ \vdots & \vdots & \ddots & \vdots \\ a_{n1} & a_{n2} & \cdots & a_{nn} \end{vmatrix},$$

则

$$D^{\mathrm{T}}=\begin{vmatrix} a_{11} & a_{21} & \cdots & a_{n1} \\ a_{12} & a_{22} & \cdots & a_{n2} \\ \vdots & \vdots & \ddots & \vdots \\ a_{1n} & a_{2n} & \cdots & a_{nn} \end{vmatrix}.$$

性质 1 行列式与它的转置行列式相等,即

$$D=D^{\mathrm{T}}.$$

例 1.22 若 $D=\begin{vmatrix} 1 & 2 & 3 \\ -1 & 0 & 1 \\ 0 & 1 & 2 \end{vmatrix}$, 则 $D^{\mathrm{T}}=\begin{vmatrix} 1 & -1 & 0 \\ 2 & 0 & 1 \\ 3 & 1 & 2 \end{vmatrix}=D$.

性质 2 交换行列式的两行(列),行列式变号.

例 1.23 $\begin{vmatrix} 1 & 2 & 1 \\ 0 & 1 & -1 \\ 2 & -1 & 0 \end{vmatrix}=-\begin{vmatrix} 0 & 1 & -1 \\ 1 & 2 & 1 \\ 2 & -1 & 0 \end{vmatrix}$, 第一行与第二行交换;

$\begin{vmatrix} 1 & 2 & 1 \\ 0 & 1 & -1 \\ 2 & -1 & 0 \end{vmatrix}=-\begin{vmatrix} 1 & 1 & 2 \\ 0 & -1 & 1 \\ 2 & 0 & -1 \end{vmatrix}$, 第二列与第三列交换.

推论 1.3 若行列式中有两行(列)的对应元素相同,则此行列式为零.

例 1.24 $\begin{vmatrix} 1 & 1 & 0 \\ 1 & 1 & 0 \\ 2 & 5 & 4 \end{vmatrix}=0$, 第一、二行相等.

例 1.25 $\begin{vmatrix} 2 & 1 & 1 \\ 3 & 2 & 2 \\ 2 & 5 & 5 \end{vmatrix}=0$，第二、三列相等.

性质 3 用数 k 乘行列式的某一行(列)，等于用数 k 乘此行列式，即

$$D_1=\begin{vmatrix} a_{11} & a_{12} & \cdots & a_{1n} \\ \vdots & \vdots & \ddots & \vdots \\ ka_{i1} & ka_{i2} & \cdots & ka_{in} \\ \vdots & \vdots & \ddots & \vdots \\ a_{n1} & a_{n2} & \cdots & a_{nn} \end{vmatrix}=k\begin{vmatrix} a_{11} & a_{12} & \cdots & a_{1n} \\ \vdots & \vdots & \ddots & \vdots \\ a_{i1} & a_{i2} & \cdots & a_{in} \\ \vdots & \vdots & \ddots & \vdots \\ a_{n1} & a_{n2} & \cdots & a_{nn} \end{vmatrix}=kD.$$

推论 1.4 行列式的某一行(列)中所有元素的公因子可以提到行列式符号的外面.

例 1.26 $D=\begin{vmatrix} 1 & 0 & 2 \\ 3 & -1 & 0 \\ 1 & 2 & -1 \end{vmatrix}$，求 $\begin{vmatrix} 4 & 0 & 2 \\ 12 & -1 & 0 \\ 4 & 2 & -1 \end{vmatrix}$.

解 $\begin{vmatrix} 4 & 0 & 2 \\ 12 & -1 & 0 \\ 4 & 2 & -1 \end{vmatrix}=4\begin{vmatrix} 1 & 0 & 2 \\ 3 & -1 & 0 \\ 1 & 2 & -1 \end{vmatrix}=4D.$

推论 1.5 行列式中若有两行(列)元素成比例，则此行列式为零.

例 1.27 $\begin{vmatrix} 1 & -1 & 2 \\ 0 & 1 & 5 \\ 2 & -2 & 4 \end{vmatrix}=0$，第一、三行成比例；

$\begin{vmatrix} 1 & 4 & 1 & 0 \\ 2 & 8 & 3 & 5 \\ 0 & 0 & 1 & 4 \\ -1 & -4 & 5 & 7 \end{vmatrix}=0$，第一、二列成比例.

例 1.28 证明奇数阶反对称行列式的值为零.

证明 设反对称行列式

$$D=\begin{vmatrix} 0 & a_{12} & a_{13} & \cdots & a_{1n} \\ -a_{12} & 0 & a_{23} & \cdots & a_{2n} \\ -a_{13} & -a_{23} & 0 & \cdots & a_{3n} \\ \vdots & \vdots & \vdots & \ddots & \vdots \\ -a_{1n} & -a_{2n} & -a_{3n} & \cdots & 0 \end{vmatrix},$$

其中 $a_{ij}=-a_{ji}(i\neq j$ 时$)$, $a_{ij}=0\ (i=j$ 时$)$.

利用行列式性质，有

$$D=D^{\mathrm{T}}=(-1)^n\begin{vmatrix}0 & a_{12} & a_{13} & \cdots & a_{1n}\\ -a_{12} & 0 & a_{23} & \cdots & a_{2n}\\ -a_{13} & -a_{23} & 0 & \cdots & a_{3n}\\ \cdots & \vdots & \vdots & \ddots & \vdots\\ -a_{1n} & -a_{2n} & -a_{3n} & \cdots & 0\end{vmatrix}=(-1)^n D,$$

当 n 为奇数时有 $D=-D$，即 $D=0$.

注意：奇数阶、反对称行列式的概念.

性质 4 若行列式的某一行(列)的元素都是两数之和，则此行列式可拆为两个行列式相加. 设

$$D=\begin{vmatrix}a_{11} & a_{12} & \cdots & a_{1n}\\ \vdots & \vdots & \ddots & \vdots\\ b_{i1}+c_{i1} & b_{i2}+c_{i2} & \cdots & b_{in}+c_{in}\\ \vdots & \vdots & \ddots & \vdots\\ a_{n1} & a_{n2} & \cdots & a_{nn}\end{vmatrix},$$

则

$$D=\begin{vmatrix}a_{11} & a_{12} & \cdots & a_{1n}\\ \vdots & \vdots & \ddots & \vdots\\ b_{i1} & b_{i2} & \cdots & b_{in}\\ \vdots & \vdots & \ddots & \vdots\\ a_{n1} & a_{n2} & \cdots & a_{nn}\end{vmatrix}+\begin{vmatrix}a_{11} & a_{12} & \cdots & a_{1n}\\ \vdots & \vdots & \ddots & \vdots\\ c_{i1} & c_{i2} & \cdots & c_{in}\\ \vdots & \vdots & \ddots & \vdots\\ a_{n1} & a_{n2} & \cdots & a_{nn}\end{vmatrix}=D_1+D_2.$$

上述性质表明：当某一行(或列)的元素为两数之和时，行列式关于该行(或列)可分解为两个行列式. 若将 n 阶行列式每个元素都表示成两数之和，则它可分解成 2^n 个行列式. 例如二阶行列式可分解为 4 个行列式的和：

$$\begin{vmatrix}a+x & b+y\\ c+z & d+w\end{vmatrix}=\begin{vmatrix}a & b+y\\ c & d+w\end{vmatrix}+\begin{vmatrix}x & b+y\\ z & d+w\end{vmatrix}$$

$$=\begin{vmatrix}a & b\\ c & d\end{vmatrix}+\begin{vmatrix}a & y\\ c & w\end{vmatrix}+\begin{vmatrix}x & b\\ z & d\end{vmatrix}+\begin{vmatrix}x & y\\ z & w\end{vmatrix}.$$

例 1.29 $\begin{vmatrix}2 & 3\\ 1 & 1\end{vmatrix}=\begin{vmatrix}1+1 & 3+0\\ 1 & 1\end{vmatrix}=\begin{vmatrix}1 & 3\\ 1 & 1\end{vmatrix}+\begin{vmatrix}1 & 0\\ 1 & 1\end{vmatrix}$;

$$\begin{vmatrix} 1 & 1 & 5 \\ 0 & 3 & 7 \\ 2 & -1 & -1 \end{vmatrix} = \begin{vmatrix} 1 & 1+0 & 5 \\ 0 & 1+2 & 7 \\ 2 & 0-1 & -1 \end{vmatrix} = \begin{vmatrix} 1 & 1 & 5 \\ 0 & 1 & 7 \\ 2 & 0 & -1 \end{vmatrix} + \begin{vmatrix} 1 & 0 & 5 \\ 0 & 2 & 7 \\ 2 & -1 & -1 \end{vmatrix}.$$

性质 5 将行列式的某一行(列)的所有元素都乘以数 k 后加到另一行(列)对应位置的元素上,行列式的值不变.

例 1.30 $\begin{vmatrix} 1 & 3 & -1 \\ 1 & 4 & -1 \\ 2 & 3 & 1 \end{vmatrix} \xlongequal{r_2 - r_1} \begin{vmatrix} 1 & 3 & -1 \\ 0 & 1 & 0 \\ 2 & 3 & 1 \end{vmatrix}$;

$$\begin{vmatrix} 1 & 3 & -1 \\ 1 & 4 & -1 \\ 2 & 3 & 1 \end{vmatrix} \xlongequal{c_3 + c_1} \begin{vmatrix} 1 & 3 & 0 \\ 1 & 4 & 0 \\ 2 & 3 & 3 \end{vmatrix}.$$

1.3.2 三角化行列式

性质 2,3,5 介绍了行列式关于行(或列)的三种运算,即 $r_i \leftrightarrow r_j$, $r_i \times k$, $r_i + kr_j$(或 $c_i \leftrightarrow c_j$, $c_i \times k$, $c_i + kc_j$),利用这些运算可简化行列式的计算,特别是利用运算 $r_i + kr_j$(或 $c_i + kc_j$)可以把行列式中元素化为 0,进而把行列式化为上三角形行列式.

例 1.31 计算 $D = \begin{vmatrix} 2 & -5 & 1 & 2 \\ -3 & 7 & -1 & 4 \\ 5 & -9 & 2 & 7 \\ 4 & -6 & 1 & 2 \end{vmatrix}$.

解 $D \xlongequal{c_1 \leftrightarrow c_3} - \begin{vmatrix} 1 & -5 & 2 & 2 \\ -1 & 7 & -3 & 4 \\ 2 & -9 & 5 & 7 \\ 1 & -6 & 4 & 2 \end{vmatrix} \xlongequal[r_4 - r_1]{\substack{r_2 + r_1 \\ r_3 - 2r_1}} - \begin{vmatrix} 1 & -5 & 2 & 2 \\ 0 & 2 & -1 & 6 \\ 0 & 1 & 1 & 3 \\ 0 & -1 & 2 & 0 \end{vmatrix}$

$$\xlongequal{r_2 \leftrightarrow r_4} \begin{vmatrix} 1 & -5 & 2 & 2 \\ 0 & -1 & 2 & 0 \\ 0 & 1 & 1 & 3 \\ 0 & 2 & -1 & 6 \end{vmatrix} \xlongequal{\substack{r_3 + r_2 \\ r_4 + 2r_2}} \begin{vmatrix} 1 & -5 & 2 & 2 \\ 0 & -1 & 2 & 0 \\ 0 & 0 & 3 & 3 \\ 0 & 0 & 3 & 6 \end{vmatrix}$$

$$\xlongequal{r_4 - r_3} \begin{vmatrix} 1 & -5 & 2 & 2 \\ 0 & -1 & 2 & 0 \\ 0 & 0 & 3 & 3 \\ 0 & 0 & 0 & 3 \end{vmatrix} = -9.$$

上述解法中，先用了运算 $c_1 \leftrightarrow c_2$，其目的是把 a_{11} 换成 1，从而利用运算 $r_i - a_{i1}r_1$ 即可把 $a_{i1}(i=2, 3, 4)$ 变为 0. 如果不先做 $c_1 \leftrightarrow c_2$，则由于原式中 $a_{11}=3$，需用运算 $r_i - \frac{a_{i1}}{3}r_1$ 把 a_{i1} 变为 0，计算相对麻烦.

例 1.32 计算 $D=\begin{vmatrix} 3 & 1 & 1 & 1 \\ 1 & 3 & 1 & 1 \\ 1 & 1 & 3 & 1 \\ 1 & 1 & 1 & 3 \end{vmatrix}$.

解 注意到行列式的各列 4 个数之和都是 6. 故把第 2,3,4 行同时加到第 1 行,可提出公因子 6,再由各行减去第一行化为上三角形行列式.

$$D \xlongequal{r_1+r_2+r_3+r_4} \begin{vmatrix} 6 & 6 & 6 & 6 \\ 1 & 3 & 1 & 1 \\ 1 & 1 & 3 & 1 \\ 1 & 1 & 1 & 3 \end{vmatrix} = 6\begin{vmatrix} 1 & 1 & 1 & 1 \\ 1 & 3 & 1 & 1 \\ 1 & 1 & 3 & 1 \\ 1 & 1 & 1 & 3 \end{vmatrix} \xlongequal[\substack{r_3-r_1 \\ r_4-r_1}]{r_2-r_1} 6\begin{vmatrix} 1 & 1 & 1 & 1 \\ 0 & 2 & 0 & 0 \\ 0 & 0 & 2 & 0 \\ 0 & 0 & 0 & 2 \end{vmatrix} = 48.$$

注 如有行列式的各行(列)几个数之和都是同一个常数,可用此法.

例 1.33 计算 $\begin{vmatrix} a_1 & -a_1 & 0 & 0 \\ 0 & a_2 & -a_2 & 0 \\ 0 & 0 & a_3 & -a_3 \\ 1 & 1 & 1 & 1 \end{vmatrix}$.

解 根据行列式的特点,可将第 1 列加至第 2 列,然后将第 2 列加至第 3 列,再将第 3 列加至第 4 列,目的是使 D_4 中的零元素增多.

$$D_4 \xlongequal{c_2+c_1} \begin{vmatrix} a_1 & 0 & 0 & 0 \\ 0 & a_2 & -a_2 & 0 \\ 0 & 0 & a_3 & -a_3 \\ 1 & 2 & 1 & 1 \end{vmatrix} \xlongequal{c_3+c_2} \begin{vmatrix} a_1 & 0 & 0 & 0 \\ 0 & a_2 & 0 & 0 \\ 0 & 0 & a_3 & -a_3 \\ 1 & 2 & 3 & 1 \end{vmatrix}$$

$$\xlongequal{c_4+c_3} \begin{vmatrix} a_1 & 0 & 0 & 0 \\ 0 & a_2 & 0 & 0 \\ 0 & 0 & a_3 & 0 \\ 1 & 2 & 3 & 4 \end{vmatrix} = 4a_1a_2a_3.$$

例 1.34 计算行列式 $D=\begin{vmatrix} 0 & -1 & -1 & 2 \\ 1 & -1 & 0 & 2 \\ -1 & 2 & -1 & 0 \\ 2 & 1 & 1 & 0 \end{vmatrix}$.

解 $D=\begin{vmatrix} 0 & -1 & -1 & 2 \\ 1 & -1 & 0 & 2 \\ -1 & 2 & -1 & 0 \\ 2 & 1 & 1 & 0 \end{vmatrix} \xlongequal{r_1 \leftrightarrow r_2} -\begin{vmatrix} 1 & -1 & 0 & 2 \\ 0 & -1 & -1 & 2 \\ -1 & 2 & -1 & 0 \\ 2 & 1 & 1 & 0 \end{vmatrix}$

$$\xlongequal[r_4-2r_1]{r_3+r_1} -\begin{vmatrix} 1 & -1 & 0 & 2 \\ 0 & -1 & -1 & 2 \\ 0 & 1 & -1 & 2 \\ 0 & 3 & 1 & -4 \end{vmatrix} \xlongequal[r_4+3r_2]{r_3+r_2} -\begin{vmatrix} 1 & -1 & 0 & 2 \\ 0 & -1 & -1 & 2 \\ 0 & 0 & -2 & 4 \\ 0 & 0 & -2 & 2 \end{vmatrix}$$

$$\xlongequal{r_4-r_3} -\begin{vmatrix} 1 & -1 & 0 & 2 \\ 0 & -1 & -1 & 2 \\ 0 & 0 & -2 & 4 \\ 0 & 0 & 0 & -2 \end{vmatrix} = -1 \cdot (-1) \cdot (-2) \cdot (-2) = 4.$$

例 1.35 计算 n 阶行列式 $D=\begin{vmatrix} a & b & b & \cdots & b \\ b & a & b & \cdots & b \\ b & b & a & \cdots & b \\ \vdots & \vdots & \vdots & \ddots & \vdots \\ b & b & b & \cdots & a \end{vmatrix}$.

解 $D=\begin{vmatrix} a & b & b & \cdots & b \\ b & a & b & \cdots & b \\ b & b & a & \cdots & b \\ \vdots & \vdots & \vdots & \ddots & \vdots \\ b & b & b & \cdots & a \end{vmatrix} = \begin{vmatrix} a+(n-1)b & b & b & \cdots & b \\ a+(n-1)b & a & b & \cdots & b \\ a+(n-1)b & b & a & \cdots & b \\ \vdots & \vdots & \cdots & \ddots & \vdots \\ a+(n-1)b & b & b & \cdots & a \end{vmatrix}$

$$=[a+(n-1)b]\begin{vmatrix} 1 & b & b & \cdots & b \\ 1 & a & b & \cdots & b \\ 1 & b & a & \cdots & b \\ \vdots & \vdots & \vdots & \ddots & \vdots \\ 1 & b & b & \cdots & a \end{vmatrix}$$

$$=[a+(n-1)b]\begin{vmatrix} 1 & b & b & \cdots & b \\ 0 & a-b & 0 & \cdots & 0 \\ 0 & 0 & a-b & \cdots & 0 \\ \vdots & \vdots & \vdots & \ddots & \vdots \\ 0 & 0 & 0 & \cdots & a-b \end{vmatrix}$$

$$=[a+(n-1)b](a-b)^{n-1}.$$

例 1.36 计算 $D=\begin{vmatrix} a & b & c & d \\ a & a+b & a+b+c & a+b+c+d \\ a & 2a+b & 3a+2b+c & 4a+3b+2c+d \\ a & 3a+b & 6a+3b+c & 10a+6b+3c+d \end{vmatrix}$.

解 从第 4 行开始,后一行减前一行:

$$D\xlongequal[r_2-r_1]{\substack{r_4-r_3\\ r_3-r}}\begin{vmatrix} a & b & c & d \\ 0 & a & a+b & a+b+c \\ 0 & a & 2a+b & 3a+2b+c \\ 0 & a & 3a+b & 6a+3b+c \end{vmatrix}\xlongequal[r_3-r_2]{r_4-r_3}\begin{vmatrix} a & b & c & d \\ 0 & a & a+b & a+b+c \\ 0 & 0 & a & 2a+b \\ 0 & 0 & a & 3a+b \end{vmatrix}$$

$$\xlongequal{r_4-r_3}\begin{vmatrix} a & b & c & d \\ 0 & a & a+b & a+b+c \\ 0 & 0 & a & 2a+b \\ 0 & 0 & 0 & a \end{vmatrix}=a^4.$$

习 题 1-3

1. 用行列式的性质计算下列行列式:

(1) $\begin{vmatrix} 34\,215 & 35\,215 \\ 28\,092 & 29\,092 \end{vmatrix}$;　(2) $\begin{vmatrix} 1 & 2 & 3 \\ 0 & 1 & 2 \\ 1 & 1 & 1 \end{vmatrix}$;

(3) $\begin{vmatrix} x & y & x+y \\ y & x+y & x \\ x+y & x & y \end{vmatrix}$;　(4) $\begin{vmatrix} a & 1 & 0 & 0 \\ -1 & b & 1 & 0 \\ 0 & -1 & c & 1 \\ 0 & 0 & -1 & d \end{vmatrix}$;

(5) $\begin{vmatrix} 4 & 1 & 2 & 4 \\ 1 & 2 & 0 & 2 \\ 10 & 5 & 2 & 0 \\ 0 & 1 & 1 & 7 \end{vmatrix}$;　(6) $\begin{vmatrix} 1 & 1 & 1 & 1 \\ -1 & 1 & 1 & 1 \\ -1 & -1 & 1 & 1 \\ -1 & -1 & -1 & 1 \end{vmatrix}$;

(7) $\begin{vmatrix} 0 & 0 & 0 & 9 \\ 0 & 0 & 1 & 2 \\ 0 & 12 & 20 & 16 \\ 1 & 0 & 0 & 2 \end{vmatrix}$;　(8) $\begin{vmatrix} a & b & c \\ a^2 & b^2 & c^2 \\ b+c & c+a & a+b \end{vmatrix}$;

(9) $\begin{vmatrix} 1+x_1 & 1+x_2 & 1+x_3 \\ 2+x_1 & 2+x_2 & 2+x_3 \\ 3+x_1 & 3+x_2 & 3+x_3 \end{vmatrix}$;　　(10) $\begin{vmatrix} -ab & ac & ae \\ bd & -cd & de \\ bf & cf & -ef \end{vmatrix}$.

2. 把行列式 $\begin{vmatrix} -2 & 2 & -4 & 0 \\ 4 & -1 & 3 & 5 \\ 3 & 1 & -2 & -3 \\ 2 & 0 & 5 & 1 \end{vmatrix}$ 化为上三角形行列式,并计算其值.

3. 计算下列行列式:

(1) $\begin{vmatrix} 2 & 3 & 1 & 0 \\ 4 & -2 & -1 & -1 \\ -2 & 1 & 2 & 1 \\ -4 & 3 & 2 & 1 \end{vmatrix}$;　　(2) $\begin{vmatrix} a & b & b & b \\ b & a & b & b \\ b & b & a & b \\ b & b & b & a \end{vmatrix}$;

(3) $\begin{vmatrix} 2 & -5 & 1 & 2 \\ -3 & 7 & -1 & 4 \\ 5 & -9 & 2 & 7 \\ 4 & -6 & 1 & 3 \end{vmatrix}$;　　(4) $\begin{vmatrix} 1 & 2 & 3 & 4 \\ 2 & 3 & 4 & 1 \\ 3 & 4 & 1 & 2 \\ 4 & 1 & 2 & 3 \end{vmatrix}$.

4. 证明 $\begin{vmatrix} a^2 & ab & b \\ 2a & a+b & 2b \\ 1 & 1 & 1 \end{vmatrix}=(a-b)^3$.

5. 解方程 $\begin{vmatrix} 1 & 1 & 2 & 3 \\ 1 & 2-x^2 & 2 & 3 \\ 2 & 3 & 1 & 5 \\ 2 & 3 & 1 & 9-x^2 \end{vmatrix}=0$.

6. 证明 $\begin{vmatrix} a_1+b_1 & b_1+c_1 & c_1+a_1 \\ a_2+b_2 & b_2+c_2 & c_2+a_2 \\ a_3+b_3 & b_3+c_3 & c_3+a_3 \end{vmatrix}=2\begin{vmatrix} a_1 & b_1 & c_1 \\ a_2 & b_2 & c_2 \\ a_3 & b_3 & c_3 \end{vmatrix}$.

7. 计算 n 阶行列式 $\begin{vmatrix} 1 & 2 & 3 & \cdots & n-1 & n \\ -1 & 0 & 3 & \cdots & n-1 & n \\ -1 & -2 & 0 & \cdots & n-1 & n \\ \vdots & \vdots & \vdots & \ddots & \vdots & \vdots \\ -1 & -2 & -3 & \cdots & 0 & n \\ -1 & -2 & -3 & \cdots & -(n-1) & 0 \end{vmatrix}$.

1.4 行列式的展开与计算

从上一节对行列式的计算可以发现,低阶行列式的计算比高阶行列式的计算要简单,因此,我们在本节介绍如何用低阶行列式计算高阶行列式.

1.4.1 行列式的展开

首先,引进两个概念.

定义 1.8 在 n 阶行列式 D 中,去掉元素 a_{ij} 所在的第 i 行和第 j 列后,余下的 $n-1$ 阶行列式,称为 D 中元素 a_{ij} 的**余子式**,记为 M_{ij},再记 $A_{ij}=(-1)^{i+j}M_{ij}$ 并称 A_{ij} 为元素 a_{ij} 的**代数余子式.**

例如:三阶行列式

$$D=\begin{vmatrix} a_{11} & a_{12} & a_{13} \\ a_{21} & a_{22} & a_{23} \\ a_{31} & a_{32} & a_{33} \end{vmatrix}$$

中元素 a_{23} 的余子式和代数余子式分别为

$$M_{ij}=\begin{vmatrix} a_{11} & a_{12} \\ a_{31} & a_{32} \end{vmatrix},\ A_{ij}=(-1)^{2+3}M_{ij}=-M_{ij}.$$

定理 1.4 一个 n 阶行列式 D,若其中第 i 行所在元素除 a_{ij} 外都为零,则该行列式等于 a_{ij} 与它的代数余子式的乘积,即 $D=a_{ij}A_{ij}$.

证 首先讨论 D 的第一行中元素除 $a_{11}\neq 0$ 外,其余元素都为 0 的特殊情形,即

$$D=\begin{vmatrix} a_{11} & 0 & \cdots & 0 \\ a_{21} & a_{22} & \cdots & a_{2n} \\ \vdots & \vdots & \ddots & \vdots \\ a_{n1} & a_{n2} & \cdots & a_{nn} \end{vmatrix}.$$

由上面的结果知:

$$D=a_{11}M_{11},$$

又

$$A_{11}=(-1)^{1+1}M_{11}=M_{11},$$

从而

$$D=a_{11}A_{11}.$$

再讨论一般情形,此时

$$D=\begin{vmatrix} a_{11} & \cdots & a_{1j} & \cdots & a_{1n} \\ \vdots & \ddots & \vdots & \ddots & \vdots \\ 0 & \cdots & a_{ij} & \cdots & 0 \\ \vdots & \ddots & \vdots & \ddots & \vdots \\ a_{n1} & \cdots & a_{nj} & \cdots & a_{nn} \end{vmatrix}.$$

为了利用前面的结果,将 D 的行列做如下调换:把 D 的第 i 行依次与第 $i-1$ 行、第 $i-2$ 行、……、第 1 行对调,调换的次数为 $i-1$;再把第 j 列依次与第 $j-1$ 列、第 $j-2$ 列、……、第 1 列对调,调换的次数为 $j-1$. 总之,经 $i+j-2$ 次调换,所得的行列式

$$D=(-1)^{i+j-2}\begin{vmatrix} a_{ij} & 0 & \cdots & 0 & 0 & \cdots & 0 \\ a_{1j} & a_{11} & \cdots & a_{1,\,j-1} & a_{1,\,j+1} & \cdots & a_{1n} \\ \vdots & \vdots & \ddots & \vdots & \vdots & \ddots & \vdots \\ a_{nj} & a_{n1} & \cdots & a_{n,\,j-1} & a_{n,\,j+1} & \cdots & a_{nn} \end{vmatrix}=(-1)^{i+j}a_{ij}M_{ij}=a_{ij}A_{ij}.$$

定理 1.5 行列式等于它的任一行(列)的各元素与其对应的代数余子式乘积之和,即本质上是利用某一行的代数余子式来求行列式的值.

$$D=a_{i1}A_{i1}+a_{i2}A_{i2}+\cdots+a_{in}A_{in}\ (i=1,\ 2,\ \cdots,\ n)$$

或

$$D=a_{1j}A_{1j}+a_{2j}A_{2j}+\cdots+a_{nj}A_{nj}\ (j=1,\ 2,\ \cdots,\ n).$$

这个定理称为行列式按行(列)展开法则. 利用这一法则并结合行列式的性质,可以简化行列式的计算.

例 1.37 求下列行列式的值:

(1) $\begin{vmatrix} 2 & -1 & 3 \\ -1 & 2 & 1 \\ 4 & 1 & 2 \end{vmatrix}$; (2) $\begin{vmatrix} 3 & 2 & 7 \\ 0 & 5 & 2 \\ 0 & 2 & 1 \end{vmatrix}$.

解 (1) $\begin{vmatrix} 2 & -1 & 3 \\ -1 & 2 & 1 \\ 4 & 1 & 2 \end{vmatrix}=2\times\begin{vmatrix} 2 & 1 \\ 1 & 2 \end{vmatrix}-(-1)\times\begin{vmatrix} -1 & 3 \\ 1 & 2 \end{vmatrix}+4\times\begin{vmatrix} -1 & 3 \\ 2 & 1 \end{vmatrix}$

$$=2(4-1)+(-2-3)+4(-1-6)=-27.$$

(2) $\begin{vmatrix} 3 & 2 & 7 \\ 0 & 5 & 2 \\ 0 & 2 & 1 \end{vmatrix}=3\times\begin{vmatrix} 5 & 2 \\ 2 & 1 \end{vmatrix}=3.$

例 1.38 计算

$$D=\begin{vmatrix} 3 & 1 & -1 & 2 \\ -5 & 1 & 3 & -4 \\ 2 & 0 & 1 & -1 \\ 1 & -5 & 3 & -3 \end{vmatrix}.$$

解 保留 a_{33}，把第 3 行其余元素变为 0，然后按第 3 行展开：

$$D\overset{c_1-2c_3}{\underset{c_4+c_3}{=\!=\!=\!=}}\begin{vmatrix} 5 & 1 & -1 & 1 \\ -11 & 1 & 3 & -1 \\ 0 & 0 & 1 & 0 \\ -5 & -5 & 3 & 0 \end{vmatrix}=(-1)^{3+3}\begin{vmatrix} 5 & 1 & 1 \\ -11 & 1 & -1 \\ -5 & -5 & 0 \end{vmatrix}$$

$$\overset{r_2+r_1}{=\!=\!=}\begin{vmatrix} 5 & 1 & 1 \\ -6 & 2 & 0 \\ -5 & -5 & 0 \end{vmatrix}=(-1)^{1+3}\begin{vmatrix} -6 & 2 \\ -5 & -5 \end{vmatrix}=40.$$

推论 1.6 行列式某一行(列)的元素与另一行(列)的对应元素的代数余子式乘积之和等于零,即

$$a_{i1}A_{j1}+a_{i2}A_{j2}+\cdots+a_{in}A_{jn}=0,\ i\neq j,$$

或

$$a_{1i}A_{1j}+a_{2i}A_{2j}+\cdots+a_{ni}A_{nj}=0,\ i\neq j.$$

证 将行列式 $D=\det(a_{ij})$ 按第 j 行展开,有

$$a_{j1}A_{j1}+a_{j2}A_{j2}+\cdots+a_{jn}A_{jn}=\begin{vmatrix} a_{11} & \cdots & a_{1n} \\ \vdots & \ddots & \vdots \\ a_{i1} & \cdots & a_{in} \\ \vdots & \ddots & \vdots \\ a_{j1} & \cdots & a_{jn} \\ \vdots & \ddots & \vdots \\ a_{n1} & \cdots & a_{nn} \end{vmatrix}.$$

在上式中把 a_{jk} 换成 $a_{ik}(k=1,\cdots,n)$，可得 $a_{i1}A_{j1}+a_{i2}A_{j2}+\cdots+a_{in}A_{jn}=$

$$\begin{vmatrix} a_{11} & \cdots & a_{1n} \\ \vdots & \ddots & \vdots \\ a_{i1} & \cdots & a_{in} \\ \vdots & \ddots & \vdots \\ a_{i1} & \cdots & a_{in} \\ \vdots & \ddots & \vdots \\ a_{n1} & \cdots & a_{nn} \end{vmatrix} \begin{matrix} \\ \\ \leftarrow \text{第 } i \text{ 行} \\ \\ \leftarrow \text{第 } j \text{ 行} \\ \\ \\ \end{matrix}$$

当 $i \neq j$ 时,上式右端行列式中有两行对应元素相同,故行列式等于零,即得

$$a_{i1}A_{j1} + a_{i2}A_{j2} + \cdots + a_{in}A_{jn} = 0,\ i \neq j,$$

上述证法如按列进行,即可得

$$a_{1i}A_{1j} + a_{2i}A_{2j} + \cdots + a_{ni}A_{nj} = 0,\ i \neq j.$$

综合定理及其推论,有关于代数余子式的重要性质:

$$\sum_{k=1}^{n} a_{ki}A_{kj} = D\delta_{ij} = \begin{cases} D & (i=j), \\ 0 & (i \neq j). \end{cases}$$

或

$$\sum_{k=1}^{n} a_{ik}A_{jk} = D\delta_{ij} = \begin{cases} D & (i=j), \\ 0 & (i \neq j). \end{cases}$$

其中

$$\delta_{ij} = \begin{cases} 1 & (i=j), \\ 0 & (i \neq j). \end{cases}$$

注 按行(列)展开计算行列式的方法称为**降阶法**.

仿照上述推论证明的方法,在行列式 $\det(a_{ij})$ 按第 i 行展开的展开式

$$\det(a_{ij}) = a_{i1}A_{i1} + a_{i2}A_{i2} + \cdots + a_{in}A_{in}$$

中,用 $b_1, b_2, \cdots, b_n$ 依次代替 $a_{i1}, a_{i2}, \cdots, a_{in}$, 可得

$$\begin{vmatrix} a_{11} & \cdots & a_{1n} \\ \vdots & \ddots & \vdots \\ a_{i-1,1} & \cdots & a_{i-1,n} \\ b_1 & \cdots & b_n \\ a_{i+1,1} & \cdots & a_{i+1,n} \\ \vdots & \ddots & \vdots \\ a_{n1} & \cdots & a_{nn} \end{vmatrix} = b_1A_{i1} + b_2A_{i2} + \cdots + b_nA_{in}.$$

类似地,用 $b_1, \cdots, b_n$ 代替 $\det(a_{ij})$ 中的第 j 列,可得

$$\begin{vmatrix} a_{11} & \cdots & a_{1,j-1} & b_1 & a_{1,j+1} & \cdots & a_{1n} \\ \vdots & \ddots & \vdots & \vdots & \vdots & \ddots & \vdots \\ a_{n1} & \cdots & a_{n,j-1} & b_n & a_{n,j+1} & \cdots & a_{nn} \end{vmatrix} = b_1A_{1j} + b_2A_{2j} + \cdots + b_nA_{nj}.$$

例 1.39 已知四阶行列式 D 中第三列的元素依次为 $-1, 2, 0, 1$,它们的余子式依次分别为 $5, 3, -7, 4$,求 D.

解 将行列式 D 按第三列展开,有

$$\begin{aligned} D &= a_{13}A_{13} + a_{23}A_{23} + a_{33}A_{33} + a_{43}A_{43} \\ &= (-1)\times(-1)^{1+3}\times 5 + 2\times(-1)^{2+3}\times 3 + \\ &\quad 0\times(-1)^{3+3}\times(-7) + 1\times(-1)^{4+3}\times 4 \\ &= -5-6-4 = -15. \end{aligned}$$

例 1.40 已知四阶行列式 D 中第 1 行的元素分别为 $1, 2, 0, -4$,第 3 行的元素的余子式依次为 $6, x, 19, 2$,试求 x 的值.

解 由题设知,$a_{11}, a_{12}, a_{13}, a_{14}$ 分别为 $1, 2, 0, -4$,

$M_{31}, M_{32}, M_{33}, M_{34}$ 分别为 $6, x, 19, 2$,

从而得 $A_{31}, A_{32}, A_{33}, A_{34}$ 分别为 $6, -x, 19, -2$.

由行列式按行(列)展开定理,得 $a_{11}A_{31} + a_{12}A_{32} + a_{13}A_{33} + a_{14}A_{34} = 0$,

即 $1\times 6 + 2(-x) + 0\times 19 + (-4)(-2) = 0$,所以 $x = 7$.

例 1.41 设 $D = \begin{vmatrix} 3 & 6 & 9 & 12 \\ 2 & 4 & 6 & 8 \\ 1 & 2 & 0 & 3 \\ 5 & 6 & 4 & 3 \end{vmatrix}$,

试求 $A_{11} + 2A_{12} + 3A_{14}$,其中 A_{1j} 为元素 a_{1j} $(j = 1, 2, 4)$ 的代数余子式.

解
$$\begin{aligned} A_{11} + 2A_{12} + 3A_{14} &= 1\cdot A_{11} + 2\cdot A_{12} + 0\cdot A_{13} + 3\cdot A_{14} \\ &= \begin{vmatrix} 1 & 2 & 0 & 3 \\ 2 & 4 & 6 & 8 \\ 1 & 2 & 0 & 3 \\ 5 & 6 & 4 & 3 \end{vmatrix} = 0. \end{aligned}$$

例 1.42 设 $D = \begin{vmatrix} 3 & -5 & 2 & 1 \\ 1 & 1 & 0 & -5 \\ -1 & 3 & 1 & 3 \\ 2 & -4 & -1 & -3 \end{vmatrix}$,$D$ 中元素 a_{ij} 的代数余子式 A_{ij},求

$A_{11}+A_{12}+A_{13}+A_{14}$.

解 注意到 $A_{11}+A_{12}+A_{13}+A_{14}$ 等于用 1, 1, 1, 1 代替 D 的第 1 行所得的行列式,即

$$A_{11}+A_{12}+A_{13}+A_{14}=\begin{vmatrix}1&1&1&1\\1&1&0&-5\\-1&3&1&3\\2&-4&-1&-3\end{vmatrix}\xlongequal[r_3-r_1]{r_4+r_3}\begin{vmatrix}1&1&1&1\\1&1&0&-5\\-2&2&0&2\\1&-1&0&0\end{vmatrix}$$

$$=\begin{vmatrix}1&1&-5\\-2&2&2\\1&-1&0\end{vmatrix}\xlongequal{c_2+c_1}\begin{vmatrix}1&2&-5\\-2&0&2\\1&0&0\end{vmatrix}=\begin{vmatrix}2&-5\\0&2\end{vmatrix}$$

$$=4.$$

1.4.2 行列式的计算

直接应用按行(列)展开法则计算行列式,运算量较大,尤其是高阶行列式,因此计算行列式时,一般先用行列式的性质将行列式中某一行(列)化为仅含有一个非零元素,再按此行(列)展开,化为低一阶的行列式,如此继续下去直到化为三阶或二阶行列式.

例 1.43 计算行列式: $\begin{vmatrix}5&0&4&2\\1&-1&2&1\\4&1&2&0\\1&1&1&1\end{vmatrix}$.

解 $$\begin{vmatrix}5&0&4&2\\1&-1&2&1\\4&1&2&0\\1&1&1&1\end{vmatrix}=-\begin{vmatrix}1&1&1&1\\1&-1&2&1\\4&1&2&0\\5&0&4&2\end{vmatrix}=-\begin{vmatrix}1&1&1&1\\2&0&3&2\\3&0&1&-1\\5&0&4&2\end{vmatrix}$$

$$=-(-1)^{1+2}\begin{vmatrix}2&3&2\\3&1&-1\\5&4&2\end{vmatrix}=\begin{vmatrix}8&5&2\\0&0&-1\\11&6&2\end{vmatrix}$$

$$=-(-1)^{2+3}\begin{vmatrix}8&5\\11&6\end{vmatrix}=-7.$$

例 1.44 计算行列式 $\begin{vmatrix}2&1&-5&1\\1&-3&0&-6\\0&2&-1&2\\1&4&-7&6\end{vmatrix}$ 的值.

解

$$D=\begin{vmatrix}2&1&-5&1\\1&-3&0&-6\\0&2&-1&2\\1&4&-7&6\end{vmatrix}\xlongequal[r_4-r_2]{r_1-2r_2}\begin{vmatrix}0&7&-5&13\\1&-3&0&-6\\0&2&-1&2\\0&7&-7&12\end{vmatrix}=-\begin{vmatrix}7&-5&13\\2&-1&2\\7&-7&12\end{vmatrix}$$

$$\xlongequal[c_3+2c_2]{c_1+2c_2}-\begin{vmatrix}-3&-5&3\\0&-1&0\\-7&-7&-2\end{vmatrix}=\begin{vmatrix}-3&3\\-7&-2\end{vmatrix}=27.$$

例 1.45 计算 n 阶行列式

$$D_n=\begin{vmatrix}x&y&0&\cdots&0&0\\0&x&y&\cdots&0&0\\\vdots&\vdots&\vdots&\ddots&\vdots&\vdots\\0&0&0&\cdots&x&y\\y&0&0&\cdots&0&x\end{vmatrix}$$

解 将 D_n 按第一行展开，则

$$D_n=x\begin{vmatrix}x&y&\cdots&0&0\\0&x&\cdots&0&0\\\vdots&\vdots&\ddots&\vdots&\vdots\\0&0&\cdots&x&y\\0&0&\cdots&0&x\end{vmatrix}-y\begin{vmatrix}0&y&\cdots&0&0\\0&x&\cdots&0&0\\\vdots&\vdots&\ddots&\vdots&\vdots\\0&0&\cdots&x&y\\y&0&\cdots&0&x\end{vmatrix}$$

$$=x^n-y\begin{vmatrix}0&y&\cdots&0&0\\0&x&\cdots&0&0\\\vdots&\vdots&\ddots&\vdots&\vdots\\0&0&\cdots&x&y\\y&0&\cdots&0&x\end{vmatrix}.$$

将后面的行列式按第一列展开，则

$$D_n=x^n-yy(-1)^n\begin{vmatrix}y&0&\cdots&0&0\\x&y&\cdots&0&0\\\vdots&\vdots&\ddots&\vdots&\vdots\\0&0&\cdots&y&0\\0&0&\cdots&x&y\end{vmatrix}=x^n+(-1)^{n+1}y^n.$$

例 1.46 证明范德蒙德(Vandermonde)行列式

$$D_n=\begin{vmatrix}1 & 1 & \cdots & 1\\ x_1 & x_2 & \cdots & x_n\\ x_1^2 & x_2^2 & \cdots & x_n^2\\ \vdots & \vdots & \ddots & \vdots\\ x_1^{n-1} & x_2^{n-1} & \cdots & x_n^{n-1}\end{vmatrix}=\prod_{n\geqslant i>j\geqslant 1}(x_i-x_j),$$

其中记号“$\prod$”表示全体同类因子的乘积.

证 用数学归纳法,因为

$$D_2=\begin{vmatrix}1 & 1\\ x_1 & x_2\end{vmatrix}=x_2-x_1=\prod_{2\geqslant i>j\geqslant 1}(x_i-x_j)$$

所以当 $n=2$ 时所证等式成立. 现在假设等式对于 $n-1$ 阶范德蒙德行列式成立,要证明等式对 n 阶范德蒙德行列式也成立.

为此,设法把 D_n 降阶;从第 n 行开始,后行减去前行的 x_1 倍,有

$$D_n=\begin{vmatrix}1 & 1 & 1 & \cdots & 1\\ 0 & x_2-x_1 & x_3-x_1 & \cdots & x_n-x_1\\ 0 & x_2(x_2-x_1) & x_3(x_3-x_1) & \cdots & x_n(x_n-x_1)\\ \vdots & \vdots & \vdots & \ddots & \vdots\\ 0 & x_2^{n-2}(x_2-x_1) & x_3^{n-2}(x_3-x_1) & \cdots & x_n^{n-2}(x_n-x_1)\end{vmatrix}$$

按第一列展开,并把每列的公因子 (x_i-x_1) 提出,就有

$$D_n=(x_2-x_1)(x_3-x_1)\cdots(x_n-x_1)\begin{vmatrix}1 & 1 & \cdots & 1\\ x_2 & x_3 & \cdots & x_n\\ \vdots & \vdots & \ddots & \vdots\\ x_2^{n-2} & x_3^{n-2} & \cdots & x_n^{n-2}\end{vmatrix},$$

上式右端的行列式是 $n-1$ 阶范德蒙德行列式,按归纳法假设,它等于所有 (x_i-x_j) 因子的乘积,其中 $n\geqslant i>j\geqslant 2$, 故

$$D_n=(x_2-x_1)(x_3-x_1)\cdots(x_n-x_1)\prod_{n\geqslant i>j\geqslant 2}(x_i-x_j)=\prod_{n\geqslant i>j\geqslant 1}(x_i-x_j).$$

证毕.

计算行列式的方法:

(1) 对角线法则: 此方法适用于二阶、三阶行列式的计算,对于四阶以上的行列式不适用.

(2) 行列式的定义：此方法适用于一些特殊的行列式或大多数元素为零的行列式的计算.

(3) 行列式的性质：利用行列式的性质将行列式化为上(下)三角型行列式，这是计算行列式最常用的方法.

(4) 行列式展开公式：利用按行(列)展开公式将高阶行列式化为低阶行列式来计算，该方法适用于大多数元素为零的行列式计算.

(5) 递推关系：利用行列式的性质或展开公式找出递推关系来进行计算，该方法适用于高阶且元素有规律的行列式的计算.

总的来说，行列式的计算有较强的技巧性，其主要思路是利用行列式的性质，结合降阶(或升阶)及归纳法等，将行列式化为上(下)三角型行列式.

习 题 1-4

1. 计算四阶行列式 $\begin{vmatrix} 1 & 3 & 0 & 1 \\ 3 & 0 & 1 & 4 \\ 1 & 1 & 2 & 1 \\ 0 & 1 & 1 & 0 \end{vmatrix}$ 第一行中各元素对应的代数余子式 A_{1j} $(j=1, 2, 3, 4)$.

2. 设 n 阶行列式 $\begin{vmatrix} x & a & \cdots & a \\ a & x & \ddots & \vdots \\ \vdots & \ddots & \ddots & a \\ a & \cdots & a & x \end{vmatrix}$，求 $A_{n1}+A_{n2}+\cdots+A_{nn}$.

3. 计算下列行列式：

(1) $\begin{vmatrix} 1+x & 1 & 1 & 1 \\ 1 & 1-x & 1 & 1 \\ 1 & 1 & 1+y & 1 \\ 1 & 1 & 1 & 1-y \end{vmatrix}$； (2) $\begin{vmatrix} a^2 & (a+1)^2 & (a+2)^2 & (a+3)^2 \\ b^2 & (b+1)^2 & (b+2)^2 & (b+3)^2 \\ c^2 & (c+1)^2 & (c+2)^2 & (c+3)^2 \\ d^2 & (d+1)^2 & (d+2)^2 & (d+3)^2 \end{vmatrix}$；

(3) $\begin{vmatrix} 1 & 0 & a & 1 \\ 0 & -1 & b & -1 \\ -1 & -1 & c & -1 \\ -1 & 1 & d & 0 \end{vmatrix}$； (4) $\begin{vmatrix} a_{11} & a_{12} & a_{13} & a_{14} & a_{15} \\ a_{21} & a_{22} & a_{23} & a_{24} & a_{25} \\ a_{31} & a_{32} & 0 & 0 & 0 \\ a_{41} & a_{42} & 0 & 0 & 0 \\ a_{51} & a_{52} & 0 & 0 & 0 \end{vmatrix}$；

(5) $\begin{vmatrix} 0 & a & b & a \\ a & 0 & a & b \\ b & a & 0 & a \\ a & b & a & 0 \end{vmatrix}$； (6) $\begin{vmatrix} 1 & 1 & 1 & 1 \\ 1 & 2 & -2 & x \\ 1 & 4 & 4 & x^2 \\ 1 & 8 & -8 & x^3 \end{vmatrix}$.

4. 计算 $D_n=\begin{vmatrix} 1 & 1 & 1 & \cdots & 1 \\ 2 & 2^2 & 2^3 & \cdots & 2^n \\ 3 & 3^2 & 3^3 & \cdots & 3^n \\ \vdots & \vdots & \vdots & \ddots & \vdots \\ n & n^2 & n^3 & \cdots & n^n \end{vmatrix}$.

5. 证明 $\begin{vmatrix} (a+1)^2 & a^2 & a & 1 \\ (b+1)^2 & b^2 & b & 1 \\ (c+1)^2 & c^2 & c & 1 \\ (d+1)^2 & d^2 & d & 1 \end{vmatrix}=0$.

6. 求下列方程的根：

(1) $\begin{vmatrix} x-3 & -2 & 1 \\ 2 & x+2 & -2 \\ -3 & -6 & x+1 \end{vmatrix}=0$； (2) $\begin{vmatrix} 1 & x & x^2 & x^3 \\ 1 & 2 & 4 & 8 \\ 1 & -1 & 1 & -1 \\ 1 & 1 & 1 & 1 \end{vmatrix}=0$.

7. 计算下列三对角行列式：

(1) $D_n=\begin{vmatrix} 2 & 1 & 0 & \cdots & 0 \\ 1 & 2 & 1 & \cdots & 0 \\ \vdots & \vdots & \vdots & \ddots & \vdots \\ 0 & 0 & \cdots & 2 & 1 \\ 0 & 0 & \cdots & 1 & 2 \end{vmatrix}$；

(2) $D_n=\begin{vmatrix} 2\cos\theta & 1 & 0 & \cdots & 0 \\ 1 & 2\cos\theta & 1 & \cdots & 0 \\ \vdots & \vdots & \ddots & \ddots & \vdots \\ 0 & 0 & \cdots & 2\cos\theta & 1 \\ 0 & 0 & \cdots & 1 & 2\cos\theta \end{vmatrix}$.

1.5 行列式的应用

我们已经知道，对三元线性方程组

$$\begin{cases} a_{11}x_1 + a_{12}x_2 + a_{13}x_3 = b_1, \\ a_{21}x_1 + a_{22}x_2 + a_{23}x_3 = b_2, \\ a_{31}x_1 + a_{32}x_2 + a_{33}x_3 = b_3, \end{cases}$$

当系数行列式 $D \neq 0$ 时,有唯一解: $x_1 = \dfrac{D_1}{D}$, $x_2 = \dfrac{D_2}{D}$, $x_3 = \dfrac{D_3}{D}$,

其中

$$D = \begin{vmatrix} a_{11} & a_{12} & a_{13} \\ a_{21} & a_{22} & a_{23} \\ a_{31} & a_{32} & a_{33} \end{vmatrix}, \ D_1 = \begin{vmatrix} b_1 & a_{12} & a_{13} \\ b_2 & a_{22} & a_{23} \\ b_3 & a_{32} & a_{33} \end{vmatrix},$$

$$D_2 = \begin{vmatrix} a_{11} & b_1 & a_{13} \\ a_{21} & b_2 & a_{23} \\ a_{31} & b_3 & a_{33} \end{vmatrix}, \ D_3 = \begin{vmatrix} a_{11} & a_{12} & b_1 \\ a_{21} & a_{22} & b_2 \\ a_{31} & a_{32} & b_3 \end{vmatrix}.$$

注 这个方程组的解可通过消元的方法直接求出.

问题 求解含有 n 个方程的 n 元线性方程组是否与求解二元和三元线性方程组有相同的法则?

方程个数与未知量的个数相等的线性方程组

$$\begin{cases} a_{11}x_1 + a_{12}x_2 + \cdots + a_{1n}x_n = b_1, \\ a_{21}x_1 + a_{22}x_2 + \cdots + a_{2n}x_n = b_2, \\ \cdots\cdots \\ a_{n1}x_1 + a_{n2}x_2 + \cdots + a_{nn}x_n = b_n, \end{cases} \tag{1.1}$$

称为 n **元线性方程组**,当其右端的常数项 $b_1, b_2, \cdots, b_n$ 不全为零时,线性方程组(1.1)就称为**非齐次线性方程组**,当 $b_1, b_2, \cdots, b_n$ 全为零时,线性方程组(1.2)就称为**齐次线性方程组**,即

$$\begin{cases} a_{11}x_1 + a_{12}x_2 + \cdots + a_{1n}x_n = 0, \\ a_{21}x_1 + a_{22}x_2 + \cdots + a_{2n}x_n = 0, \\ \cdots\cdots \\ a_{n1}x_1 + a_{n2}x_2 + \cdots + a_{nn}x_n = 0. \end{cases} \tag{1.2}$$

线性方程组(1.1)的系数 a_{ij} 构成的行列式称为该方程组的**系数行列式**,记为

$$D=\begin{vmatrix} a_{11} & a_{12} & \cdots & a_{1n} \\ a_{21} & a_{22} & \cdots & a_{2n} \\ \vdots & \vdots & \ddots & \vdots \\ a_{n1} & a_{n2} & \cdots & a_{nn} \end{vmatrix}.$$

n 元线性方程组与二、三元线性方程组类似,在一定条件下,它的解可用 n 阶行列式表示.

定理 1.6(克莱姆法则) 若线性方程组(1.1)的系数行列式 $D\neq 0$,则线性方程组(1.1)有唯一解

$$x_j=\frac{D_j}{D}\ (j=1,\ 2,\ \cdots,\ n) \tag{1.3}$$

其中 D_j 是把 D 中第 j 列元素 a_{1j}, a_{2j}, $\cdots$, a_{nj} 对应地换成常数项 b_1, b_2, $\cdots$, b_n,而其余各列保持不变所得到的行列式.

例 1.47 用克莱姆法则解方程组:

$$\begin{cases} 2x_1+3x_2+5x_3=2, \\ x_1+2x_2\qquad\quad=5, \\ \qquad 3x_2+5x_3=4. \end{cases}$$

解 $D=\begin{vmatrix} 2 & 3 & 5 \\ 1 & 2 & 0 \\ 0 & 3 & 5 \end{vmatrix} \xlongequal{r_1-r_3} \begin{vmatrix} 2 & 0 & 0 \\ 1 & 2 & 0 \\ 0 & 3 & 5 \end{vmatrix}=2\begin{vmatrix} 2 & 0 \\ 3 & 5 \end{vmatrix}=20,$

$$D_1=\begin{vmatrix} 2 & 3 & 5 \\ 5 & 2 & 0 \\ 4 & 3 & 5 \end{vmatrix} \xlongequal{r_1-r_3} \begin{vmatrix} -2 & 0 & 0 \\ 5 & 2 & 0 \\ 4 & 3 & 5 \end{vmatrix}=-20,$$

$$D_2=\begin{vmatrix} 2 & 2 & 5 \\ 1 & 5 & 0 \\ 0 & 4 & 5 \end{vmatrix} \xlongequal{r_1-2r_2} \begin{vmatrix} 0 & -8 & 5 \\ 1 & 5 & 0 \\ 0 & 4 & 5 \end{vmatrix} \xlongequal{r_1\leftrightarrow r_2} -\begin{vmatrix} 1 & 5 & 0 \\ 0 & -8 & 5 \\ 0 & 4 & 5 \end{vmatrix}=60,$$

$$D_3=\begin{vmatrix} 2 & 3 & 2 \\ 1 & 2 & 5 \\ 0 & 3 & 4 \end{vmatrix} \xlongequal{r_1-2r_2} \begin{vmatrix} 0 & -1 & -8 \\ 1 & 2 & 5 \\ 0 & 3 & 4 \end{vmatrix} \xlongequal{r_1\leftrightarrow r_2} \begin{vmatrix} 1 & 2 & 5 \\ 0 & -1 & -8 \\ 0 & 3 & 4 \end{vmatrix}=-20,$$

由克莱姆法则,$x_1=\dfrac{D_1}{D}=-1$, $x_2=\dfrac{D_2}{D}=3$, $x_3=\dfrac{D_3}{D}=-1$.

例 1.48 用克莱姆法则解方程组:

$$\begin{cases}2x_1+2x_2-x_3+x_4=4,\\4x_1+3x_2-x_3+2x_4=6,\\8x_1+5x_2-3x_3+4x_4=12,\\3x_1+3x_2-2x_3+2x_4=6.\end{cases}$$

解

$$D=\begin{vmatrix}2&2&-1&1\\4&3&-1&2\\8&5&-3&4\\3&3&-2&2\end{vmatrix}=\begin{vmatrix}2&2&0&1\\4&3&1&2\\8&5&1&4\\3&3&0&2\end{vmatrix}=\begin{vmatrix}2&2&0&1\\4&3&1&2\\4&2&0&2\\3&3&0&2\end{vmatrix}$$

$$=(-1)^{2+3}\begin{vmatrix}2&2&1\\4&2&2\\3&3&2\end{vmatrix}=-2\begin{vmatrix}2&2&1\\2&1&1\\3&3&2\end{vmatrix}=-2\begin{vmatrix}0&1&0\\2&1&1\\3&3&2\end{vmatrix}$$

$$=-2\times(-1)^{1+2}\begin{vmatrix}2&1\\3&2\end{vmatrix}=2,$$

$$D_1=\begin{vmatrix}4&2&-1&1\\6&3&-1&2\\12&5&-3&4\\6&3&-2&2\end{vmatrix}=2,\ D_2=\begin{vmatrix}2&4&-1&1\\4&6&-1&2\\8&12&-3&4\\3&6&-2&2\end{vmatrix}=2,$$

$$D_3=\begin{vmatrix}2&2&4&1\\4&3&6&2\\8&5&12&4\\3&3&6&2\end{vmatrix}=-2,\ D_4=\begin{vmatrix}2&2&-1&4\\4&3&-1&6\\8&5&-3&12\\3&3&-2&6\end{vmatrix}=-2,$$

故 $x_1=\dfrac{D_1}{D}=1$，$x_2=\dfrac{D_2}{D}=1$，$x_3=\dfrac{D_3}{D}=-1$，$x_4=\dfrac{D_4}{D}=-1$.

例 1.49 已知三次曲线

$$f(x)=a_0+a_1x+a_2x^2+a_3x^3$$

在 4 个点 $x=\pm1$，$x=\pm2$ 处的值：$f(1)=f(-1)=f(2)=6$，$f(-2)=-6$，试求其系数 a_0，a_1，a_2，a_3.

解 将三次曲线在 4 个点处的值代入方程，得到关于 a_0，a_1，a_2，a_3 的非齐次线性方程组：

$$\begin{cases}a_0+a_1+a_2+a_3=6,\\ a_0+(-1)a_1+(-1)^2a_2+(-1)^3a_3=6,\\ a_0+2a_1+2^2a_2+2^3a_3=6,\\ a_0+(-2)a_1+(-2)^2a_2+(-2)^3a_3=-6.\end{cases}$$

它的系数行列式为

$$D=\begin{vmatrix}1 & 1 & 1 & 1\\ 1 & -1 & (-1)^2 & (-1)^3\\ 1 & 2 & 2^2 & 2^3\\ 1 & -2 & (-2)^2 & (-2)^3\end{vmatrix}=\begin{vmatrix}1 & 1 & 1 & 1\\ 1 & -1 & 2 & -2\\ 1 & (-1)^2 & 2^2 & (-2)^2\\ 1 & (-1)^3 & 2^3 & (-2)^3\end{vmatrix}$$

$$=(-1-1)(2-1)(-2-1)(2+1)(-2-2)=72.$$

又由于$D_0=\begin{vmatrix}6 & 1 & 1 & 1\\ 6 & -1 & 1 & -1\\ 6 & 2 & 4 & 8\\ -6 & -2 & 4 & -8\end{vmatrix}=576$，$D_1=\begin{vmatrix}1 & 6 & 1 & 1\\ 1 & 6 & 1 & -1\\ 1 & 6 & 4 & 8\\ 1 & -6 & 4 & -8\end{vmatrix}=-72$，

$$D_2=\begin{vmatrix}1 & 1 & 6 & 1\\ 1 & -1 & 6 & -1\\ 1 & 2 & 6 & 8\\ 1 & -2 & -6 & -8\end{vmatrix}=-144,\ D_3=\begin{vmatrix}1 & 1 & 1 & 6\\ 1 & -1 & 1 & 6\\ 1 & 2 & 4 & 6\\ 1 & -2 & 4 & -6\end{vmatrix}=72,$$

故 $a_0=8$，$a_1=-1$，$a_2=-2$，$a_3=1$.

这是唯一解，因此过上述 4 个点能唯一确定的三次曲线方程为

$$f(x)=8-x-2x^2+x^3.$$

一般来说，用克莱姆法则求线性方程组的解时，计算量比较大. 对具体的数字线性方程组，当未知数较多时往往用计算机来求解.

克莱姆法则在一定条件下给出了线性方程组的存在性、唯一性，与其在计算方面的作用相比，克莱姆法具有重大的理论价值. 抛开求解公式(1.3)，我们有如下定理.

定理 1.7 如果线性方程组(1.1)的系数行列式 $D\neq 0$，则线性方程组(1.1)一定有解，且解是唯一的.

在解题或证明中，常用到定理 1.7 的逆否命题.

定理 1.7′ 如果线性方程组(1.1)无解或解不是唯一的，则它的系数行列式必为零.

对齐次线性方程组(1.2)，易见 $x_1=x_2=\cdots=x_n=0$ 一定是该方程组的解，称

其为齐次线性方程组(1.2)的**零解**. 把定理 1.7 应用于齐次线性方程组(1.2),可得到下列结论:

定理 1.8 如果齐次线性方程组(1.2)的系数行列式 $D \neq 0$, 则齐次线性方程组(1.2)只有零解.

定理 1.8′ 如果齐次线性方程组(1.2)有非零解,则它的系数行列式 $D=0$.

例 1.50 问 λ 为何值时,齐次线性方程组

$$\begin{cases} x_1+\lambda x_2+\ \ x_3=0, \\ x_1-\ \ x_2+\ \ x_3=0, \\ \lambda x_1+\ \ x_2+2x_3=0 \end{cases}$$

有非零解?

解 根据定理,如果方程组有非零解,那么它的系数行列式

$$D=\begin{vmatrix} 1 & \lambda & 1 \\ 1 & -1 & 1 \\ \lambda & 1 & 2 \end{vmatrix}=-(1+\lambda)(2-\lambda)=0,$$

由此得 $\lambda=-1$ 或 $\lambda=2$, 即当 $\lambda=-1$ 或 $\lambda=2$ 时,题设方程组有非零解.

例 1.51 如果下列齐次线性方程组有非零解, k 应取何值?

$$\begin{cases} kx_1 \qquad\qquad\qquad +x_4=0, \\ x_1+2x_2 \qquad\quad -x_4=0, \\ (k+2)x_1-\ \ x_2 \qquad +4x_4=0, \\ 2x_1+x_2+3x_3+kx_4=0. \end{cases}$$

解 $$D=\begin{vmatrix} k & 0 & 0 & 1 \\ 1 & 2 & 0 & -1 \\ k+2 & -1 & 0 & 4 \\ 2 & 1 & 3 & k \end{vmatrix}=-3\begin{vmatrix} k & 0 & 1 \\ 1 & 2 & -1 \\ k+2 & -1 & 4 \end{vmatrix}$$

$$=-3\begin{vmatrix} k & 1 \\ 2k+5 & 7 \end{vmatrix}=-3(5k-5),$$

如果方程组有非零解,则 $D=0$, 即 $k=1$.

例 1.52 判定齐次线性方程组

$$\begin{cases}x_1+\ \ x_2+2x_3+3x_4=0,\\ x_1+2x_2+3x_3-\ \ x_4=0,\\ 3x_1-\ \ x_2-\ \ x_3-2x_4=0,\\ 2x_1+3x_2-\ \ x_3-\ \ x_4=0\end{cases}$$

是否仅有零解?

解 因为 $D=\begin{vmatrix}1&1&2&3\\1&2&3&-1\\3&-1&-1&-2\\2&3&-1&-1\end{vmatrix}=-153\neq 0$，所以方程组仅有零解.

说明 克莱姆法则是求系数行列式不等于零的 n 个方程的 n 元线性方程组解的一种方法. 克莱姆法则清楚地揭示了这类线性方程组的解与它们的系数及常数项之间的关系. 但是由于要计算 $n+1$ 个 n 阶行列式，工作量大，因而在求解方程的阶数较高时一般很少应用克莱姆法则，而是利用消元法或求系数矩阵的逆矩阵来求解，但克莱姆法则对求二元、三元线性方程组的解还是较方便的.

注 判断 n 个未知数 n 个方程的齐次线性方程组有无非零解的关键是看它的系数行列式是否为零；若为零，则有非零解；若不为零，则只有零解. 任何一个齐次线性方程组至少有一个解，即零解.

习 题 1-5

1. 用克拉姆法则解下列线性方程组：

(1) $\begin{cases}2x+5y=1,\\3x+7y=2;\end{cases}$ (2) $\begin{cases}6x+4y=26,\\5x+7y=29.\end{cases}$

2. 利用克拉姆法则解下列线性方程组：

(1) $\begin{cases}2x_1+x_2-5x_3+x_4=8,\\x_1-3x_2\qquad\ -6x_4=9,\\\qquad 2x_2-x_3+2x_4=-5,\\x_1+4x_2-7x_3+6x_4=0;\end{cases}$ (2) $\begin{cases}2x_1+3x_2+11x_3+5x_4=6,\\x_1+\ \ x_2+\ 5x_3+2x_4=2,\\2x_1+\ \ x_2+\ 3x_3+4x_4=2,\\x_1+\ \ x_2+\ 3x_3+4x_4=2;\end{cases}$

(3) $\begin{cases}x_1+\ \ x_2-2x_3=-3,\\5x_1-2x_2+7x_3=22,\\2x_1-5x_2+4x_3=4;\end{cases}$ (4) $\begin{cases}2x_1+2x_2-\ \ x_3=0,\\x_1-2x_2+4x_3=0,\\5x_1+8x_2-2x_3=0;\end{cases}$

(5) $\begin{cases} 5x_1+4x_3+2x_4=3, \\ x_1-x_2+x_3+x_4=1, \\ 4x_1+x_2+2x_3=1, \\ x_1+x_2+x_3+x_4=0; \end{cases}$　　(6) $\begin{cases} x_1+x_2+x_3+x_4=5, \\ x_1+2x_2-x_3+4x_4=-2, \\ 2x_1-3x_2-x_3-5x_4=-2, \\ 3x_1+x_2+2x_3+11x_4=0. \end{cases}$

3. 判断齐次线性方程组 $\begin{cases} x_1+x_2-\dfrac{1}{2}x_3=0, \\ x_1-2x_2+4x_3=0, \\ 5x_1+8x_2-2x_3=0, \end{cases}$ 是否仅有零解.

4. 讨论 λ 为何值时,线性方程组 $\begin{cases} \lambda x_1+x_2+x_3=1, \\ x_1+\lambda x_2+x_3=\lambda, \\ x_1+x_2+\lambda x_3=\lambda^2, \end{cases}$ 有唯一解,并求出解.

5. 问 λ, μ 取何值时,齐次线性方程组 $\begin{cases} \lambda x_1+x_2+x_3=0, \\ x_1+\mu x_2+x_3=0, \\ x_1+2\mu x_2+x_3=0, \end{cases}$ 有非零解?

6. 若齐次线性方程组 $\begin{cases} x_1+x_2+x_3+ax_4=0, \\ x_1+2x_2+x_3+x_4=0, \\ x_1+x_2-3x_3+x_4=0, \\ x_1+x_2+ax_3+bx_4=0, \end{cases}$ 有非零解,问 a, b 需满足什么条件?

7. 有一个多项式 $f(x)=a_3x^3+a_2x^2+a_1x+a_0$, 当 $x=1, 2, 3, -1$ 时, $f(x)$ 的值分别为 $-3, 5, 35, 5$, 求 $f(x)$ 在 $x=4$ 时的值.

本 章 小 结

- 行列式
  - 行列式定义
    - 二阶行列式
    - 三阶行列式
    - 排列与逆序
    - n 阶行列式
    - 对换
  - 行列式计算
    - 行列式的性质
    - 三角化行列式
    - 行列式的展开
    - 行列式的计算
  - 行列式的应用
    - 克莱姆法则解方程组

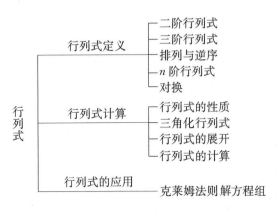

习 题 1

1. 计算下列行列式：

(1) $\begin{vmatrix} 2 & 1 \\ -1 & 2 \end{vmatrix}$； (2) $\begin{vmatrix} 12 & 18 \\ 8 & 12 \end{vmatrix}$；

(3) $\begin{vmatrix} 1 & 1 & 1 \\ 3 & 1 & 4 \\ 8 & 9 & 5 \end{vmatrix}$； (4) $\begin{vmatrix} 1 & 0 & -1 \\ 3 & 5 & 0 \\ 0 & 4 & 1 \end{vmatrix}$.

2. 当 λ 取何值时，$\begin{vmatrix} \lambda & 3 & 4 \\ -1 & \lambda & 0 \\ 0 & \lambda & 1 \end{vmatrix}=0$.

3. 求下列排列的逆序数：

(1) 51324； (2) 426315； (3) 7654321； (4) 36715284.

4. 下列各元素的乘积是否是五阶行列式 $|a_{ij}|$ 中的一项？若果是，判断该项的符号.

(1) $a_{15}a_{24}a_{33}a_{42}a_{51}$； (2) $a_{11}a_{22}a_{33}a_{45}a_{51}$；

(3) $a_{31}a_{24}a_{53}a_{12}a_{45}$； (4) $a_{54}a_{12}a_{41}a_{25}a_{33}$.

5. 计算下列行列式：

(1) $\begin{vmatrix} 1 & 2 & 3 \\ 2 & 1 & 2 \\ 1 & -1 & 1 \end{vmatrix}$； (2) $\begin{vmatrix} 0 & 0 & 1 & 0 \\ 0 & 2 & 0 & 0 \\ 3 & 0 & 8 & 0 \\ 7 & 2 & 8 & 4 \end{vmatrix}$；

(3) $\begin{vmatrix} 1 & 1 & 1 & 1 \\ 1 & -1 & 1 & 1 \\ 1 & 1 & -1 & 1 \\ 1 & 1 & 1 & -1 \end{vmatrix}$； (4) $\begin{vmatrix} 1 & 0 & a & 0 \\ 2 & 0 & 0 & -1 \\ a & 1 & 0 & 0 \\ 0 & 0 & 1 & 2 \end{vmatrix}$；

(5) $\begin{vmatrix} -2 & 2 & -4 & 0 \\ 4 & -1 & 3 & 5 \\ 3 & 1 & -2 & -3 \\ 2 & 0 & 5 & 1 \end{vmatrix}$； (6) $\begin{vmatrix} 0 & 0 & \cdots & 0 & 1 \\ 0 & 0 & \cdots & 2 & 0 \\ \vdots & \vdots & \ddots & \vdots & \vdots \\ 0 & n-1 & \cdots & 0 & 0 \\ n & 0 & \cdots & 0 & 0 \end{vmatrix}$.

6. 利用行列式的性质证明：

(1) $\begin{vmatrix} a_1+kb_1 & b_1+c_1 & c_1 \\ a_2+kb_2 & b_2+c_2 & c_2 \\ a_3+kb_3 & b_3+c_3 & c_3 \end{vmatrix} = \begin{vmatrix} a_1 & b_1 & c_1 \\ a_2 & b_2 & c_2 \\ a_3 & b_3 & c_3 \end{vmatrix}$；

(2) $\begin{vmatrix} 1+x & 1 & 1 & 1 \\ 1 & 1+x & 1 & 1 \\ 1 & 1 & 1+y & 1 \\ 1 & 1 & 1 & 1+y \end{vmatrix} = x^2y^2+2xy^2+2x^2y$.

7. 解下列方程组：

(1) $\begin{vmatrix} 0 & 1 & x & 1 \\ 1 & 0 & 1 & x \\ x & 1 & 0 & 1 \\ 1 & x & 1 & 0 \end{vmatrix} = 0$；

(2) $\begin{vmatrix} x+1 & 2 & -1 \\ 2 & x+1 & 1 \\ -1 & 1 & x+1 \end{vmatrix}$；

(3) $\begin{vmatrix} 1 & 1 & 1 & 1 \\ x & a & b & c \\ x^2 & a^2 & b^2 & c^2 \\ x^3 & a^3 & b^3 & c^3 \end{vmatrix}$；

(4) $\begin{vmatrix} 0 & x & y & z \\ x & 1 & 0 & 0 \\ y & 0 & 1 & 0 \\ z & 0 & 0 & 1 \end{vmatrix}$.

8. 求行列式 $\begin{vmatrix} -2 & 3 & 1 \\ 7 & 0 & -6 \\ 9 & 11 & -4 \end{vmatrix}$ 中元素 7 和 -4 的余子式和代数余子式.

9. 利用克莱姆法则解下列线性方程组：

(1) $\begin{cases} 2x_1+3x_2=1, \\ 3x_1+7x_2=2; \end{cases}$

(2) $\begin{cases} 6x_1-4x_2=10, \\ 5x_1+7x_2=29; \end{cases}$

(3) $\begin{cases} 3x_1-4x_2+2x_3=1, \\ 5x_1-2x_2+7x_3=22, \\ 2x_1-5x_2+4x_3=4; \end{cases}$

(4) $\begin{cases} 4x_1+5x_2+4x_3=31, \\ 5x_1+x_2+2x_3=29, \\ 3x_1-x_2+x_3=10; \end{cases}$

(5) $\begin{cases} 2x_1+x_2-5x_3+x_4=8, \\ x_1-3x_2-6x_4=9, \\ 2x_2-x_3+2x_4=-5, \\ x_1+4x_2-7x_3+6x_4=0; \end{cases}$

(6) $\begin{cases} x_1-x_2+x_3-2x_4=2, \\ 2x_1-x_3+4x_4=4, \\ 3x_1+2x_2+x_3=-1, \\ -x_1+2x_2-x_3+2x_4=-4. \end{cases}$

10. 若齐次线性方程组 $\begin{cases} (2-\lambda)x+4y=0, \\ 5x+(2-\lambda)y=0, \end{cases}$ 有非零解，求 λ 的值.

11. 当k为何值时,齐次方程组$\begin{cases} kx+z=0, \\ 2x+ky+z=0, \\ kx-2y+z=0, \end{cases}$仅有零解.

12. 当λ为何值时,齐次线性方程组$\begin{cases} (1-\lambda)x_1-2x_2+4x_3=0, \\ 2x_1+(3-\lambda)x_2+x_3=0, \\ x_1+x_2+(1-\lambda)x_3=0, \end{cases}$有非零解?

13. 计算行列式

$$\begin{vmatrix} 1-a & a & 0 & 0 & 0 \\ -1 & 1-a & a & 0 & 0 \\ 0 & -1 & 1-a & a & 0 \\ 0 & 0 & -1 & 1-a & a \\ 0 & 0 & 0 & -1 & 1-a \end{vmatrix}.$$

14. 已知1 326,2 743,5 005,1 874都能被13整除,不计算行列式的值,证明:

$$D=\begin{vmatrix} 1 & 3 & 2 & 6 \\ 2 & 7 & 4 & 3 \\ 5 & 0 & 0 & 5 \\ 3 & 8 & 7 & 4 \end{vmatrix}\text{能被 13 整除.}$$

15. 证明$\begin{vmatrix} 1 & 1 & 1 & 1 \\ a & b & c & d \\ a^2 & b^2 & c^2 & d^2 \\ a^4 & b^4 & c^4 & d^4 \end{vmatrix}=(a-b)(a-c)(a-d)(b-c)(b-d)(c-d)$
$(a+b+c+d)$.

16. 已知四阶行列式D中第一行元素分别为1,2,0,-4,第三行元素的余子式依次为6,x,19,2,求x的值.

17. 若齐次线性方程组$\begin{cases} \lambda x_1+\lambda x_2+2x_3=0, \\ \lambda x_1+(2\lambda-1)x_2+3x_3=0, \\ \lambda x_1+\lambda x_2+(\lambda+3)x_3=0 \end{cases}$有非零解,证明
$\lambda=0$或$\lambda=\pm1$.

18. 求三次多项式$f(x)$,使$f(-1)=0$,$f(1)=4$,$f(2)=3$,$f(3)=16$.

19. 设多项式 $f(x)=a_0+a_1x+\cdots+a_nx^n$，证明：若 $f(x)$ 有 $n+1$ 个互异零点，则 $f(x)\equiv 0$.

20. 证明平面上三条不同直线 $\begin{cases} ax+by+c=0, \\ bx+cy+a=0, \\ cx+ay+b=0, \end{cases}$ 相交于一点的充分必要条件是 $a+b+c=0$.

2 矩　　阵

矩阵本质上是一张正方形或长方形的**数表**，它是表述或处理大量的生活、生产与科研问题的有力工具.矩阵的作用首先在于它能把头绪纷繁的事物按一定的规则清晰地展现出来，使我们抛开表面上杂乱无章的关系；其次是它能恰当地刻画事物之间的内在联系，并通过矩阵的运算或变换揭示事物间的内在联系；最后，它是求解数学问题的一种特殊的"数形结合"的途径.

矩阵是研究线性变换、向量的线性相关性及线性方程组的解法等的有力且不可替代的工具，在线性代数中具有重要地位.本章引入矩阵的概念，深入讨论矩阵的运算、矩阵的变换以及矩阵的某些内在特征.

2.1 矩阵的概念

2.1.1 矩阵的定义

显然，知道了一个线性方程组的全部系数和常数项，这个线性方程组就确定了.确切地说，线性方程组由矩形数表

$$\begin{bmatrix} a_{11} & a_{12} & \cdots & a_{1n} & b_1 \\ a_{21} & a_{22} & \cdots & a_{2n} & b_2 \\ \cdots & \cdots & \ddots & \cdots & \cdots \\ a_{n1} & a_{n2} & \cdots & a_{nn} & b_n \end{bmatrix}$$

所确定.

例 2.1　设有线性方程组

$$\begin{cases} x_1 + 5x_2 - x_3 - x_4 = -1, \\ x_1 - 2x_2 + x_3 + 3x_4 = 3, \\ 3x_1 + 8x_2 - x_3 + x_4 = 1, \\ x_1 - 9x_2 + 3x_3 + 7x_4 = 7, \end{cases}$$

这个方程组未知量系数及常数项按顺序组成一个 4 行 5 列的矩形数表

$$\begin{bmatrix} 1 & 5 & -1 & -1 & -1 \\ 1 & -2 & 1 & 3 & 3 \\ 3 & 8 & -1 & 1 & 1 \\ 1 & -9 & 3 & 7 & 7 \end{bmatrix},$$

其中第一列表示未知数 x_1 的系数,…,第四列表示未知数 x_4 的系数,第五列表示常数项.这个数表决定方程组是否有解,以及存在解时解是什么等问题.

例 2.2　航空公司航班图与数表的关系.

某航空公司在 A,B,C,D 四个城市之间开辟了若干航线.如右图所示,两城市之间存在带箭头的线表示开通航线,否则表示未开通航线.

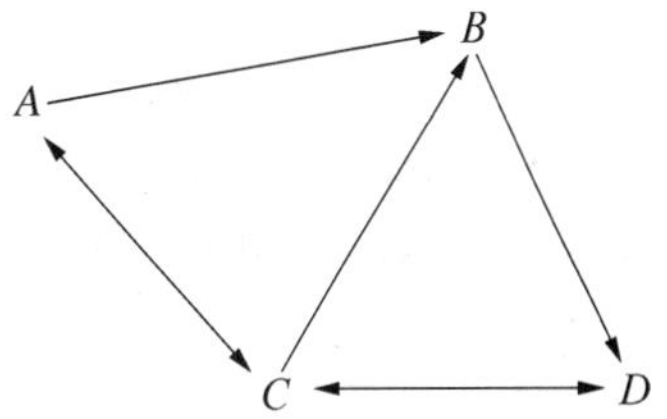

解　用数表表示时,为简单起见,用数字"1"表示两城市之间有航班;用数字"0"表示两城市之间未开通航班,如下表所示

$$\begin{array}{c} \\ A \\ B \\ C \\ D \end{array}\begin{array}{c} \begin{array}{cccc} A & B & C & D \end{array} \\ \begin{bmatrix} 0 & 1 & 1 & 0 \\ 0 & 0 & 0 & 1 \\ 1 & 1 & 0 & 1 \\ 0 & 0 & 1 & 0 \end{bmatrix} \end{array}.$$

例 2.3　已知某公司有 A,B 两个仓库,三种包装规格的维生素 C 和维生素 E 的库存量分别如下:

A 仓库两种药品的库存量为

	100 片/瓶	200 片/瓶	300 片/瓶
维生素 C	40	33	30
维生素 E	34	45	35

B 仓库两种药品的库存量为

	100 片/瓶	200 片/瓶	300 片/瓶
维生素 C	30	30	25
维生素 E	37	40	40

求该公司维生素 C 和维生素 E 的总库存量.

解 若用矩阵数表 $\boldsymbol{A}$,$\boldsymbol{B}$ 分别表示两仓库的库存量,

$$\boldsymbol{A}=\begin{bmatrix}40 & 33 & 30\\34 & 45 & 35\end{bmatrix},\qquad \boldsymbol{B}=\begin{bmatrix}30 & 30 & 25\\37 & 40 & 40\end{bmatrix},$$

则该公司维生素 C 和维生素 E 的总库存量可表示为

$$\boldsymbol{A}+\boldsymbol{B}=\begin{bmatrix}40 & 33 & 30\\34 & 45 & 35\end{bmatrix}+\begin{bmatrix}30 & 30 & 25\\37 & 40 & 40\end{bmatrix}=\begin{bmatrix}70 & 63 & 55\\71 & 85 & 75\end{bmatrix}.$$

由此可见,利用矩阵数表来处理问题给我们提供了一个简洁的思路与方法. 下面我们介绍矩阵的概念.

定义 2.1 由 $m\times n$ 个数 $a_{ij}(i=1,2,\cdots,m;j=1,2,\cdots,n)$ 排成的 m 行 n 列的数表

$$\begin{bmatrix}a_{11} & a_{12} & \cdots & a_{1n}\\a_{21} & a_{22} & \cdots & a_{2n}\\\vdots & \vdots & \ddots & \vdots\\a_{m1} & a_{m2} & \cdots & a_{mn}\end{bmatrix}$$

称为 m **行** n **列矩阵**,简称 $m\times n$ **矩阵**. 为表示它是一个整体,总是加一个方括号(或圆括号),并用大写黑体字母表示它,记为

$$\boldsymbol{A}=\begin{bmatrix}a_{11} & a_{12} & \cdots & a_{1n}\\a_{21} & a_{22} & \cdots & a_{2n}\\\vdots & \vdots & \ddots & \vdots\\a_{m1} & a_{m2} & \cdots & a_{mn}\end{bmatrix},$$

其中 $a_{ij}(i=1,2,\cdots,m;j=1,2,\cdots,n)$ 称为矩阵 $\boldsymbol{A}$ 的**元素**. 特别的,a_{ij} 称为矩阵 $\boldsymbol{A}$ 的**第** i **行第** j **列元素**. 一个 $m\times n$ 矩阵 $\boldsymbol{A}$ 也可简记为

$$\boldsymbol{A}=\boldsymbol{A}_{m\times n}=(a_{ij})_{m\times n} \text{ 或 } \boldsymbol{A}=(a_{ij}).$$

元素是实数的矩阵称为**实矩阵**,元素是复数的矩阵称为**复矩阵**. 本节中的矩阵都指实矩阵.

若矩阵 $\boldsymbol{A}=(a_{ij})$ 的行数与列数都等于 n,则称 $\boldsymbol{A}$ 为 n **阶方阵**,记为 $\boldsymbol{A}_n$.

说明 n 阶方阵是由 n^2 个元素排成的一张数表,它不是数,而 n 阶行列式是一个数,注意它们之间的区别.

如果两个矩阵具有相同的行数与相同的列数,则称这两个矩阵为**同型矩阵**.

所有元素均为非负数的矩阵称为**非负矩阵**.

所有元素均为零的矩阵称为**零矩阵**,记为 $\boldsymbol{0}$. 注意不同型的零矩阵是不相等的.

定义 2.2 如果矩阵 $\boldsymbol{A}$，$\boldsymbol{B}$ 为同型矩阵，且相同位置的元素均相等，则称矩阵 $\boldsymbol{A}$ 与矩阵 $\boldsymbol{B}$ 相等，记为 $\boldsymbol{A}=\boldsymbol{B}$.

例 2.4 设 $\boldsymbol{A}=\begin{bmatrix}1 & 4-x & 3\\ 2 & 6 & 5z\end{bmatrix}$，$\boldsymbol{B}=\begin{bmatrix}1 & x & 3\\ y & 6 & z-8\end{bmatrix}$，已知 $\boldsymbol{A}=\boldsymbol{B}$，求 x，y，z.

解 由 $4-x=x$，$2=y$，$5z=z-8$，得 $x=2$，$y=2$，$z=-2$.

2.1.2 矩阵的应用

例 2.5 设 $\boldsymbol{A}=\begin{bmatrix}1 & 4-x & 3\\ 2 & 6 & 6\\ 3 & 10z & y\end{bmatrix}$，$\boldsymbol{B}=\begin{bmatrix}1 & x & 3\\ y & 6 & 6\\ 3 & 20 & 2\end{bmatrix}$，已知 $\boldsymbol{A}=\boldsymbol{B}$，求 x，y，z.

解 由 $4-x=x$，$2=y$，$10z=20$，得 $x=2$，$y=2$，$z=2$.

例 2.6 A，B，C 三人进行某项比赛(不取并列名次)，已知：

(1) A 是第二名或第三名；(2) B 是第一名或第三名；(3) C 的名次在 B 之前. 问 A，B，C 的名次到底如何？

解 设

$$\boldsymbol{M}=(a_{ij})_{3\times3}=\begin{array}{c} \begin{array}{ccc}一 & 二 & 三\end{array} \\ \begin{bmatrix}a_{11} & a_{12} & a_{13}\\ a_{21} & a_{22} & a_{23}\\ a_{31} & a_{32} & a_{33}\end{bmatrix}\end{array}\begin{array}{l}A\\ B\\ C\end{array}，其中\ a_{ij}=1\ 或\ 0，$$

由条件(1)知，可令 $a_{12}=1$ 或 $a_{13}=1$，且 $a_{11}=0$；

由条件(2)知，可令 $a_{21}=1$ 或 $a_{23}=1$，且 $a_{22}=0$；

由条件(3)知，可令 $a_{21}\neq 1$，即 $a_{21}=0$，$a_{31}=1$.

可依次对矩阵添 1 补 0 得到最终矩阵的过程为

$$\begin{bmatrix}0 & & \\ 0 & 0 & \\ 1 & & \end{bmatrix}\Rightarrow\begin{bmatrix}0 & 1 & \\ 0 & 0 & 1\\ 1 & & \end{bmatrix}\Rightarrow\begin{bmatrix}0 & 1 & 0\\ 0 & 0 & 1\\ 1 & 0 & 0\end{bmatrix}=\boldsymbol{M},$$

故 A 是第二名，B 是第三名，C 是第一名.

例 2.7 甲、乙、丙、丁、戊五人各从图书馆借来一本小说，他们约定读完后互相交换，这五本书的厚度以及他们五人的阅读速度差不多，因此，五人总是同时交换书，经四次交换后，他们五人读完了这四本书，现已知：

(1) 甲最后读的书是乙读的第二本书；

(2) 丙最后读的书是乙读的第四本书；

(3) 丙读的第二本书甲在一开始就读了;

(4) 丁最后读的书是丙读的第三本;

(5) 乙读的第四本书是戊读的第三本书;

(6) 丁第三次读的书是丙一开始读的那本书.

试根据以上情况说出丁第二次读的书是谁最先读的书?

解　设甲、乙、丙、丁、戊最后读的书的代号依次为 A,B,C,D,C,E，则根据题设条件可以列出下列初始矩阵为

$$\begin{array}{c} \\ 1\\2\\3\\4\\5\end{array}\begin{array}{c}\begin{array}{ccccc}甲&乙&丙&丁&戊\end{array}\\ \begin{bmatrix} x & & y & & \\ & A & x & & \\ & & D & y & C \\ & C & & & \\ A & B & C & D & E \end{bmatrix}\end{array}$$

上述矩阵中的 x，y 表示尚未确定的书名代号. 两个 x 代表同一本书，两个 y 代表另外的同一本书.

由题意知，经 5 次阅读后乙将五本书全都阅读了，则从上述矩阵可以看出，乙第 3 次读的书不可能是 A，B 或 C. 另外由于丙在第 3 次阅读的是 D，所以乙第 3 次读的书也不可能是 D，因此，乙第 3 次读的书是 E，从而乙第 1 次读的书是 D. 同理可推出甲第 3 次读的书是 B. 因此上述矩阵中的 y 为 A，x 为 E. 由此可得到各个人的阅读顺序，如下述矩阵所示:

$$\begin{array}{c} \\ 1\\2\\3\\4\\5\end{array}\begin{array}{c}\begin{array}{ccccc}甲&乙&丙&丁&戊\end{array}\\ \begin{bmatrix} E & D & A & C & B \\ C & A & E & B & D \\ B & E & D & A & C \\ D & C & B & E & A \\ A & B & C & D & E \end{bmatrix}\end{array}$$

由此矩阵知，丁第 2 次读的书是戊一开始读的那一本书.

上例展示了应用矩阵概念来解决逻辑判断问题. 它表明利用矩阵能将复杂的逻辑问题简化，并变得容易解决.

2.1.3　几种特殊矩阵

(1) 只有一行的矩阵 $\boldsymbol{A}=[a_1 \quad a_2 \quad \cdots \quad a_n]$ 称为**行矩阵**或**行向量**. 为避免元

素间的混淆，行矩阵也记作

$$\boldsymbol{A}=(a_1,\ a_2,\ \cdots,\ a_n).$$

(2) 只有一列的矩阵 $\boldsymbol{B}=\begin{bmatrix} b_1 \\ b_2 \\ \vdots \\ b_m \end{bmatrix}$ 称为**列矩阵**或**列向量**，也记为 $\boldsymbol{B}=[b_1,\ b_2,\ \cdots,\ b_m]^{\mathrm{T}}$.

(3) n 阶方阵 $\begin{bmatrix} \lambda_1 & 0 & \cdots & 0 \\ 0 & \lambda_2 & \cdots & 0 \\ \vdots & \vdots & \ddots & \vdots \\ 0 & 0 & \cdots & \lambda_n \end{bmatrix}$ 称为 n **阶对角矩阵**，其特点是：主对角线以外元素全是零，对角矩阵也记为 $\boldsymbol{A}=\mathrm{diag}(\lambda_1,\ \lambda_2,\ \cdots,\ \lambda_n)$.

(4) n 阶方阵 $\begin{bmatrix} 1 & 0 & \cdots & 0 \\ 0 & 1 & \cdots & 0 \\ \vdots & \vdots & \ddots & \vdots \\ 0 & 0 & \cdots & 1 \end{bmatrix}$ 称为 n **阶单位矩阵**，单位矩阵也记为 $\boldsymbol{E}=\boldsymbol{E}_n$（或 $\boldsymbol{I}=\boldsymbol{I}_n$）.

这个方阵的特点是：从左上角到右下角的直线（即主对角线）上的元素都是 1，其他元素都是 0，即单位矩阵 $\boldsymbol{E}$ 的第 i 行第 j 列处的元素为

$$\delta_{ij}=\begin{cases} 1 & (i=j), \\ 0 & (i\neq j). \end{cases}$$

(5) 当一个 n 阶对角矩阵 $\boldsymbol{A}$ 的对角元素全部相等且等于某一数 a 时，称 $\boldsymbol{A}$ 为 n **阶数量矩阵**，即

$$\boldsymbol{A}=\begin{bmatrix} a & 0 & \cdots & 0 \\ 0 & a & \cdots & 0 \\ \vdots & \vdots & \ddots & \vdots \\ 0 & 0 & \cdots & a \end{bmatrix}.$$

此外，上（下）三角形矩阵的定义与上（下）三角形行列式的定义类似.

如果 n 阶矩阵 $\boldsymbol{A}=(a_{ij})$ 中的元素满足条件

$$a_{ij}=0,\ i>j\ (i,\ j=1,\ 2,\ \cdots,\ n)$$

则称 $\boldsymbol{A}$ 为 n 阶**上三角形矩阵**，即

$$\boldsymbol{A}=\begin{bmatrix} a_{11} & a_{12} & \cdots & a_{1n} \\ 0 & a_{22} & \cdots & a_{2n} \\ \vdots & \vdots & \ddots & \vdots \\ 0 & 0 & \cdots & a_{nn} \end{bmatrix},$$

如果 n 阶矩阵 $\boldsymbol{B}=(b_{ij})$ 中的元素满足条件

$$b_{ij}=0,\ i<j\ (i,\ j=1,\ 2,\ \cdots,\ n)$$

则称 $\boldsymbol{B}$ 为 n 阶**下三角形矩阵**,即

$$B=\begin{bmatrix} b_{11} & 0 & \cdots & 0 \\ b_{21} & b_{22} & \cdots & 0 \\ \vdots & \vdots & \ddots & \vdots \\ b_{n1} & b_{n2} & \cdots & b_{nn} \end{bmatrix}.$$

显然,对角矩阵即可以看作上三角形矩阵,也可以看作是下三角形矩阵,上、下三角形矩阵统称为**三角形矩阵**.

习 题 2-1

1. 求未知数 x, y ,其中 x, y 满足关系 $\boldsymbol{A}-\boldsymbol{B}=\boldsymbol{0}$, 这里 $\boldsymbol{A}=\begin{bmatrix} x^2 & 5 \\ 2 & x-y \end{bmatrix}$, $\boldsymbol{B}=\begin{bmatrix} y^2 & 5 \\ 2 & 0 \end{bmatrix}$.

2. 已知 n 个变量 x_1, …, x_n 与 m 个变量 y_1, …, y_m 之间的关系式

$$\begin{cases} y_1=a_{11}x_1+\cdots+a_{1n}x_n; \\ \qquad\vdots \\ y_m=a_{m1}x_1+\cdots+a_{mn}x_n; \end{cases}$$

表示变量 x_1, …, x_n 与变量 y_1, …, y_m 之间的线性变换,其中 a_{ij} 是常数,写出此变换式的系数 a_{ij} 构成的矩阵.

3. 写出矩阵 $\boldsymbol{A}=(a_{ij})_{m\times n}$, 其中:

(1) $m=2$, $n=3$, $a_{ij}=2i-j$;

(2) $m=3,\ n=3,\ a_{ij}=\begin{cases}2, & |i-j|=0,\\ -1, & |i-j|=1,\\ 0, & |i-j|>1.\end{cases}$

4. 两儿童 A,B 玩剪刀-石头-布的游戏,每人的出法只能在{剪刀,石头,布}中选择一种,当他们各自选定一个出法(亦称策略)时,就确定了一个局势,也得到各自的输赢. 规定胜者得 1 分,负者得 -1 分,平手各得零分,则对于各种可能的局势,用矩阵表示 A 的得分.

2.2 矩阵的运算

本节介绍矩阵的运算,主要包括矩阵的线性运算、矩阵的乘法、矩阵求逆等.

2.2.1 矩阵的线性运算

首先介绍矩阵的加法.

定义 2.3 设有两个 $m\times n$ 矩阵 $\boldsymbol{A}=(a_{ij})$ 和 $\boldsymbol{B}=(b_{ij})$, **矩阵 $\boldsymbol{A}$ 与 $\boldsymbol{B}$ 的和**记作 $\boldsymbol{A}+\boldsymbol{B}$, 规定为对应元素相加,即

$$\boldsymbol{A}+\boldsymbol{B}=\begin{bmatrix}a_{11}+b_{11} & a_{12}+b_{12} & \cdots & a_{1n}+b_{1n}\\ a_{21}+b_{21} & a_{22}+b_{22} & \cdots & a_{2n}+b_{2n}\\ \vdots & \vdots & \ddots & \vdots\\ a_{m1}+b_{m1} & a_{m2}+b_{m2} & \cdots & a_{mn}+b_{mn}\end{bmatrix}.$$

例 2.8 设 $\boldsymbol{A}=\begin{bmatrix}3 & 5 & 7 & 2\\ 2 & 0 & 4 & 3\\ 0 & 1 & 2 & 3\end{bmatrix}$, $\boldsymbol{B}=\begin{bmatrix}1 & 3 & 2 & 0\\ 2 & 1 & 5 & 7\\ 0 & 6 & 4 & 8\end{bmatrix}$,

则 $\boldsymbol{A}+\boldsymbol{B}=\begin{bmatrix}3+1 & 5+3 & 7+2 & 2+0\\ 2+2 & 0+1 & 4+5 & 3+7\\ 0+0 & 1+6 & 2+4 & 3+8\end{bmatrix}=\begin{bmatrix}4 & 8 & 9 & 2\\ 4 & 1 & 9 & 10\\ 0 & 7 & 6 & 11\end{bmatrix}$.

注 只有两个矩阵是同型矩阵时,才能进行矩阵的加法运算.

设矩阵 $\boldsymbol{A}=(a_{ij})$, 记 $-\boldsymbol{A}=(-a_{ij})$, 称 $-\boldsymbol{A}$ 为矩阵 $\boldsymbol{A}$ 的**负矩阵**, 显然有

$$\boldsymbol{A}+(-\boldsymbol{A})=\boldsymbol{0}.$$

由此规定**矩阵的减法**为

$$\boldsymbol{A}-\boldsymbol{B}=\boldsymbol{A}+(-\boldsymbol{B}).$$

定义 2.4 实数 k 与 $m\times n$ 矩阵 $\boldsymbol{A}$ 的乘积记作 $k\boldsymbol{A}$ 或 $\boldsymbol{A}k$，规定为用这个数乘矩阵的每一个元素，即

$$k\boldsymbol{A}=\boldsymbol{A}k=\begin{bmatrix} ka_{11} & ka_{12} & \cdots & ka_{1n} \\ ka_{21} & ka_{22} & \cdots & ka_{2n} \\ \vdots & \vdots & \ddots & \vdots \\ ka_{m1} & ka_{m2} & \cdots & ka_{mn} \end{bmatrix},$$

称为**数乘运算**. 注意这里的数乘运算与数乘行列式的区别.

假设 3 个产地与 4 个销地之间的里程(单位：千米)可用矩阵 $\boldsymbol{A}$ 表示：

$$\boldsymbol{A}=\begin{bmatrix} 120 & 175 & 80 & 90 \\ 80 & 130 & 40 & 50 \\ 135 & 190 & 95 & 105 \end{bmatrix}.$$

已知货物每吨千米的运费为 1.5 元，则各产地与各销地之间的每吨货物的运费(单位：元/吨)可记为矩阵：

$$1.5\boldsymbol{A}=\begin{bmatrix} 1.5\times 120 & 1.5\times 175 & 1.5\times 80 & 1.5\times 90 \\ 1.5\times 80 & 1.5\times 130 & 1.5\times 40 & 1.5\times 50 \\ 1.5\times 135 & 1.5\times 190 & 1.5\times 95 & 1.5\times 105 \end{bmatrix}$$

$$=\begin{bmatrix} 180 & 262.5 & 120 & 135 \\ 120 & 195 & 60 & 75 \\ 202.5 & 285 & 142.5 & 157.5 \end{bmatrix}.$$

矩阵的加法与矩阵的数乘统称为矩阵的**线性运算**. 它满足下列运算规律：

设 $\boldsymbol{A}$, $\boldsymbol{B}$, $\boldsymbol{C}$, $\boldsymbol{0}$ 都是同型矩阵，k, l 是常数，则

(1) $\boldsymbol{A}+\boldsymbol{B}=\boldsymbol{B}+\boldsymbol{A}$； (2) $(\boldsymbol{A}+\boldsymbol{B})+\boldsymbol{C}=\boldsymbol{A}+(\boldsymbol{B}+\boldsymbol{C})$；

(3) $\boldsymbol{A}+\boldsymbol{0}=\boldsymbol{A}$； (4) $\boldsymbol{A}+(-\boldsymbol{A})=\boldsymbol{0}$；

(5) $1\boldsymbol{A}=\boldsymbol{A}$； (6) $k(l\boldsymbol{A})=(kl)\boldsymbol{A}$；

(7) $(k+l)\boldsymbol{A}=k\boldsymbol{A}+l\boldsymbol{A}$； (8) $k(\boldsymbol{A}+\boldsymbol{B})=k\boldsymbol{A}+k\boldsymbol{B}$.

注 在数学中，满足上述八条规律的运算又称为**线性运算**.

由规律(3),(4)可知,零矩阵 $\mathbf{0}$ 在矩阵的加法运算中与数 0 在数的加法运算中具有同样的性质.

例 2.9　设矩阵

$$\boldsymbol{A}=\begin{bmatrix}5&-2&1\\3&4&-1\end{bmatrix},\ \boldsymbol{B}=\begin{bmatrix}-3&2&0\\-2&0&1\end{bmatrix},$$

求 $\boldsymbol{A}+\boldsymbol{B}$, $\boldsymbol{A}-\boldsymbol{B}$, $2\boldsymbol{A}-3\boldsymbol{B}$.

解　$\boldsymbol{A}+\boldsymbol{B}=\begin{bmatrix}2&0&1\\1&4&0\end{bmatrix}$, $\boldsymbol{A}-\boldsymbol{B}=\begin{bmatrix}8&-4&1\\5&4&-2\end{bmatrix}$,

$$2\boldsymbol{A}-3\boldsymbol{B}=\begin{bmatrix}10&-4&2\\6&8&-2\end{bmatrix}+\begin{bmatrix}9&-6&0\\6&0&-3\end{bmatrix}=\begin{bmatrix}19&-10&2\\12&8&-5\end{bmatrix}.$$

例 2.10　设矩阵

$$\boldsymbol{A}=\begin{bmatrix}1&2&1&2\\2&1&2&1\\1&2&3&4\end{bmatrix},\ \boldsymbol{B}=\begin{bmatrix}4&3&2&1\\-2&1&-2&1\\0&-1&0&-1\end{bmatrix},$$

若 $\boldsymbol{X}$ 满足 $(2\boldsymbol{A}-\boldsymbol{X})+2(\boldsymbol{B}-\boldsymbol{X})=\mathbf{0}$, 求 $\boldsymbol{X}$.

解　由 $(2\boldsymbol{A}-\boldsymbol{X})+2(\boldsymbol{B}-\boldsymbol{X})=\mathbf{0}$, 得 $2\boldsymbol{A}-\boldsymbol{X}+2\boldsymbol{B}-2\boldsymbol{X}=\mathbf{0}$,

$$\text{故 } \boldsymbol{X}=\frac{2}{3}(\boldsymbol{A}+\boldsymbol{B})=\frac{2}{3}\begin{bmatrix}5&5&3&3\\0&2&0&2\\1&1&3&3\end{bmatrix}=\begin{bmatrix}\frac{10}{3}&\frac{10}{3}&2&2\\0&\frac{4}{3}&0&\frac{4}{3}\\\frac{2}{3}&\frac{2}{3}&2&2\end{bmatrix}.$$

例 2.11　已知 $\boldsymbol{A}=\begin{bmatrix}3&-1&2&0\\1&5&9&9\\2&4&6&8\end{bmatrix}$, $\boldsymbol{B}=\begin{bmatrix}7&5&-2&4\\5&1&9&7\\3&2&-1&6\end{bmatrix}$, 且 $\boldsymbol{A}+2\boldsymbol{X}=\boldsymbol{B}$, 求 $\boldsymbol{X}$.

解

$$\boldsymbol{X}=\frac{1}{2}(\boldsymbol{B}-\boldsymbol{A})=\frac{1}{2}\begin{bmatrix}4&6&-4&4\\4&-4&0&-2\\1&-2&-7&-2\end{bmatrix}=\begin{bmatrix}2&3&-2&2\\2&-2&0&-1\\\frac{1}{2}&-1&-\frac{7}{2}&-1\end{bmatrix}.$$

2.2.2　矩阵的乘法

定义 2.5　设

$$A=(a_{ij})_{m\times s}=\begin{bmatrix} a_{11} & a_{12} & \cdots & a_{1s} \\ a_{21} & a_{22} & \cdots & a_{2s} \\ \vdots & \vdots & \ddots & \vdots \\ a_{m1} & a_{m2} & \cdots & a_{ms} \end{bmatrix}, \quad B=(b_{ij})_{s\times n}=\begin{bmatrix} b_{11} & b_{12} & \cdots & b_{1n} \\ b_{21} & b_{22} & \cdots & b_{2n} \\ \vdots & \vdots & \ddots & \vdots \\ b_{s1} & b_{s2} & \cdots & b_{sn} \end{bmatrix},$$

矩阵 A 与矩阵 B 的乘积记作 AB，规定为

$$AB=(c_{ij})_{m\times n}=\begin{bmatrix} c_{11} & c_{12} & \cdots & c_{1n} \\ c_{21} & c_{22} & \cdots & c_{2n} \\ \vdots & \vdots & \ddots & \vdots \\ c_{m1} & c_{m2} & \cdots & c_{mn} \end{bmatrix},$$

其中 $c_{ij}=a_{i1}b_{1j}+a_{i2}b_{2j}+\cdots+a_{is}b_{sj}=\sum\limits_{k=1}^{s}a_{ik}b_{kj}(i=1, 2, \cdots, m; j=1, 2, \cdots, n)$

记号 AB 常读作 A 左乘 B 或 B 右乘 A.

注 只有当左边矩阵的列数等于右边矩阵的行数时，两个矩阵才能进行乘法运算. 即**左列右行**. 同时，积矩阵的行数等于左矩阵的行数，列数等于右矩阵的列数.

按此定义，一个 $s\times 1$ 列矩阵与一个 $1\times s$ 行矩阵的乘积是一个 s 阶方阵，一个 $1\times s$ 行矩阵与一个 $s\times 1$ 列矩阵的乘积是一个 1 阶方阵，也就是一个数：

$$\begin{bmatrix} a_1 \\ a_2 \\ \vdots \\ a_s \end{bmatrix}(b_1, b_2, \cdots, b_s)=\begin{bmatrix} a_1b_1 & a_1b_2 & \cdots & a_1b_s \\ a_2b_1 & a_2b_2 & \cdots & a_2b_s \\ \vdots & \vdots & \ddots & \vdots \\ a_sb_1 & a_sb_2 & \cdots & a_sb_s \end{bmatrix}.$$

$$(a_1, a_2, \cdots, a_s)\begin{bmatrix} b_1 \\ b_2 \\ \vdots \\ b_s \end{bmatrix}=a_1b_1+a_2b_2+\cdots+a_sb_s=\sum_{k=1}^{s}a_kb_k=c.$$

例 2.12 求矩阵

$$A=\begin{bmatrix} 1 & 0 & 3 & -1 \\ 2 & 1 & 0 & 2 \end{bmatrix}, \quad B=\begin{bmatrix} 4 & 1 & 0 \\ -1 & 1 & 3 \\ 2 & 0 & 1 \\ 1 & 3 & 4 \end{bmatrix} \text{ 的乘积 } AB.$$

解　因为 $\boldsymbol{A}$ 是 2×4 矩阵，$\boldsymbol{B}$ 是 4×3 矩阵，$\boldsymbol{A}$ 的列数等于 $\boldsymbol{B}$ 的行数，所以矩阵 $\boldsymbol{A}$ 与 $\boldsymbol{B}$ 可以相乘，其乘积 $\boldsymbol{AB}=\boldsymbol{C}$ 是一个 2×3 矩阵.

$$\boldsymbol{C}=\boldsymbol{AB}=\begin{bmatrix}1&0&3&-1\\2&1&0&2\end{bmatrix}\begin{bmatrix}4&1&0\\-1&1&3\\2&0&1\\1&3&4\end{bmatrix}$$

$$=\begin{bmatrix}\begin{array}{l}1\times4+0\times(-1)+\\3\times2+(-1)\times1\end{array}&\begin{array}{l}1\times1+0\times1+\\3\times0+(-1)\times3\end{array}&\begin{array}{l}1\times0+0\times3+\\3\times1+(-1)\times4\end{array}\\ \begin{array}{l}2\times4+1\times(-1)+\\0\times2+2\times1\end{array}&\begin{array}{l}2\times1+1\times1+\\0\times0+2\times3\end{array}&\begin{array}{l}2\times0+1\times3+\\0\times1+2\times4\end{array}\end{bmatrix}$$

$$=\begin{bmatrix}9&-2&-1\\9&9&11\end{bmatrix}.$$

例 2.13　求矩阵

$\boldsymbol{A}=\begin{bmatrix}-2&4\\1&-2\end{bmatrix}$，$\boldsymbol{B}=\begin{bmatrix}2&4\\-3&-6\end{bmatrix}$ 的乘积 $\boldsymbol{AB}$ 及 $\boldsymbol{BA}$.

解　$\boldsymbol{AB}=\begin{bmatrix}-2&4\\1&-2\end{bmatrix}\begin{bmatrix}2&4\\-3&-6\end{bmatrix}=\begin{bmatrix}-16&-32\\8&16\end{bmatrix}$，

$\boldsymbol{BA}=\begin{bmatrix}2&4\\-3&-6\end{bmatrix}\begin{bmatrix}-2&4\\1&-2\end{bmatrix}=\begin{bmatrix}0&0\\0&0\end{bmatrix}$.

在例 2.12 中，$\boldsymbol{A}$ 是 2×4 矩阵，$\boldsymbol{B}$ 是 4×3 矩阵，乘积 $\boldsymbol{AB}$ 有意义，而 $\boldsymbol{BA}$ 却没有意义. 由此可知，在矩阵的乘法中必须注意矩阵相乘的顺序. $\boldsymbol{AB}$ 是 $\boldsymbol{A}$ 左乘 $\boldsymbol{B}$ 的乘积，$\boldsymbol{BA}$ 是 $\boldsymbol{A}$ 右乘 $\boldsymbol{B}$ 的乘积，$\boldsymbol{AB}$ 有意义时，$\boldsymbol{BA}$ 可以没有意义. 又若 $\boldsymbol{A}$ 是 $m\times n$ 矩阵，$\boldsymbol{B}$ 是 $n\times m$ 矩阵，则 $\boldsymbol{AB}$ 与 $\boldsymbol{BA}$ 都有意义，但 $\boldsymbol{AB}$ 是 m 阶方阵，$\boldsymbol{BA}$ 是 n 阶方阵，当 $m\neq n$ 时，$\boldsymbol{AB}\neq\boldsymbol{BA}$. 即使 $m=n$，即 $\boldsymbol{A}$、$\boldsymbol{B}$ 是同阶方阵，如例 2.13，$\boldsymbol{A}$ 和 $\boldsymbol{B}$ 都是 2 阶方阵，从而 $\boldsymbol{AB}$ 与 $\boldsymbol{BA}$ 也都是 2 阶方阵，但 $\boldsymbol{AB}$ 与 $\boldsymbol{BA}$ 仍然可以不相等. 总之，矩阵的乘法不满足交换律，即在一般情形下，$\boldsymbol{AB}\neq\boldsymbol{BA}$.

由例 2.13 知，矩阵 $\boldsymbol{A}\neq\boldsymbol{0}$，$\boldsymbol{B}\neq\boldsymbol{0}$，但 $\boldsymbol{BA}=\boldsymbol{0}$，因此：若 $\boldsymbol{A}$，$\boldsymbol{B}$ 满足 $\boldsymbol{AB}=\boldsymbol{0}$，不能得出 $\boldsymbol{A}=\boldsymbol{0}$ 或 $\boldsymbol{B}=\boldsymbol{0}$ 的结论；若 $\boldsymbol{A}\neq\boldsymbol{0}$ 而 $\boldsymbol{A}(\boldsymbol{X}-\boldsymbol{Y})=\boldsymbol{0}$，也不能得出 $\boldsymbol{X}=\boldsymbol{Y}$ 的结论.

例 2.14　设 $\boldsymbol{A}=[1,\ 0,\ 2]$，$\boldsymbol{B}=\begin{bmatrix}1\\1\\0\end{bmatrix}$. $\boldsymbol{A}$ 是一个 1×3 矩阵，$\boldsymbol{B}$ 是 3×1 矩阵，因此 $\boldsymbol{AB}$ 有意义，$\boldsymbol{BA}$ 也有意义；但

$$\boldsymbol{AB}=[1,\ 0,\ 2]\begin{bmatrix}1\\1\\0\end{bmatrix}=1\times1+0\times1+2\times0=1,$$

$$\boldsymbol{BA}=\begin{bmatrix}1\\1\\0\end{bmatrix}[1,\ 0,\ 2]=\begin{bmatrix}1\times1&1\times0&1\times2\\1\times1&1\times0&1\times2\\0\times1&0\times0&0\times2\end{bmatrix}=\begin{bmatrix}1&0&2\\1&0&2\\0&0&0\end{bmatrix},$$

即 $\boldsymbol{AB}\neq\boldsymbol{BA}$.

矩阵的乘法虽不满足交换律、消去律,但仍满足下列**运算规律**(结合律和分配律)(假定运算都是可行的):

(1) $(\boldsymbol{AB})\boldsymbol{C}=\boldsymbol{A}(\boldsymbol{BC})$;

(2) $(\boldsymbol{A}+\boldsymbol{B})\boldsymbol{C}=\boldsymbol{AC}+\boldsymbol{BC}$;

(3) $\boldsymbol{C}(\boldsymbol{A}+\boldsymbol{B})=\boldsymbol{CA}+\boldsymbol{CB}$;

(4) $k(\boldsymbol{AB})=(k\boldsymbol{A})\boldsymbol{B}=\boldsymbol{A}(k\boldsymbol{B})$.

定义 2.6　如果两矩阵相乘,有 $\boldsymbol{AB}=\boldsymbol{BA}$,则称矩阵 $\boldsymbol{A}$ 与矩阵 $\boldsymbol{B}$ **可交换**,简称 $\boldsymbol{A}$ 与 $\boldsymbol{B}$ **可换**.

注　对于单位矩阵 $\boldsymbol{E}$,容易证明 $\boldsymbol{E}_m\boldsymbol{A}_{m\times n}=\boldsymbol{A}_{m\times n}$,$\boldsymbol{A}_{m\times n}\boldsymbol{E}_n=\boldsymbol{A}_{m\times n}$,或简写成 $\boldsymbol{EA}=\boldsymbol{AE}=\boldsymbol{A}$,可见单位矩阵 $\boldsymbol{E}$ 在矩阵的乘法中的作用类似于数 1.

例 2.15　设 $\boldsymbol{A}=\begin{bmatrix}1&0&-1\\2&1&0\\3&2&-1\end{bmatrix}$,$\boldsymbol{B}=\begin{bmatrix}-2&1&0\\0&3&1\\0&0&2\end{bmatrix}$,求证:$|\boldsymbol{AB}|=|\boldsymbol{A}||\boldsymbol{B}|$.

证明　由于

$$\boldsymbol{AB}=\begin{bmatrix}-2&1&-2\\-4&5&1\\-6&9&0\end{bmatrix},\ |\boldsymbol{AB}|=\begin{vmatrix}-2&1&-2\\-4&5&1\\-6&9&0\end{vmatrix}=24;$$

又

$$|\boldsymbol{A}|=\begin{vmatrix}1&0&-1\\2&1&0\\3&2&-1\end{vmatrix}=-2,\ |\boldsymbol{B}|=\begin{vmatrix}-2&1&0\\0&3&1\\0&0&2\end{vmatrix}=-12,$$

因此　$|\boldsymbol{AB}|=24=(-2)\times(-12)=|\boldsymbol{A}||\boldsymbol{B}|$.

注　事实上,对于同阶方阵 $\boldsymbol{A}$、$\boldsymbol{B}$,有 $|\boldsymbol{AB}|=|\boldsymbol{A}||\boldsymbol{B}|$.

特别地,直接验证可知

$$\begin{bmatrix} a_{11} & a_{12} & \cdots & a_{1n} \\ 0 & a_{22} & \cdots & a_{2n} \\ \vdots & \vdots & \ddots & \vdots \\ 0 & 0 & \cdots & a_{nn} \end{bmatrix} \begin{bmatrix} b_{11} & b_{12} & \cdots & b_{1n} \\ 0 & b_{22} & \cdots & b_{2n} \\ \vdots & \vdots & \ddots & \vdots \\ 0 & 0 & \cdots & b_{nn} \end{bmatrix} = \begin{bmatrix} a_{11}b_{11} & * & \cdots & * \\ 0 & a_{22}b_{22} & \cdots & * \\ \vdots & \vdots & \ddots & \vdots \\ 0 & 0 & \cdots & a_{nn}b_{nn} \end{bmatrix},$$

其中“$*$”表示主对角线上方的元素，即两个同阶的上三角形矩阵的乘积仍为上三角形矩阵；下三角形矩阵具有类似性质.

若 $\boldsymbol{A}$, $\boldsymbol{B}$ 为同阶同结构三角形矩阵，容易验证 $k\boldsymbol{A}$, $\boldsymbol{A}+\boldsymbol{B}$, $\boldsymbol{AB}$ 仍是同阶同结构三角形矩阵.

2.2.3 线性方程组的矩阵表示

有了矩阵的乘法，可以将线性方程组简洁地表示成一个矩阵等式.

对线性方程组

$$\begin{cases} a_{11}x_1 + a_{12}x_2 + \cdots + a_{1n}x_n = b_1 \\ a_{21}x_1 + a_{22}x_2 + \cdots + a_{2n}x_n = b_2 \\ \quad\vdots \\ a_{m1}x_1 + a_{m2}x_2 + \cdots + a_{mn}x_n = b_m \end{cases}, \tag{2.1}$$

若记 $\boldsymbol{A} = \begin{bmatrix} a_{11} & a_{12} & \cdots & a_{1n} \\ a_{21} & a_{22} & \cdots & a_{2n} \\ \cdots & \cdots & \ddots & \cdots \\ a_{m1} & a_{m2} & \cdots & a_{mn} \end{bmatrix}$, $\boldsymbol{X} = \begin{bmatrix} x_1 \\ x_2 \\ \vdots \\ x_n \end{bmatrix}$, $\boldsymbol{b} = \begin{bmatrix} b_1 \\ b_2 \\ \vdots \\ b_m \end{bmatrix}$，则利用矩阵的乘法，线性方程组(2.1)可表示为矩阵形式：

$$\boldsymbol{AX} = \boldsymbol{b} \tag{2.2}$$

其中 $\boldsymbol{A}$ 称为方程组(2.1)的**系数矩阵**，方程组(2.2)称为**矩阵方程**.

例如，线性方程组

$$\begin{cases} x_1 + 2x_2 - x_3 = 2, \\ 4x_1 - 3x_2 + 5x_3 = 0, \end{cases}$$

可写成

$$\begin{bmatrix} 1 & 2 & -1 \\ 4 & -3 & 5 \end{bmatrix} \begin{bmatrix} x_1 \\ x_2 \\ x_3 \end{bmatrix} = \begin{bmatrix} 2 \\ 0 \end{bmatrix}.$$

注 对行(列)矩阵,为与后面章节的符号一致,常按行(列)向量的记法,采用小写黑体字母 $\boldsymbol{\alpha}$, $\boldsymbol{\beta}$, $\boldsymbol{a}$, $\boldsymbol{b}$, $\boldsymbol{x}$, $\boldsymbol{y}$, …,表示之.

如果 $\boldsymbol{x}_j = \boldsymbol{c}_j (j=1, 2, \cdots, n)$ 是方程组(2.1)的解,记列矩阵 $\boldsymbol{\eta} = \begin{bmatrix} c_1 \\ c_2 \\ \vdots \\ c_n \end{bmatrix}$,则 $\boldsymbol{A\eta} = \boldsymbol{b}$,这时也称 $\boldsymbol{\eta}$ 是矩阵方程(2.2)的解;反之,如果列矩阵 $\boldsymbol{\eta}$ 是矩阵方程(2.2)的解,即有矩阵等式 $\boldsymbol{A\eta} = \boldsymbol{b}$ 成立,则 $\boldsymbol{x} = \boldsymbol{\eta}$,即 $\boldsymbol{x}_j = \boldsymbol{c}_j (j=1, 2, \cdots, n)$,也是线性方程组(2.1)的解.这样,对线性方程组(2.1)的讨论便等价于对矩阵方程(2.2)的讨论.特别地,齐次线性方程组可以表示为 $\boldsymbol{AX} = \boldsymbol{0}$.

将线性方程组写成矩阵方程的形式,并把线性方程组的理论与矩阵理论相互联系,极大地简化了线性方程组的讨论.

例 2.16 解矩阵方程 $\begin{bmatrix} 2 & 5 \\ 1 & 3 \end{bmatrix} \boldsymbol{X} = \begin{bmatrix} 4 & -6 \\ 2 & 1 \end{bmatrix}$.

解 设 $\boldsymbol{X} = \begin{bmatrix} x_{11} & x_{12} \\ x_{21} & x_{22} \end{bmatrix}$,则有 $\begin{bmatrix} 2 & 5 \\ 1 & 3 \end{bmatrix} \begin{bmatrix} x_{11} & x_{12} \\ x_{21} & x_{22} \end{bmatrix} = \begin{bmatrix} 4 & -6 \\ 2 & 1 \end{bmatrix}$,

即

$$\begin{bmatrix} 2x_{11}+5x_{21} & 2x_{12}+5x_{22} \\ x_{11}+3x_{21} & x_{12}+3x_{22} \end{bmatrix} = \begin{bmatrix} 4 & -6 \\ 2 & 1 \end{bmatrix},$$

从而有

$$\begin{cases} 2x_{11}+5x_{21}=4, \\ x_{11}+3x_{21}=2; \end{cases} \quad \text{及} \quad \begin{cases} 2x_{12}+5x_{22}=-6, \\ x_{12}+3x_{22}=1; \end{cases}$$

解之,得 $x_{11}=2$, $x_{12}=-23$, $x_{21}=0$ $x_{22}=8$,所以

$$\boldsymbol{X} = \begin{bmatrix} 2 & -23 \\ 0 & 8 \end{bmatrix}.$$

例 2.17 解矩阵方程 $\begin{bmatrix} 2 & 1 \\ 1 & 2 \end{bmatrix} \boldsymbol{X} = \begin{bmatrix} 1 & 2 \\ -1 & 4 \end{bmatrix}$, $\boldsymbol{X}$ 为二阶矩阵.

解 设 $\boldsymbol{X} = \begin{bmatrix} x_{11} & x_{12} \\ x_{21} & x_{22} \end{bmatrix}$,由题设,有

$$\begin{bmatrix} 2 & 1 \\ 1 & 2 \end{bmatrix} \begin{bmatrix} x_{11} & x_{12} \\ x_{21} & x_{22} \end{bmatrix} = \begin{bmatrix} 1 & 2 \\ -1 & 4 \end{bmatrix} \quad \begin{bmatrix} 2x_{11}+x_{21} & 2x_{12}+x_{22} \\ x_{11}+2x_{21} & x_{12}+2x_{22} \end{bmatrix} = \begin{bmatrix} 1 & 2 \\ -1 & 4 \end{bmatrix}$$

即 $\begin{cases}2x_{11}+x_{21}=1 & (1)\\ x_{11}+2x_{21}=-1 & (2)\end{cases}$　　$\begin{cases}2x_{12}+x_{22}=2 & (3)\\ x_{12}+2x_{22}=4 & (4)\end{cases}$

分别解(1)、(2) 和(3)、(4) 两个方程组得

$$x_{11}=1,\quad x_{21}=-1,\quad x_{12}=0,\quad x_{22}=2$$

从而有

$$\boldsymbol{X}=\begin{bmatrix}1 & 0\\ -1 & 2\end{bmatrix}.$$

2.2.4* 线性变换的概念

变量 $x_1, x_2, \cdots, x_n$ 与变量 $y_1, y_2, \cdots, y_m$ 之间的关系式:

$$\begin{cases}y_1=a_{11}x_1+a_{12}x_2+\cdots+a_{1n}x_n,\\ y_2=a_{21}x_1+a_{22}x_2+\cdots+a_{2n}x_n,\\ \quad\vdots\\ y_m=a_{m1}x_1+a_{m2}x_2+\cdots+a_{mn}x_n,\end{cases}\tag{2.3}$$

称为从变量 $x_1, x_2, \cdots, x_n$ 到变量 $y_1, y_2, \cdots, y_m$ 的**线性变换**,其中 $a_{ij}(i=1, 2, \cdots, m; j=1, 2, \cdots, n)$ 为常数. 线性变换(2.3)的系数 a_{ij} 构成的矩阵 $\boldsymbol{A}=(a_{ij})_{m\times n}$ 称为线性变换(2.3)的**系数矩阵**.

设 $\boldsymbol{A}=\begin{bmatrix}a_{11} & a_{12} & \cdots & a_{1n}\\ a_{21} & a_{22} & \cdots & a_{2n}\\ \cdots & \cdots & \cdots & \cdots\\ a_{m1} & a_{m2} & \cdots & a_{mn}\end{bmatrix}$, $\boldsymbol{x}=\begin{bmatrix}x_1\\ x_2\\ \vdots\\ x_n\end{bmatrix}$, $\boldsymbol{y}=\begin{bmatrix}y_1\\ y_2\\ \vdots\\ y_m\end{bmatrix}$, 则关系式(2.3) 可表示为列矩阵形式

$$\boldsymbol{y}=\boldsymbol{A}\boldsymbol{x}\tag{2.4}$$

可见线性变换与其系数矩阵之间存在一一对应关系. 因而可利用矩阵来研究线性变换,亦可利用线性变换来研究矩阵.

当一线性变换的系数矩阵为单位矩阵 $\boldsymbol{E}$ 时,线性变换 $\boldsymbol{y}=\boldsymbol{E}\boldsymbol{x}$ 称为**恒等变换**,因为 $\boldsymbol{E}\boldsymbol{x}=\boldsymbol{x}$.

从矩阵运算的角度来看,线性变换式(2.4)实际上建立了一种从矩阵 $\boldsymbol{x}$ 到矩阵 $\boldsymbol{A}\boldsymbol{x}$ 的**矩阵变换**关系: $\boldsymbol{x}\rightarrow\boldsymbol{A}\boldsymbol{x}$.

注 如果将通常的函数概念加以推广,我们也可以把从 $\boldsymbol{x}$ 到 $\boldsymbol{A}\boldsymbol{x}$ 的对应关系看作是从一个向量集合到另一个向量集合的变换(或映射): $\boldsymbol{y}=\boldsymbol{A}\boldsymbol{x}$, 此时,常把 $\boldsymbol{x}$

称为源，$\boldsymbol{y}$ 称为像.

例 2.18 设有线性变换 $\boldsymbol{y}=\boldsymbol{A}\boldsymbol{x}$，其中系数矩阵 $\boldsymbol{A}$ 分别取 $\begin{bmatrix}1&0\\0&0\end{bmatrix}$，$\begin{bmatrix}1&0\\0&-1\end{bmatrix}$ 时，试求出向量 $\boldsymbol{x}=\begin{bmatrix}1\\1\end{bmatrix}$ 在相应变换下对应的新变量 $\boldsymbol{y}$，并指出该变换的几何意义.

解 (1) $\boldsymbol{y}=\boldsymbol{A}\boldsymbol{x}=\begin{bmatrix}1&0\\0&0\end{bmatrix}\begin{bmatrix}1\\1\end{bmatrix}=\begin{bmatrix}1\\0\end{bmatrix}$，其几何意义是：在线性变换 $\boldsymbol{y}=\boldsymbol{A}\boldsymbol{x}$ 下，向量 $\boldsymbol{y}=\begin{bmatrix}1\\0\end{bmatrix}$ 是平面 x_1Ox_2 上的向量 $\boldsymbol{x}=\begin{bmatrix}1\\1\end{bmatrix}$ 在 x_1 轴上的投影，如图 2.1 所示.

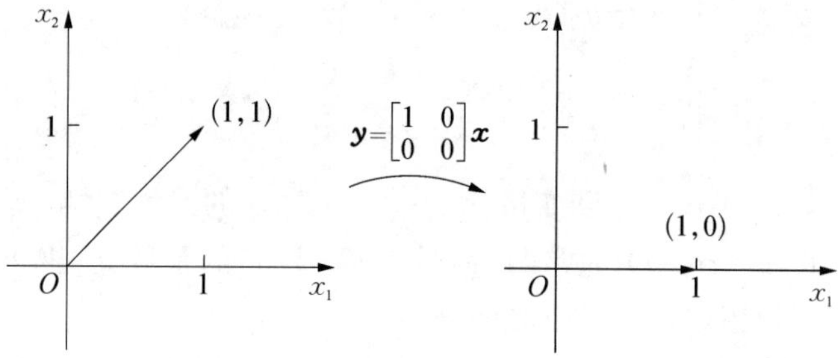

图 2.1

(2) $\boldsymbol{y}=\boldsymbol{A}\boldsymbol{x}=\begin{bmatrix}1&0\\0&-1\end{bmatrix}\begin{bmatrix}1\\1\end{bmatrix}=\begin{bmatrix}1\\-1\end{bmatrix}$ 其几何意义是：在线性变换 $\boldsymbol{y}=\boldsymbol{A}\boldsymbol{x}$ 下，向量 $\boldsymbol{y}=\begin{bmatrix}1\\-1\end{bmatrix}$ 是平面 x_1Ox_2 上的向量 $\boldsymbol{x}=\begin{bmatrix}1\\1\end{bmatrix}$ 在 x_1 轴上的反射，如图 2.2 所示.

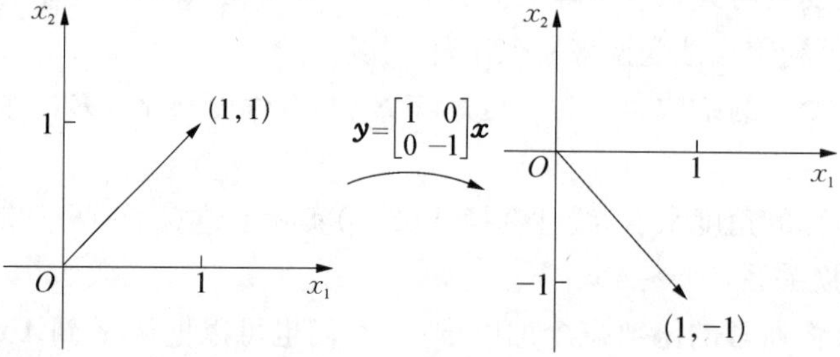

图 2.2

例 2.19 用矩阵乘法求连续施行下列线性变换的结果:

$$\begin{cases} x_1 = y_1 - y_2 + 2y_3, \\ x_2 = y_1 + 3y_2, \\ x_3 = 4y_2 - y_3; \end{cases} \quad \begin{cases} y_1 = z_1 + z_3, \\ y_2 = 2z_2 - 5z_3, \\ y_3 = 3z_1 + 7z_2. \end{cases}$$

解 将题中给定的线性变换表示成矩阵形式:

$$\begin{bmatrix} x_1 \\ x_2 \\ x_3 \end{bmatrix} = \begin{bmatrix} 1 & -1 & 2 \\ 1 & 3 & 0 \\ 0 & 4 & -1 \end{bmatrix} \begin{bmatrix} y_1 \\ y_2 \\ y_3 \end{bmatrix} \tag{2.5}$$

$$\begin{bmatrix} y_1 \\ y_2 \\ y_3 \end{bmatrix} = \begin{bmatrix} 1 & 0 & 1 \\ 0 & 2 & -5 \\ 3 & 7 & 0 \end{bmatrix} \begin{bmatrix} z_1 \\ z_2 \\ z_3 \end{bmatrix} \tag{2.6}$$

将式(2.6)中的 $\begin{bmatrix} y_1 \\ y_2 \\ y_3 \end{bmatrix}$ 代入式(2.5)中,从而有

$$\begin{aligned} \begin{bmatrix} x_1 \\ x_2 \\ x_3 \end{bmatrix} &= \begin{bmatrix} 1 & -1 & 2 \\ 1 & 3 & 0 \\ 0 & 4 & -1 \end{bmatrix} \begin{bmatrix} 1 & 0 & 1 \\ 0 & 2 & -5 \\ 3 & 7 & 0 \end{bmatrix} \begin{bmatrix} z_1 \\ z_2 \\ z_3 \end{bmatrix} \\ &= \begin{bmatrix} 7 & 12 & 6 \\ 1 & 6 & -14 \\ -3 & 1 & -20 \end{bmatrix} \begin{bmatrix} z_1 \\ z_2 \\ z_3 \end{bmatrix} = \begin{bmatrix} 7z_1 + 12z_2 + 6z_3 \\ z_1 + 6z_2 - 14z_3 \\ -3z_1 + z_2 - 20z_3 \end{bmatrix}, \end{aligned}$$

即

$$\begin{cases} x_1 = 7z_1 + 12z_2 + 6z_3, \\ x_2 = z_1 + 6z_2 - 14z_3, \\ x_3 = -3z_1 + z_2 - 20z_3. \end{cases}$$

例 2.20 四个工厂均能生产甲、乙、丙三种产品,其单位成本如表 2.1 所示.

表 2.1 产品单位成本

产　品	工　厂			
	Ⅰ	Ⅱ	Ⅲ	Ⅳ
甲	3	2	4	4
乙	5	4	5	3
丙	6	8	5	7

现要生产产品甲 600 件,产品乙 500 件,产品丙 200 件,问由哪个工厂生产成本最低?

解 四个工厂,三种产品的单位成本矩阵用 $\boldsymbol{A}$ 表示,则

$$\boldsymbol{A}=\begin{bmatrix}3&5&6\\2&4&8\\4&5&5\\4&3&7\end{bmatrix},$$

三种产品的数量矩阵用 $\boldsymbol{B}$ 表示,则

$$\boldsymbol{B}=\begin{bmatrix}600\\500\\200\end{bmatrix},$$

那么四个工厂的生产成本矩阵为

$$\boldsymbol{AB}=\begin{bmatrix}3&5&6\\2&4&8\\4&5&5\\4&3&7\end{bmatrix}\begin{bmatrix}600\\500\\200\end{bmatrix}=\begin{bmatrix}5\,500\\4\,800\\5\,900\\5\,300\end{bmatrix},$$

从四个工厂的生产成本来看,工厂Ⅱ的生产成本最低.

2.2.5 矩阵的转置

定义 2.7 将 $m\times n$ 矩阵 $\boldsymbol{A}$ 的行与列互换,得到 $n\times m$ 矩阵,称为矩阵 $\boldsymbol{A}$ 的转置矩阵,记为 $\boldsymbol{A}^{\mathrm{T}}$ 或 $\boldsymbol{A}'$, 即若

$$\boldsymbol{A}=\begin{bmatrix}a_{11}&a_{12}&\cdots&a_{1n}\\a_{21}&a_{22}&\cdots&a_{2n}\\\vdots&\vdots&\ddots&\vdots\\a_{m1}&a_{m2}&\cdots&a_{mn}\end{bmatrix},\text{则 }\boldsymbol{A}^{\mathrm{T}}=\begin{bmatrix}a_{11}&a_{21}&\cdots&a_{m1}\\a_{12}&a_{22}&\cdots&a_{m2}\\\vdots&\vdots&\ddots&\vdots\\a_{1n}&a_{2n}&\cdots&a_{mn}\end{bmatrix}.$$

又设 $\boldsymbol{x}=(x_1,\ x_2,\ \cdots,\ x_n)$, $\boldsymbol{y}=(y_1,\ y_2,\ \cdots,\ y_n)$,

则
$$\boldsymbol{x}^{\mathrm{T}}\boldsymbol{y}=\begin{bmatrix}x_1\\x_2\\\vdots\\x_n\end{bmatrix}(y_1,\ y_2,\ \cdots,\ y_n)=\begin{bmatrix}x_1y_1&x_1y_2&\cdots&x_1y_n\\x_2y_1&x_2y_2&\cdots&x_2y_n\\\vdots&\vdots&\ddots&\vdots\\x_ny_1&x_ny_2&\cdots&x_ny_n\end{bmatrix}.$$

转置矩阵有下列的性质:

(1) $(\boldsymbol{A}^{\mathrm{T}})^{\mathrm{T}}=\boldsymbol{A}$;

(2) $(\boldsymbol{A}+\boldsymbol{B})^{\mathrm{T}}=\boldsymbol{A}^{\mathrm{T}}+\boldsymbol{B}^{\mathrm{T}}$;

(3) $(k\boldsymbol{A})^{\mathrm{T}}=k\boldsymbol{A}^{\mathrm{T}}$;

(4) $(\boldsymbol{A}\boldsymbol{B})^{\mathrm{T}}=\boldsymbol{B}^{\mathrm{T}}\boldsymbol{A}^{\mathrm{T}}$.

例 2.21 设矩阵 $\boldsymbol{A}=\begin{bmatrix}4 & -1\\ 0 & 2\\ -3 & 2\end{bmatrix}$, $\boldsymbol{B}=\begin{bmatrix}2 & 1\\ 3 & 4\end{bmatrix}$, 求 $(\boldsymbol{A}\boldsymbol{B})^{\mathrm{T}}$, $\boldsymbol{B}^{\mathrm{T}}\boldsymbol{A}^{\mathrm{T}}$ 和 $\boldsymbol{A}^{\mathrm{T}}\boldsymbol{B}^{\mathrm{T}}$.

解 由于 $\boldsymbol{A}\boldsymbol{B}=\begin{bmatrix}4 & -1\\ 0 & 2\\ -3 & 2\end{bmatrix}\begin{bmatrix}2 & 1\\ 3 & 4\end{bmatrix}=\begin{bmatrix}5 & 0\\ 6 & 8\\ 0 & 5\end{bmatrix}$, 故 $(\boldsymbol{A}\boldsymbol{B})^{\mathrm{T}}=\begin{bmatrix}5 & 6 & 0\\ 0 & 8 & 5\end{bmatrix}$,

由 $\boldsymbol{A}^{\mathrm{T}}=\begin{bmatrix}4 & 0 & -3\\ -1 & 2 & 2\end{bmatrix}$, $\boldsymbol{B}^{\mathrm{T}}=\begin{bmatrix}2 & 3\\ 1 & 4\end{bmatrix}$, 得 $\boldsymbol{B}^{\mathrm{T}}\boldsymbol{A}^{\mathrm{T}}=\begin{bmatrix}2 & 3\\ 1 & 4\end{bmatrix}\begin{bmatrix}4 & 0 & -3\\ -1 & 2 & 2\end{bmatrix}=$ $\begin{bmatrix}5 & 6 & 0\\ 0 & 8 & 5\end{bmatrix}$, 因为 $\boldsymbol{A}^{\mathrm{T}}$ 的列数是 3, $\boldsymbol{B}^{\mathrm{T}}$ 的行数是 2, 所以 $\boldsymbol{A}^{\mathrm{T}}\boldsymbol{B}^{\mathrm{T}}$ 没有意义.

从上述例子中,我们看到 $(\boldsymbol{A}\boldsymbol{B})^{\mathrm{T}}=\boldsymbol{B}^{\mathrm{T}}\boldsymbol{A}^{\mathrm{T}}$ 成立,而 $(\boldsymbol{A}\boldsymbol{B})^{\mathrm{T}}=\boldsymbol{A}^{\mathrm{T}}\boldsymbol{B}^{\mathrm{T}}$ 并不成立.

例 2.22 设列矩阵 $\boldsymbol{X}=(x_1, x_2, \cdots, x_n)^{\mathrm{T}}$ 满足 $\boldsymbol{X}^{\mathrm{T}}\boldsymbol{X}=1$, $\boldsymbol{E}$ 为 n 阶单位矩阵, $\boldsymbol{H}=\boldsymbol{E}-2\boldsymbol{X}\boldsymbol{X}^{\mathrm{T}}$, 证明 $\boldsymbol{H}$ 是对称矩阵,且 $\boldsymbol{H}\boldsymbol{H}^{\mathrm{T}}=\boldsymbol{E}$.

证 由 $\boldsymbol{H}^{\mathrm{T}}=(\boldsymbol{E}-2\boldsymbol{X}\boldsymbol{X}^{\mathrm{T}})^{\mathrm{T}}=\boldsymbol{E}^{\mathrm{T}}-2(\boldsymbol{X}\boldsymbol{X}^{\mathrm{T}})^{\mathrm{T}}=\boldsymbol{E}-2\boldsymbol{X}\boldsymbol{X}^{\mathrm{T}}=\boldsymbol{H}$,
得 $\boldsymbol{H}$ 是对称矩阵.

$$\begin{aligned}\boldsymbol{H}\boldsymbol{H}^{\mathrm{T}}&=\boldsymbol{H}^2=(\boldsymbol{E}-2\boldsymbol{X}\boldsymbol{X}^{\mathrm{T}})^2=\boldsymbol{E}-4\boldsymbol{X}\boldsymbol{X}^{\mathrm{T}}+4(\boldsymbol{X}\boldsymbol{X}^{\mathrm{T}})(\boldsymbol{X}\boldsymbol{X}^{\mathrm{T}})\\&=\boldsymbol{E}-4\boldsymbol{X}\boldsymbol{X}^{\mathrm{T}}+4\boldsymbol{X}(\boldsymbol{X}^{\mathrm{T}}\boldsymbol{X})\boldsymbol{X}^{\mathrm{T}}=\boldsymbol{E}-4\boldsymbol{X}\boldsymbol{X}^{\mathrm{T}}+4\boldsymbol{X}\boldsymbol{X}^{\mathrm{T}}=\boldsymbol{E}.\end{aligned}$$

例 2.23 计算矩阵乘积

$$\begin{bmatrix}b_1 & b_2 & b_3\end{bmatrix}\begin{bmatrix}a_{11} & a_{12} & a_{13}\\ a_{21} & a_{22} & a_{23}\\ a_{31} & a_{32} & a_{33}\end{bmatrix}\begin{bmatrix}b_1\\ b_2\\ b_3\end{bmatrix}.$$

解 原式 $=(a_{11}b_1+a_{21}b_2+a_{31}b_3 \quad a_{12}b_1+a_{22}b_2+a_{32}b_3 \quad a_{13}b_1+a_{23}b_2+a_{33}b_3)\cdot\begin{bmatrix}b_1\\ b_2\\ b_3\end{bmatrix}$

$$=a_{11}b_1^2+a_{22}b_2^2+a_{33}b_3^2+(a_{12}+a_{21})b_1b_2+(a_{13}+a_{31})b_1b_3+(a_{23}+a_{32})b_2b_3.$$

2.2.6 方阵的幂与行列式

定义 2.8 设方阵 $\boldsymbol{A}=(a_{ij})_{n\times n}$，规定

$$\boldsymbol{A}^0=\boldsymbol{E},\ \boldsymbol{A}^k=\overbrace{\boldsymbol{A}\cdot\boldsymbol{A}\cdots\boldsymbol{A}}^{k\text{个}},\ k\text{ 为自然数},$$

$\boldsymbol{A}^k$ 称为 $\boldsymbol{A}$ 的 k **次幂**.

方阵的幂有如下性质：

设 $\boldsymbol{A}$ 是方阵，m，n 为自然数,则有：

(1) $\boldsymbol{A}^m\boldsymbol{A}^n=\boldsymbol{A}^{m+n}$；　　　(2) $(\boldsymbol{A}^m)^n=\boldsymbol{A}^{mn}$.

注　一般地，$(\boldsymbol{AB})^m\neq\boldsymbol{A}^m\boldsymbol{B}^m$，但如果 $\boldsymbol{A}$，$\boldsymbol{B}$ 均为 n 阶矩阵，$\boldsymbol{AB}=\boldsymbol{BA}$，则可证明 $(\boldsymbol{AB})^m=\boldsymbol{A}^m\boldsymbol{B}^m$，其中 m 是自然数.

例如，$\boldsymbol{A}=\begin{bmatrix}0&2\\3&1\end{bmatrix}$，$\boldsymbol{B}=\begin{bmatrix}1&1\\1&0\end{bmatrix}$，那么有

$\boldsymbol{A}^2=\begin{bmatrix}0&2\\3&1\end{bmatrix}\begin{bmatrix}0&2\\3&1\end{bmatrix}=\begin{bmatrix}6&2\\3&7\end{bmatrix}$，$\boldsymbol{B}^2=\begin{bmatrix}1&1\\1&0\end{bmatrix}\begin{bmatrix}1&1\\1&0\end{bmatrix}=\begin{bmatrix}2&1\\1&1\end{bmatrix}$，

$\boldsymbol{AB}=\begin{bmatrix}0&2\\3&1\end{bmatrix}\begin{bmatrix}1&1\\1&0\end{bmatrix}=\begin{bmatrix}2&0\\4&3\end{bmatrix}$，于是得到 $(\boldsymbol{AB})^2=\begin{bmatrix}2&0\\4&3\end{bmatrix}\begin{bmatrix}2&0\\4&3\end{bmatrix}=\begin{bmatrix}4&0\\20&9\end{bmatrix}$，

$\boldsymbol{A}^2\boldsymbol{B}^2=\begin{bmatrix}6&2\\3&7\end{bmatrix}\begin{bmatrix}2&1\\1&1\end{bmatrix}=\begin{bmatrix}14&8\\13&10\end{bmatrix}$，可见，$(\boldsymbol{AB})^2\neq\boldsymbol{A}^2\boldsymbol{B}^2$.

例 2.24　设 $\boldsymbol{A}=\begin{bmatrix}\lambda&1&0\\0&\lambda&1\\0&0&\lambda\end{bmatrix}$，求 $\boldsymbol{A}^3$.

解　$\boldsymbol{A}^2=\begin{bmatrix}\lambda&1&0\\0&\lambda&1\\0&0&\lambda\end{bmatrix}\begin{bmatrix}\lambda&1&0\\0&\lambda&1\\0&0&\lambda\end{bmatrix}=\begin{bmatrix}\lambda^2&2\lambda&1\\0&\lambda^2&2\lambda\\0&0&\lambda^2\end{bmatrix}$，

$$\boldsymbol{A}^3=\boldsymbol{A}^2\boldsymbol{A}=\begin{bmatrix}\lambda^2&2\lambda&1\\0&\lambda^2&2\lambda\\0&0&\lambda^2\end{bmatrix}\begin{bmatrix}\lambda&1&0\\0&\lambda&1\\0&0&\lambda\end{bmatrix}=\begin{bmatrix}\lambda^3&3\lambda^2&3\lambda\\0&\lambda^3&3\lambda^2\\0&0&\lambda^3\end{bmatrix}.$$

定义 2.9　由 n 阶方阵 $\boldsymbol{A}$ 的元素所构成的行列式(各元素的位置不变)，称为**方阵 A** 的行列式，记作 $|\boldsymbol{A}|$ 或 $\det\boldsymbol{A}$.

注　方阵与行列式是**两个**不同的概念，n 阶方阵是 n^2 个数按一定方式排成的

数表,而 n 阶行列式则是这些数按一定的运算法则所确定的一个数值.

例如,方阵 $\boldsymbol{A}$ 为

$$\boldsymbol{A}=\begin{bmatrix} a_{11} & a_{12} & \cdots & a_{1n} \\ a_{21} & a_{22} & \cdots & a_{2n} \\ \vdots & \vdots & \ddots & \vdots \\ a_{n1} & a_{n2} & \cdots & a_{nn} \end{bmatrix},$$

而方阵 $\boldsymbol{A}$ 的行列式为

$$|\boldsymbol{A}|=\begin{vmatrix} a_{11} & a_{12} & \cdots & a_{1n} \\ a_{21} & a_{22} & \cdots & a_{2n} \\ \vdots & \vdots & \ddots & \vdots \\ a_{n1} & a_{n2} & \cdots & a_{nn} \end{vmatrix}.$$

方阵的行列式具有下列性质(设 $\boldsymbol{A}$, $\boldsymbol{B}$ 为 n 阶方阵, k 为常数):

(1) $|\boldsymbol{A}^{\mathrm{T}}|=|\boldsymbol{A}|$;　　(2) $|k\boldsymbol{A}|=k^n|\boldsymbol{A}|$;

(3) $|\boldsymbol{AB}|=|\boldsymbol{A}|\cdot|\boldsymbol{B}|$;　　(4) $|\boldsymbol{AB}|=|\boldsymbol{BA}|$.

要注意性质(2),不要把数乘 n 阶矩阵与数乘 n 阶行列式相混淆.

设 $\boldsymbol{A}=\begin{bmatrix} a_{11} & a_{12} & \cdots & a_{1n} \\ a_{21} & a_{22} & \cdots & a_{2n} \\ \vdots & \vdots & \ddots & \vdots \\ a_{n1} & a_{n2} & \cdots & a_{nn} \end{bmatrix}$, $k|\boldsymbol{A}|=k|a_{ij}|$,

根据数与矩阵乘法的定义,有 $k\boldsymbol{A}=k(a_{ij})=(ka_{ij})$,

$$|ka_{ij}|=\begin{vmatrix} ka_{11} & ka_{12} & \cdots & ka_{1n} \\ ka_{21} & ka_{22} & \cdots & ka_{2n} \\ \vdots & \vdots & \ddots & \vdots \\ ka_{n1} & ka_{n2} & \cdots & ka_{nn} \end{vmatrix}=k^n|a_{ij}|=k^n|\boldsymbol{A}|.$$

性质(3)表示同阶矩阵 $\boldsymbol{A}$ 与 $\boldsymbol{B}$ 乘积的行列式,等于矩阵 $\boldsymbol{A}$ 的行列式与矩阵 $\boldsymbol{B}$ 的行列式的乘积.

关于性质(4),由性质(3),有

$$|\boldsymbol{AB}|=|\boldsymbol{A}|\cdot|\boldsymbol{B}|=|\boldsymbol{B}|\cdot|\boldsymbol{A}|=|\boldsymbol{BA}|.$$

例 2.25　设 $\boldsymbol{A}$ 为三阶矩阵,且 $|\boldsymbol{A}|=-2$,求 $||\boldsymbol{A}|\boldsymbol{A}^2\boldsymbol{A}^{\mathrm{T}}|$.

解　$||\boldsymbol{A}|\boldsymbol{A}^2\boldsymbol{A}^{\mathrm{T}}|=|\boldsymbol{A}|^3|\boldsymbol{A}^2\boldsymbol{A}^{\mathrm{T}}|=|\boldsymbol{A}|^3|\boldsymbol{A}^2||\boldsymbol{A}^{\mathrm{T}}|=|\boldsymbol{A}|^3\cdot|\boldsymbol{A}|\cdot|\boldsymbol{A}|\cdot$

$|A^*| = |A|^6 = (-2)^6 = 64.$

例 2.26 设 $A=(a_{ij})$ 为三阶矩阵,若已知 $|A|=-2$,求:$||A|\cdot A|$.

解 $|A|\cdot A=-2A=\begin{bmatrix}-2a_{11} & -2a_{12} & -2a_{13}\\ -2a_{21} & -2a_{22} & -2a_{23}\\ -2a_{31} & -2a_{32} & -2a_{33}\end{bmatrix}$,

$$||A|\cdot A|=\begin{vmatrix}-2a_{11} & -2a_{12} & -2a_{13}\\ -2a_{21} & -2a_{22} & -2a_{23}\\ -2a_{31} & -2a_{32} & -2a_{33}\end{vmatrix}=(-2)^3\begin{vmatrix}a_{11} & a_{12} & a_{13}\\ a_{21} & a_{22} & a_{23}\\ a_{31} & a_{32} & a_{33}\end{vmatrix}$$

$$=(-2)^3|A|=(-2)^3\cdot(-2)=16.$$

2.2.7 对称矩阵

定义 2.10 设 A 为 n 阶方阵,如果 $A^{\mathrm{T}}=A$,即 $a_{ij}=a_{ji}$ $(i, j=1, 2, \cdots, n)$,则称 A 为**对称矩阵**.

如 $\begin{bmatrix}0 & -1\\ -1 & 0\end{bmatrix}$, $\begin{bmatrix}1 & 0 & 5\\ 0 & 0 & -1\\ 5 & -1 & 3\end{bmatrix}$ 均为对称矩阵.

显然,对称矩阵 A 的元素关于主对角线对称.

数乘对称矩阵及同阶对称矩阵之和仍为对称矩阵,但对称矩阵乘积未必对称.

例如,$\begin{bmatrix}0 & -1\\ -1 & 0\end{bmatrix}$, $\begin{bmatrix}1 & 1\\ 1 & 1\end{bmatrix}$ 均为对称矩阵,但

$$\begin{bmatrix}0 & -1\\ -1 & 0\end{bmatrix}\begin{bmatrix}1 & 1\\ 1 & 1\end{bmatrix}=\begin{bmatrix}-1 & -1\\ 0 & 0\end{bmatrix}$$

为非对称矩阵.

如果 $A^{\mathrm{T}}=-A$,则称 A 为**反对称矩阵**.

例 2.27 设 A 和 B 是两个 n 阶对称矩阵,证明:当且仅当 A 与 B 可交换时,AB 是对称的.

证 由于 A 与 B 均是对称矩阵,所以 $A^{\mathrm{T}}=A$, $B^{\mathrm{T}}=B$,

如果 $AB=BA$,则有 $(AB)^{\mathrm{T}}=B^{\mathrm{T}}A^{\mathrm{T}}=BA=AB$,所以 AB 是对称的.

反之,如果 AB 是对称的,即 $(AB)^{\mathrm{T}}=AB$,则有 $AB=(AB)^{\mathrm{T}}=B^{\mathrm{T}}A^{\mathrm{T}}=BA$,则 A 与 B 可交换.

例 2.28 证明任一 n 阶矩阵 A 都可表示成对称矩阵与反对称矩阵之和.

证 设 $C=A+A^{\mathrm{T}}$,则 $C^{\mathrm{T}}=(A+A^{\mathrm{T}})^{\mathrm{T}}=A^{\mathrm{T}}+A=C$,所以 C 为对称矩阵.

设 $B=A-A^{\mathrm{T}}$,则 $B^{\mathrm{T}}=(A-A^{\mathrm{T}})^{\mathrm{T}}=A^{\mathrm{T}}-A=-B$,所以 B 为反对称矩阵.

$$A=\frac{A+A^{\mathrm{T}}}{2}+\frac{A-A^{\mathrm{T}}}{2}=\frac{C}{2}+\frac{B}{2}.$$

2.2.8* 共轭矩阵

对复矩阵,我们还可以定义它的共轭矩阵.

定义 2.11 设 $A=(a_{ij})$ 为复(数)矩阵,记 $\bar{A}=(\overline{a_{ij}})$,其中 $\overline{a_{ij}}$ 表示 a_{ij} 的共轭复数,称 $\bar{A}$ 为 A 的**共轭矩阵**.

共轭矩阵满足以下运算规律(设 A, B 为复矩阵,λ 为复数,且运算都是可行的):

(1) $\overline{A+B}=\bar{A}+\bar{B}$;　　(2) $\overline{\lambda A}=\bar{\lambda}\bar{A}$;

(3) $\overline{AB}=\bar{A}\bar{B}$;　　(4) $\overline{(A^{\mathrm{T}})}=(\bar{A})^{\mathrm{T}}$.

习　题　2-2

1. 计算:

(1) $\begin{bmatrix}1 & 6 & 4\\ -4 & 2 & 8\end{bmatrix}+\begin{bmatrix}-2 & 0 & 1\\ 2 & -3 & 4\end{bmatrix}$;　(2) $\begin{bmatrix}1 & 2\\ 0 & 1\end{bmatrix}-\begin{bmatrix}2 & -2\\ 0 & 3\end{bmatrix}$.

2. 设 $A=\begin{bmatrix}3 & 0 & 6\\ 2 & -1 & 1\end{bmatrix}$, $B=\begin{bmatrix}-1 & 1 & 0\\ 0 & -2 & 3\end{bmatrix}$,求 $A+B$, $A-B$.

3. 设 $A=\begin{bmatrix}1 & 2 & 0 & 1\\ 2 & 1 & 3 & 4\end{bmatrix}$, $B=\begin{bmatrix}1 & 0 & -1\\ 0 & 1 & 2\\ 2 & -1 & 0\\ -1 & 3 & -2\end{bmatrix}$,求 AB, BA.

4. 设 $A=\begin{bmatrix}1 & 1 & 1\\ 1 & 1 & -1\\ 1 & -1 & 1\end{bmatrix}$, $B=\begin{bmatrix}1 & 2 & 3\\ -1 & -2 & 4\\ 0 & 5 & -1\end{bmatrix}$,求:

(1) $3AB-2A$;　(2) $A^{\mathrm{T}}B$;　(3) A^2;　(4) 若 $A-X=B$,求 X.

5. 计算:

(1) $\begin{bmatrix}4 & 3 & 1\\ 1 & -2 & 3\\ 5 & 7 & 0\end{bmatrix}\begin{bmatrix}7\\ 2\\ 1\end{bmatrix}$;　(2) $\begin{bmatrix}1 & 2 & 3\\ 2 & 4 & 6\\ 3 & 6 & 9\end{bmatrix}\begin{bmatrix}-1 & -2 & -4\\ -1 & -2 & -4\\ 1 & 2 & 4\end{bmatrix}$;

(3) $\begin{bmatrix}1 & 2 & 3\end{bmatrix}\begin{bmatrix}3\\ 2\\ 1\end{bmatrix}$;　(4) $\begin{bmatrix}3\\ 2\\ 1\end{bmatrix}\begin{bmatrix}1 & 2 & 3\end{bmatrix}$;

(5) $\begin{bmatrix} 1 & 2 & 3 \\ -2 & 1 & 2 \end{bmatrix}\begin{bmatrix} 1 & 2 & 0 \\ 0 & 1 & 1 \\ 3 & 0 & -1 \end{bmatrix}$；(6) $\begin{bmatrix} x_1 & x_2 & x_3 \end{bmatrix}\begin{bmatrix} a_{11} & a_{12} & a_{13} \\ a_{12} & a_{22} & a_{23} \\ a_{13} & a_{23} & a_{33} \end{bmatrix}\begin{bmatrix} x_1 \\ x_2 \\ x_3 \end{bmatrix}$.

6. 设 $A=\begin{bmatrix} 1 & 2 \\ 1 & 3 \end{bmatrix}$，$B=\begin{bmatrix} 1 & 0 \\ 1 & 2 \end{bmatrix}$. 问：

(1) $\boldsymbol{AB}=\boldsymbol{BA}$ 吗？　　(2) $(\boldsymbol{A}+\boldsymbol{B})^2=\boldsymbol{A}^2+2\boldsymbol{AB}+\boldsymbol{B}^2$ 吗？

7. 举例说明命题：若 $\boldsymbol{A}^2=\boldsymbol{0}$，则 $\boldsymbol{A}=\boldsymbol{0}$ 是错误的.

8. 设 $\boldsymbol{A}=\begin{bmatrix} 1 & 1 \\ 0 & 1 \end{bmatrix}$，求所有与 $\boldsymbol{A}$ 可交换的矩阵.

9. 计算下列矩阵：

(1) $\begin{bmatrix} 1 & 1 \\ 0 & 0 \end{bmatrix}^3$；　　(2) $\begin{bmatrix} 1 & 0 \\ \lambda & 1 \end{bmatrix}^5$；　　(3) $\begin{bmatrix} a & 0 & 0 \\ 0 & b & 0 \\ 0 & 0 & c \end{bmatrix}^3$.

10. 解下列矩阵方程：

(1) $\begin{bmatrix} 2 & 5 \\ 2 & 3 \end{bmatrix}\boldsymbol{X}=\begin{bmatrix} 4 & -6 \\ 2 & 1 \end{bmatrix}$；　　(2) $\begin{bmatrix} 1 & 1 & -1 \\ -2 & 1 & 1 \\ 1 & 1 & 1 \end{bmatrix}\boldsymbol{X}=\begin{bmatrix} 2 \\ 3 \\ 6 \end{bmatrix}$.

11. 设 $f(x)=x^2+x-1$，$\boldsymbol{A}=\begin{bmatrix} 2 & 1 & -1 \\ 1 & 0 & 3 \\ 2 & -1 & -4 \end{bmatrix}$，求 $f(\boldsymbol{A})$.

2.3 矩阵的逆

2.3.1 逆矩阵的概念

在数的乘法中，如果常数 $a\neq 0$，则存在 a 的逆 a^{-1}：$a^{-1}=\dfrac{1}{a}$，使 $a^{-1}a=aa^{-1}=1$，这使得求解一元线性方程 $ax=b$ 变得非常简单：在方程的两端左乘 a^{-1}，即得 $1\cdot x=a^{-1}b$. 在矩阵的乘法中，单位矩阵 $\boldsymbol{E}$ 起着数 1 在数量的乘法中的类似作用. 那么在解矩阵方程 $\boldsymbol{A}x=\boldsymbol{b}$ 时，是否也存在一个矩阵，使 x 等于这个矩阵左乘 $\boldsymbol{b}$. 这是我们要讨论的逆矩阵中的一个问题.

定义 2.12　对于 n 阶矩阵 $\boldsymbol{A}$，如果存在一个 n 阶矩阵 $\boldsymbol{B}$，使得

$$AB=BA=E$$

则称矩阵 A 为**可逆矩阵**,而矩阵 B 称为 A 的**逆矩阵**.

命题 2.1 若矩阵 A 是可逆的,则 A 的逆矩阵是唯一的.

因为如果 B 和 C 都是 A 的逆矩阵,则有

$$AB=BA=E,\ AC=CA=E,$$

那么 $B=BE=B(AC)=(BA)C=EC=C$, 即 $B=C$.
所以逆矩阵是唯一的. 我们把矩阵 A 唯一的逆矩阵记作 A^{-1}.

例如, 矩阵 $A=\begin{bmatrix}1&2\\0&1\end{bmatrix}$, 存在矩阵 $B=\begin{bmatrix}1&-2\\0&1\end{bmatrix}$ 使得 $AB=\begin{bmatrix}1&2\\0&1\end{bmatrix}\begin{bmatrix}1&-2\\0&1\end{bmatrix}=\begin{bmatrix}1&0\\0&1\end{bmatrix}=E$, $BA=\begin{bmatrix}1&-2\\0&1\end{bmatrix}\begin{bmatrix}1&2\\0&1\end{bmatrix}=\begin{bmatrix}1&0\\0&1\end{bmatrix}=E$, 所以矩阵 A 可逆,且 $A^{-1}=\begin{bmatrix}1&-2\\0&1\end{bmatrix}$.

单位矩阵的逆矩阵是其本身.

例 2.29 设 $A=\begin{bmatrix}2&1\\-1&0\end{bmatrix}$, 求 A 的逆矩阵.

解 利用待定系数法,设 A 的逆矩阵为

$B=\begin{bmatrix}a&b\\c&d\end{bmatrix}$, 则 $AB=\begin{bmatrix}2&1\\-1&0\end{bmatrix}\begin{bmatrix}a&b\\c&d\end{bmatrix}=\begin{bmatrix}1&0\\0&1\end{bmatrix}$, 即 $\begin{bmatrix}2a+c&2b+d\\-a&-b\end{bmatrix}=\begin{bmatrix}1&0\\0&1\end{bmatrix}$,

得 $\begin{cases}2a+c=1,\\2b+d=0,\\-a=0,\\-b=1;\end{cases}$ 从而 $\begin{cases}a=0,\\b=-1,\\c=1,\\d=2;\end{cases}$ 又因为

$\begin{bmatrix}2&1\\-1&0\end{bmatrix}\begin{bmatrix}0&-1\\1&2\end{bmatrix}=\begin{bmatrix}0&-1\\1&2\end{bmatrix}\begin{bmatrix}2&1\\-1&0\end{bmatrix}=\begin{bmatrix}1&0\\0&1\end{bmatrix}$, 所以 $A^{-1}=\begin{bmatrix}0&-1\\1&2\end{bmatrix}$.

注意: 此题的解法与上节解矩阵方程的关系.

例 2.30 证明矩阵 $A=\begin{bmatrix}1&0\\0&0\end{bmatrix}$ 无逆矩阵.

证 假定 A 有逆矩阵 $B=(b_{ij})_{2\times 2}$, 使得 $AB=BA=E$, 则

$$\begin{bmatrix}1 & 0\\0 & 0\end{bmatrix}\begin{bmatrix}b_{11} & b_{12}\\b_{21} & b_{22}\end{bmatrix}=\begin{bmatrix}b_{11} & b_{12}\\0 & 0\end{bmatrix}=\begin{bmatrix}1 & 0\\0 & 1\end{bmatrix},$$

上式矛盾,因为 $0\neq 1$, 因此 $\boldsymbol{A}$ 无逆矩阵.

注意: 观察 $\boldsymbol{A}$ 的行列式的值.

定义 2.13 如果 n 阶矩阵 $\boldsymbol{A}$ 的行列式 $|\boldsymbol{A}|\neq 0$, 则称 $\boldsymbol{A}$ 是**非奇异的**,否则称 $\boldsymbol{A}$ 为**奇异的**.

实际上,非奇异的矩阵存在逆矩阵,奇异的矩阵不存在逆矩阵.

例如, $\boldsymbol{A}=\begin{bmatrix}1 & 2\\0 & 1\end{bmatrix}$ 是非奇异的, $\boldsymbol{B}=\begin{bmatrix}2 & 2\\1 & 1\end{bmatrix}$ 是奇异的.

2.3.2 伴随矩阵

定义 2.14 行列式 $|\boldsymbol{A}|$ 的各个元素的代数余子式 A_{ij} 所构成的矩阵

$$\boldsymbol{A}^*=\begin{bmatrix}A_{11} & A_{21} & \cdots & A_{n1}\\A_{12} & A_{22} & \cdots & A_{n2}\\\vdots & \vdots & & \vdots\\A_{1n} & A_{2n} & \cdots & A_{nn}\end{bmatrix}$$

称为矩阵 $\boldsymbol{A}$ 的**伴随矩阵**.

例 2.31 矩阵 $\boldsymbol{A}=\begin{bmatrix}1 & 3\\4 & 2\end{bmatrix}$, 求矩阵 $\boldsymbol{A}$ 的伴随矩阵 $\boldsymbol{A}^*$.

解 按定义,因为

$A_{11}=2$, $A_{12}=-4$, $A_{21}=-3$, $A_{22}=1$.

所以
$$\boldsymbol{A}^*=\begin{bmatrix}A_{11} & A_{21}\\A_{12} & A_{22}\end{bmatrix}=\begin{bmatrix}2 & -3\\-4 & 1\end{bmatrix}.$$

例 2.32 求矩阵 $\boldsymbol{A}=\begin{bmatrix}3 & 7 & -3\\-2 & -5 & 2\\-4 & -10 & 3\end{bmatrix}$ 的伴随矩阵 $\boldsymbol{A}^*$.

解 由 $A_{11}=\begin{vmatrix}-5 & 2\\-10 & 3\end{vmatrix}=5$, $A_{21}=-\begin{vmatrix}7 & -3\\-10 & 3\end{vmatrix}=9$, $A_{31}=\begin{vmatrix}7 & -3\\-5 & 2\end{vmatrix}=-1$,

类似地, $A_{12}=-2$, $A_{22}=-3$, $A_{32}=0$, $A_{13}=0$, $A_{23}=2$, $A_{33}=-1$,

所以
$$A^*=\begin{bmatrix}5&9&-1\\-2&-3&0\\0&2&-1\end{bmatrix}.$$

下面给出一个重要定理,它表明矩阵可逆时,伴随矩阵与逆矩阵的关系.

定理 2.1 方阵 $\boldsymbol{A}$ 可逆的充分必要条件是 $|\boldsymbol{A}|\neq 0$, 且当 $\boldsymbol{A}$ 可逆时,

$$\boldsymbol{A}^{-1}=\frac{1}{|\boldsymbol{A}|}\boldsymbol{A}^*.$$

其中 $\boldsymbol{A}^*$ 为 $\boldsymbol{A}$ 的伴随矩阵.

例 2.33 求方阵 $\boldsymbol{A}=\begin{bmatrix}1&2&3\\2&2&1\\3&4&3\end{bmatrix}$ 的逆矩阵.

解 因为 $|\boldsymbol{A}|=\begin{vmatrix}1&2&3\\2&2&1\\3&4&3\end{vmatrix}=2\neq 0$, 所以 $\boldsymbol{A}$ 可逆,

又 $A_{11}=2$, $A_{12}=-3$, $A_{13}=2$, $A_{21}=6$, $A_{22}=-6$, $A_{31}=-4$, $A_{32}=5$, $A_{33}=-2$,

故 $\boldsymbol{A}^{-1}=\dfrac{1}{|\boldsymbol{A}|}\boldsymbol{A}^*=\dfrac{1}{2}\begin{bmatrix}2&6&-4\\-3&-6&5\\2&2&-2\end{bmatrix}=\begin{bmatrix}1&3&-2\\-3/2&-3&5/2\\1&1&-1\end{bmatrix}.$

例 2.34 判断矩阵 $\boldsymbol{A}=\begin{bmatrix}3&7&-3\\-2&-5&2\\-4&-10&3\end{bmatrix}$ 是否可逆,若可逆,求其逆矩阵 $\boldsymbol{A}^{-1}$.

解 $|\boldsymbol{A}|=\begin{vmatrix}3&7&-3\\-2&-5&2\\-4&-10&3\end{vmatrix}=1\neq 0$,

由上例知, $\boldsymbol{A}^*=\begin{bmatrix}5&9&-1\\-2&-3&0\\0&2&-1\end{bmatrix}$, 故 $\boldsymbol{A}^{-1}=\dfrac{1}{|\boldsymbol{A}|}\boldsymbol{A}^*=\begin{bmatrix}5&9&-1\\-2&-3&0\\0&2&-1\end{bmatrix}.$

注 利用上述定理求逆矩阵的方法称为**伴随矩阵法**.

伴随矩阵的一个**基本性质**:

$$\boldsymbol{A}\boldsymbol{A}^*=\boldsymbol{A}^*\boldsymbol{A}=|\boldsymbol{A}|\boldsymbol{E}$$

推论 若 $\boldsymbol{AB}=\boldsymbol{E}$(或 $\boldsymbol{BA}=\boldsymbol{E}$),则 $\boldsymbol{B}=\boldsymbol{A}^{-1}$.

这表明,如果我们要验证矩阵 $\boldsymbol{B}$ 是矩阵 $\boldsymbol{A}$ 的逆矩阵,只要验证 $\boldsymbol{AB}=\boldsymbol{E}$ 或 $\boldsymbol{BA}=\boldsymbol{E}$,不必按定义验证两个式子.

例 2.35 设 $\boldsymbol{A}$, $\boldsymbol{B}$, $\boldsymbol{C}$ 为同阶矩阵,且 $\boldsymbol{A}$ 可逆,下列结论如果正确,试证明之,如果不正确,试举反例说明之.

(1) 若 $\boldsymbol{AB}=\boldsymbol{0}$,则 $\boldsymbol{B}=\boldsymbol{0}$; (2) 若 $\boldsymbol{BC}=\boldsymbol{0}$,则 $\boldsymbol{B}=\boldsymbol{0}$.

证 (1) 正确. 因为若 $\boldsymbol{AB}=\boldsymbol{0}$,且 $\boldsymbol{A}$ 可逆,等式两边左乘以 $\boldsymbol{A}^{-1}$,有

$$\boldsymbol{A}^{-1}\boldsymbol{AB}=\boldsymbol{A}^{-1}\boldsymbol{0}\Rightarrow \boldsymbol{EB}=\boldsymbol{0}\Rightarrow \boldsymbol{B}=\boldsymbol{0}.$$

(2) 不正确. 例如,设 $\boldsymbol{B}=\begin{bmatrix}1&1\\0&0\end{bmatrix}$, $\boldsymbol{C}=\begin{bmatrix}1&0\\-1&0\end{bmatrix}$,

则 $\boldsymbol{BC}=\begin{bmatrix}1&1\\0&0\end{bmatrix}\begin{bmatrix}1&0\\-1&0\end{bmatrix}=\begin{bmatrix}0&0\\0&0\end{bmatrix}$,即 $\boldsymbol{BC}=\boldsymbol{0}$,但 $\boldsymbol{B}\neq\boldsymbol{0}$.

例 2.36 设 $\boldsymbol{A}$, $\boldsymbol{B}$ 为 n 阶方阵,满足 $\boldsymbol{A}+\boldsymbol{B}=\boldsymbol{AB}$,证明: $\boldsymbol{A}-\boldsymbol{E}$ 为可逆矩阵.

证 由 $\boldsymbol{A}+\boldsymbol{B}=\boldsymbol{AB}$ 知: $\boldsymbol{AB}-\boldsymbol{A}-\boldsymbol{B}+\boldsymbol{E}=\boldsymbol{E}$,即 $(\boldsymbol{A}-\boldsymbol{E})(\boldsymbol{B}-\boldsymbol{E})=\boldsymbol{E}$,由推论知, $\boldsymbol{A}-\boldsymbol{E}$ 可逆,且 $(\boldsymbol{A}-\boldsymbol{E})^{-1}=\boldsymbol{B}-\boldsymbol{E}$.

例 2.37 若 n 阶方阵 $\boldsymbol{A}$ 可逆,则 $\boldsymbol{A}^*$ 可逆,并求 $(\boldsymbol{A}^*)^{-1}$.

证 由 $\boldsymbol{A}$ 可逆,知 $\boldsymbol{A}^{-1}=\dfrac{1}{|\boldsymbol{A}|}\boldsymbol{A}^*$,且 $\dfrac{1}{|\boldsymbol{A}|}\boldsymbol{AA}^*=\boldsymbol{A}\left[\dfrac{1}{|\boldsymbol{A}|}\boldsymbol{A}^*\right]=\boldsymbol{AA}^{-1}=\boldsymbol{E}$,故 $\boldsymbol{A}^*$ 可逆,且 $(\boldsymbol{A}^*)^{-1}=\dfrac{1}{|\boldsymbol{A}|}\boldsymbol{A}$.

例 2.38 设 $\boldsymbol{A}$, $\boldsymbol{B}$, $\boldsymbol{C}$ 均为 n 阶矩阵,且满足 $\boldsymbol{ABC}=E$,则下列式中哪些必定成立,理由是什么?

(1) $\boldsymbol{BCA}=\boldsymbol{E}$; (2) $\boldsymbol{BAC}=\boldsymbol{E}$; (3) $\boldsymbol{ACB}=\boldsymbol{E}$; (4) $\boldsymbol{CBA}=\boldsymbol{E}$;
(5) $\boldsymbol{CAB}=\boldsymbol{E}$.

解 由 $\boldsymbol{ABC}=\boldsymbol{E}$,有 $(\boldsymbol{AB})\boldsymbol{C}=E$ 或 $\boldsymbol{A}(\boldsymbol{BC})=E$,根据可逆矩阵的定义,
前者表明 $\boldsymbol{AB}$ 与 $\boldsymbol{C}$ 互为逆矩阵,则有 $(\boldsymbol{AB})\boldsymbol{C}=\boldsymbol{C}(\boldsymbol{AB})=\boldsymbol{CAB}=\boldsymbol{E}$,
后者表明 $\boldsymbol{A}$ 与 $\boldsymbol{BC}$ 互为逆矩阵,可推出 $\boldsymbol{A}(\boldsymbol{BC})=(\boldsymbol{BC})\boldsymbol{A}=\boldsymbol{BCA}=\boldsymbol{E}$,
因此,(1)与(5)必定成立.

2.3.3 逆矩阵的性质

(1) 若矩阵 $\boldsymbol{A}$ 可逆,则 $\boldsymbol{A}^{-1}$ 也可逆,且 $(\boldsymbol{A}^{-1})^{-1}=\boldsymbol{A}$.
由可逆矩阵的定义,显然可见, $\boldsymbol{A}$ 与 $\boldsymbol{A}^{-1}$ 是互逆的.

(2) 若矩阵 $\boldsymbol{A}$ 可逆,数 $k\neq 0$,则 $k\boldsymbol{A}$ 也可逆,且 $(k\boldsymbol{A})^{-1}=\dfrac{1}{k}\boldsymbol{A}^{-1}$.

因为 $(k\boldsymbol{A})\left(\frac{1}{k}\boldsymbol{A}^{-1}\right)=\boldsymbol{A}\boldsymbol{A}^{-1}=\boldsymbol{E}$.

(3) 两个同阶可逆矩阵 $\boldsymbol{A}$, $\boldsymbol{B}$ 的乘积是可逆矩阵,且 $(\boldsymbol{AB})^{-1}=\boldsymbol{B}^{-1}\boldsymbol{A}^{-1}$.

因为 $(\boldsymbol{AB})[\boldsymbol{B}^{-1}\boldsymbol{A}^{-1}]=\boldsymbol{A}[\boldsymbol{B}\boldsymbol{B}^{-1}]\boldsymbol{A}^{-1}=\boldsymbol{AEA}^{-1}=\boldsymbol{AA}^{-1}=\boldsymbol{E}$.

(4) 若矩阵 $\boldsymbol{A}$ 可逆,则 $\boldsymbol{A}$ 的转置矩阵 $\boldsymbol{A}^{\mathrm{T}}$ 也可逆,且 $(\boldsymbol{A}^{\mathrm{T}})^{-1}=(\boldsymbol{A}^{-1})^{\mathrm{T}}$.

因为 $\boldsymbol{A}^{\mathrm{T}}(\boldsymbol{A}^{-1})^{\mathrm{T}}=[\boldsymbol{A}^{-1}\boldsymbol{A}]^{\mathrm{T}}=\boldsymbol{E}^{\mathrm{T}}=\boldsymbol{E}$.

(5) 若矩阵 $\boldsymbol{A}$ 可逆,且 $\boldsymbol{AB}=\boldsymbol{AC}$, 则 $\boldsymbol{B}=\boldsymbol{C}$.

(6) 若矩阵 $\boldsymbol{A}$ 可逆,则 $|\boldsymbol{A}^{-1}|=|\boldsymbol{A}|^{-1}$.

因为 $\boldsymbol{AA}^{-1}=\boldsymbol{E}$, 则有 $|\boldsymbol{A}||\boldsymbol{A}^{-1}|=1$, 所以 $|\boldsymbol{A}^{-1}|=\frac{1}{|\boldsymbol{A}|}=|\boldsymbol{A}|^{-1}$.

例 2.39 若 $\boldsymbol{A}$, $\boldsymbol{B}$, $\boldsymbol{C}$ 是同阶矩阵,且 $\boldsymbol{A}$ 可逆,证明下列结论中(1)成立,举例说明(2)不必然成立.

(1) 若 $\boldsymbol{AB}=\boldsymbol{AC}$, 则 $\boldsymbol{B}=\boldsymbol{C}$.　　　(2) 若 $\boldsymbol{AB}=\boldsymbol{CB}$, 则 $\boldsymbol{A}=\boldsymbol{C}$.

解 (1) 若 $\boldsymbol{AB}=\boldsymbol{AC}$, 等式两边左乘以 $\boldsymbol{A}^{-1}$, 有 $\boldsymbol{A}^{-1}\boldsymbol{AB}=\boldsymbol{A}^{-1}\boldsymbol{AC}$,

因 $\boldsymbol{A}^{-1}\boldsymbol{A}=E$, 于是有 $\boldsymbol{EB}=\boldsymbol{EC}$, 所以 $\boldsymbol{B}=\boldsymbol{C}$.

(2) 设 $\boldsymbol{A}=\begin{bmatrix}1&2\\0&1\end{bmatrix}$, $\boldsymbol{B}=\begin{bmatrix}1&1\\1&1\end{bmatrix}$, $\boldsymbol{C}=\begin{bmatrix}3&0\\0&1\end{bmatrix}$,

那么有 $\boldsymbol{AB}=\begin{bmatrix}1&2\\0&1\end{bmatrix}\begin{bmatrix}1&1\\1&1\end{bmatrix}=\begin{bmatrix}3&3\\1&1\end{bmatrix}$, $\boldsymbol{CB}=\begin{bmatrix}3&0\\0&1\end{bmatrix}\begin{bmatrix}1&1\\1&1\end{bmatrix}=\begin{bmatrix}3&3\\1&1\end{bmatrix}$,

显然有 $\boldsymbol{AB}=\boldsymbol{CB}$, 但 $\boldsymbol{A}\neq\boldsymbol{C}$.

例 2.40 当 a 为何值时,矩阵 $\boldsymbol{A}=\begin{bmatrix}a&-1&1\\0&1&2\\1&0&3\end{bmatrix}$ 可逆,并在可逆时,求 $\boldsymbol{A}^{-1}$.

解 由 $|\boldsymbol{A}|=\begin{vmatrix}a&-1&1\\0&1&2\\1&0&3\end{vmatrix}=3a-2-1=3(a-1)$, 知当 $a\neq1$ 时 $|\boldsymbol{A}|\neq0$,

此时 $\boldsymbol{A}$ 可逆,

又因 $A_{11}=\begin{vmatrix}1&2\\0&3\end{vmatrix}=3$, $A_{12}=-\begin{vmatrix}0&2\\1&3\end{vmatrix}=2$, $A_{13}=\begin{vmatrix}0&1\\1&0\end{vmatrix}=-1$,

$A_{21}=-\begin{vmatrix}-1&1\\0&3\end{vmatrix}=3$, $A_{22}=\begin{vmatrix}a&1\\1&3\end{vmatrix}=3a-1$, $A_{23}=-\begin{vmatrix}a&-1\\1&0\end{vmatrix}=-1$,

$A_{31}=\begin{vmatrix}-1&1\\1&2\end{vmatrix}=-3$, $A_{32}=-\begin{vmatrix}a&1\\0&2\end{vmatrix}=-2a$, $A_{33}=\begin{vmatrix}a&-1\\0&1\end{vmatrix}=a$,

得 $\boldsymbol{A}^{-1}=\dfrac{1}{3(a-1)}\begin{bmatrix}3 & 3 & -3\\ 2 & 3a-1 & -2a\\ -1 & -1 & a\end{bmatrix}(a\neq 1)$.

2.3.4 矩阵方程

一般而言,对标准矩阵方程

$$\boldsymbol{AX}=\boldsymbol{B},\ \boldsymbol{XA}=\boldsymbol{B},\ \boldsymbol{AXB}=\boldsymbol{C},$$

利用矩阵乘法的运算规律和逆矩阵的运算性质,通过在方程两边左乘或右乘相应矩阵的逆矩阵,可求出其解分别为

$$\boldsymbol{X}=\boldsymbol{A}^{-1}\boldsymbol{B},\ \boldsymbol{X}=\boldsymbol{BA}^{-1},\ \boldsymbol{X}=\boldsymbol{A}^{-1}\boldsymbol{CB}^{-1},$$

而其他形式的矩阵方程,可通过矩阵的运算性质转化为标准矩阵方程后进行求解.

例 2.41 用逆矩阵解矩阵方程:

$$\begin{bmatrix}1 & 1 & -1\\ -2 & 1 & 1\\ 1 & 1 & 1\end{bmatrix}\boldsymbol{X}=\begin{bmatrix}2\\ 3\\ 6\end{bmatrix}.$$

解 由 $\begin{vmatrix}1 & 1 & -1\\ -2 & 1 & 1\\ 1 & 1 & 1\end{vmatrix}=6\neq 0$,知 $\begin{bmatrix}1 & 1 & -1\\ -2 & 1 & 1\\ 1 & 1 & 1\end{bmatrix}$ 可逆,

可以求出 $\begin{bmatrix}1 & 1 & -1\\ -2 & 1 & 1\\ 1 & 1 & 1\end{bmatrix}^{-1}=\begin{bmatrix}0 & -1/3 & 1/3\\ 1/2 & 1/3 & 1/6\\ -1/2 & 0 & 1/2\end{bmatrix}$,于是可得

$$\boldsymbol{X}=\begin{bmatrix}1 & 1 & -1\\ -2 & 1 & 1\\ 1 & 1 & 1\end{bmatrix}^{-1}\begin{bmatrix}2\\ 3\\ 6\end{bmatrix}=\begin{bmatrix}0 & -1/3 & 1/3\\ 1/2 & 1/3 & 1/6\\ -1/2 & 0 & 1/2\end{bmatrix}\begin{bmatrix}2\\ 3\\ 6\end{bmatrix}=\begin{bmatrix}1\\ 3\\ 2\end{bmatrix}.$$

例 2.42 求解矩阵方程 $\begin{bmatrix}1 & -5\\ -1 & 4\end{bmatrix}\boldsymbol{X}=\begin{bmatrix}3 & 2\\ 1 & 4\end{bmatrix}$.

解 在方程两端左乘矩阵 $\begin{bmatrix}1 & -5\\ -1 & 4\end{bmatrix}^{-1}$,得

$$\begin{bmatrix}1 & -5\\ -1 & 4\end{bmatrix}^{-1}\begin{bmatrix}1 & -5\\ -1 & 4\end{bmatrix}\boldsymbol{X}=\begin{bmatrix}1 & -5\\ -1 & 4\end{bmatrix}^{-1}\begin{bmatrix}3 & 2\\ 1 & 4\end{bmatrix},$$

则 $\boldsymbol{X}=\begin{bmatrix}1 & -5\\ -1 & 4\end{bmatrix}^{-1}\begin{bmatrix}3 & 2\\ 1 & 4\end{bmatrix}=\begin{bmatrix}-4 & -5\\ -1 & -1\end{bmatrix}\begin{bmatrix}3 & 2\\ 1 & 4\end{bmatrix}=\begin{bmatrix}-17 & -28\\ -4 & -6\end{bmatrix}$.

注意：与求解矩阵方程的方法进行比较.

例 2.43 设矩阵 $\boldsymbol{A}$，$\boldsymbol{B}$ 满足 $\boldsymbol{A}^*\boldsymbol{B}\boldsymbol{A}=2\boldsymbol{B}\boldsymbol{A}-8\boldsymbol{E}$，

其中 $\boldsymbol{A}=\begin{bmatrix}1 & & \\ & -2 & \\ & & 1\end{bmatrix}$，$\boldsymbol{A}^*$ 为 $\boldsymbol{A}$ 的伴随矩阵，$\boldsymbol{E}$ 为单位矩阵，求矩阵 $\boldsymbol{B}$.

解 由于 $|\boldsymbol{A}|=-2\neq 0$，故 $\boldsymbol{A}$ 可逆，从而 $\boldsymbol{A}^*=|\boldsymbol{A}|\boldsymbol{A}^{-1}=-2\boldsymbol{A}^{-1}$，又 $\boldsymbol{A}^*\boldsymbol{B}\boldsymbol{A}=2\boldsymbol{B}\boldsymbol{A}-8\boldsymbol{E}\Leftrightarrow \boldsymbol{A}^*\boldsymbol{B}\boldsymbol{A}-2\boldsymbol{B}\boldsymbol{A}=-8\boldsymbol{E}\Leftrightarrow(\boldsymbol{A}^*-2\boldsymbol{E})\boldsymbol{B}\boldsymbol{A}=-8\boldsymbol{E}$，其中

$$\begin{aligned}\boldsymbol{A}^*-2\boldsymbol{E}&=-2\boldsymbol{A}^{-1}-2\boldsymbol{E}=-2(\boldsymbol{A}^{-1}+\boldsymbol{E})\\&=-2\left(\begin{bmatrix}1 & & \\ & -1/2 & \\ & & 1\end{bmatrix}+\begin{bmatrix}1 & & \\ & 1 & \\ & & 1\end{bmatrix}\right)=\begin{bmatrix}-4 & & \\ & -1 & \\ & & -4\end{bmatrix}\end{aligned}$$，显然可

逆，因此得到

$$\begin{aligned}\boldsymbol{B}&=(\boldsymbol{A}^*-2\boldsymbol{E})^{-1}(-8\boldsymbol{E})\boldsymbol{A}^{-1}=-8(\boldsymbol{A}^*-2\boldsymbol{E})^{-1}\boldsymbol{A}^{-1}\\&=-8\begin{bmatrix}-1/4 & & \\ & -1 & \\ & & -1/4\end{bmatrix}\begin{bmatrix}1 & & \\ & -1/2 & \\ & & 1\end{bmatrix}=\begin{bmatrix}2 & & \\ & -4 & \\ & & 2\end{bmatrix}.\end{aligned}$$

注 当对角矩阵 $\boldsymbol{A}=\operatorname{diag}(a_1, a_2, \cdots, a_n)$ 可逆时，其逆矩阵 $\boldsymbol{A}^{-1}=\operatorname{diag}\left[\dfrac{1}{a_1}, \dfrac{1}{a_2}, \cdots, \dfrac{1}{a_n}\right]$.

例 2.44 设 $\boldsymbol{A}$，$\boldsymbol{B}$ 为三阶矩阵，且 $|\boldsymbol{A}|=2$，$|\boldsymbol{B}|=3$，求：$|-2(\boldsymbol{A}^{\mathrm{T}}\boldsymbol{B}^{-1})^{-1}|$.

解
$$\begin{aligned}|-2(\boldsymbol{A}^{\mathrm{T}}\boldsymbol{B}^{-1})^{-1}|&=(-2)^3|(\boldsymbol{A}^{\mathrm{T}}\boldsymbol{B}^{-1})^{-1}|=-8|(\boldsymbol{B}^{-1})^{-1}(\boldsymbol{A}^{\mathrm{T}})^{-1}|\\&=-8|\boldsymbol{B}(\boldsymbol{A}^{-1})^{\mathrm{T}}|=-8|\boldsymbol{B}||\boldsymbol{A}^{-1}|\\&=-8\times 3\times\frac{1}{2}=-12.\end{aligned}$$

例 2.45 设 $\boldsymbol{A}$ 是 n 阶 $(n\geqslant 2)$ 可逆矩阵，$\boldsymbol{A}^*$ 是 $\boldsymbol{A}$ 的伴随矩阵，证明：

(1) $(\boldsymbol{A}^*)^{-1}=(\boldsymbol{A}^{-1})^*$；　　(2) $(\boldsymbol{A}^*)^*=|\boldsymbol{A}|^{n-2}\boldsymbol{A}$.

证 (1) 由 $\boldsymbol{A}^{-1}=\dfrac{1}{|\boldsymbol{A}|}\boldsymbol{A}^*$，得 $\boldsymbol{A}^*=|\boldsymbol{A}|\boldsymbol{A}^{-1}$，

那么
$$(\boldsymbol{A}^*)^{-1}=[|\boldsymbol{A}|\boldsymbol{A}^{-1}]^{-1}=\frac{1}{|\boldsymbol{A}|}(\boldsymbol{A}^{-1})^{-1}=\frac{1}{|\boldsymbol{A}|}\boldsymbol{A},$$

$$(\boldsymbol{A}^{-1})^*=|\boldsymbol{A}^{-1}|(\boldsymbol{A}^{-1})^{-1}=\frac{1}{|\boldsymbol{A}|}\boldsymbol{A}$$，故 $(\boldsymbol{A}^*)^{-1}=(\boldsymbol{A}^{-1})^*$.

(2) 由 $\boldsymbol{A}$ 可逆,知 $|\boldsymbol{A}|\neq 0$, 且 $\boldsymbol{A}^*=|\boldsymbol{A}|\boldsymbol{A}^{-1}$, 因此 $|\boldsymbol{A}^*|=||\boldsymbol{A}|\boldsymbol{A}^{-1}|=|\boldsymbol{A}|^n|\boldsymbol{A}^{-1}|=|\boldsymbol{A}|^{n-1}\neq 0$,
所以 $\boldsymbol{A}^*$ 可逆,将 $\boldsymbol{A}^*=|\boldsymbol{A}|\boldsymbol{A}^{-1}$ 中的 $\boldsymbol{A}$ 处换为 $\boldsymbol{A}^*$, 则有 $(\boldsymbol{A}^*)^*=|\boldsymbol{A}^*|(\boldsymbol{A}^*)^{-1}$.

从(1)中可以得出 $(\boldsymbol{A}^*)^{-1}=\dfrac{1}{|\boldsymbol{A}|}\boldsymbol{A}$, 于是有

$$(\boldsymbol{A}^*)^*=|\boldsymbol{A}^*|\frac{1}{|\boldsymbol{A}|}\boldsymbol{A}=|\boldsymbol{A}|^{n-1}\frac{1}{|\boldsymbol{A}|}\boldsymbol{A}=|\boldsymbol{A}|^{n-2}\boldsymbol{A}.$$

注释 注意下面一些关系:

(1) $\boldsymbol{A}^{-1}=\dfrac{1}{|\boldsymbol{A}|}\boldsymbol{A}^*$;　　(2) $\boldsymbol{A}^*=|\boldsymbol{A}|\boldsymbol{A}^{-1}$;

(3) $(\boldsymbol{A}^{-1})^*=\dfrac{1}{|\boldsymbol{A}|}\boldsymbol{A}$;　　(4) $(\boldsymbol{A}^*)^{-1}=\dfrac{1}{|\boldsymbol{A}|}\boldsymbol{A}$;

(5) $(\boldsymbol{A}^*)^*=|\boldsymbol{A}|^{n-2}\boldsymbol{A}$;　　(6) $|\boldsymbol{A}^*|=|\boldsymbol{A}|^{n-1}$;

(7) $|\boldsymbol{A}^{-1}|=\dfrac{1}{|\boldsymbol{A}|}$;　　(8) $(k\boldsymbol{A})^{-1}=\dfrac{1}{k}\boldsymbol{A}^{-1}$ $(k\neq 0)$.

习 题 2-3

1. 下列矩阵 $\boldsymbol{A}$, $\boldsymbol{B}$ 是否可逆?若可逆,求出逆矩阵.

$$\boldsymbol{A}=\begin{bmatrix}1&2&3\\2&1&2\\1&3&3\end{bmatrix},\ \boldsymbol{B}=\begin{bmatrix}2&3&1\\-1&-3&-5\\1&5&11\end{bmatrix}.$$

2. 求下列矩阵的逆矩阵:

(1) $\begin{bmatrix}\cos\theta&-\sin\theta\\4\sin\theta&4\cos\theta\end{bmatrix}$;　　(2) $\begin{bmatrix}1&1&-1\\1&2&-3\\0&1&1\end{bmatrix}$;

(3) $\begin{bmatrix}1&2\\2&5\end{bmatrix}$;　　(4) $\begin{bmatrix}1&2&1\\3&4&-2\\5&-4&1\end{bmatrix}$;

(5) $\begin{bmatrix}1&2&3&4\\0&1&2&3\\0&0&1&2\\0&0&0&1\end{bmatrix}$;　　(6) $\begin{bmatrix}3&2&1\\3&1&5\\3&2&3\end{bmatrix}$.

3. 设矩阵 $\boldsymbol{A}=\begin{bmatrix}1&0&0\\2&3&0\\3&4&2\end{bmatrix}$，求 $\boldsymbol{A}^{-1}$.

4. 求矩阵方程：

(1) $\begin{bmatrix}2&5\\1&3\end{bmatrix}\boldsymbol{X}=\begin{bmatrix}4&-6\\2&3\end{bmatrix}$；

(2) $\begin{bmatrix}1&4\\-1&2\end{bmatrix}\boldsymbol{X}\begin{bmatrix}2&0\\-1&1\end{bmatrix}=\begin{bmatrix}3&1\\0&-1\end{bmatrix}$；

(3) $\begin{bmatrix}0&1&0\\1&0&0\\0&0&1\end{bmatrix}\boldsymbol{X}\begin{bmatrix}1&0&0\\0&0&1\\0&1&0\end{bmatrix}=\begin{bmatrix}1&-4&3\\2&0&-1\\1&-2&0\end{bmatrix}$；

(4) $\begin{bmatrix}-2&1&1\\0&2&-1\\1&-1&0\end{bmatrix}\boldsymbol{X}=\begin{bmatrix}0&1\\2&-1\\-1&0\end{bmatrix}$.

5. 设 $\boldsymbol{A}=\begin{bmatrix}0&3&3\\1&1&0\\-1&2&3\end{bmatrix}$，$\boldsymbol{AB}=\boldsymbol{A}+2\boldsymbol{B}$，求 $\boldsymbol{B}$.

6. 求矩阵 $\boldsymbol{X}$，使 $\boldsymbol{AX}=\boldsymbol{B}$，其中

$$\boldsymbol{A}=\begin{bmatrix}1&2&3\\2&2&1\\3&4&3\end{bmatrix},\ \boldsymbol{B}=\begin{bmatrix}2&5\\3&1\\4&3\end{bmatrix}.$$

7. 利用逆矩阵解下列线性方程组：

(1) $\begin{cases}x_1+2x_2+3x_3=1,\\2x_1+2x_2+5x_3=2,\\3x_1+5x_2+x_3=3;\end{cases}$　　(2) $\begin{cases}x_1-x_2-x_3=2,\\2x_1-x_2-3x_3=1,\\3x_1+2x_2-5x_3=0.\end{cases}$

8. 证明：奇数阶反对称矩阵的行列式等于零.

9. $\boldsymbol{A}$ 为 5 阶方阵，$\boldsymbol{B}$ 为 3 阶方阵，且 $|\boldsymbol{A}^{-1}|=2$，$|\boldsymbol{B}|=4$，求以下值：

(1) $\left|-|\boldsymbol{B}^{\mathrm{T}}|\boldsymbol{A}^{-1}\right|$；　　(2) $\left|-|\boldsymbol{B}^{-1}|\boldsymbol{A}^{\mathrm{T}}\right|$；

(3) $\left||\boldsymbol{A}|\boldsymbol{B}^{-1}\right|$；　　(4) $\left|-2|\boldsymbol{A}^{\mathrm{T}}|\boldsymbol{B}^{*}\right|$；

(5) $\left|-2(\boldsymbol{A}^{-1})^{*}\right|$；　　(6) $\left|-\dfrac{1}{4}(\boldsymbol{B}^{*})^{*}\right|$.

2.4　分块矩阵

对于行数和列数较高的矩阵，还可以进行分块处理，简化运算. 特别在求逆矩阵时，恰当进行分块会极大简化计算.

具体做法是：观察大矩阵的特点，用若干条纵线和横线分割大矩阵为多个小矩阵. 每个小矩阵称为 A 的子块，以子块为元素的形式上的矩阵称为**分块矩阵**.

注　一个矩阵也可看作以 $m \times n$ 个元素为 1 阶子块的分块矩阵.

例如，$\boldsymbol{A}=\left[\begin{array}{ccc:c}1 & 3 & -1 & 0 \\ 2 & 5 & 0 & -2 \\ \hdashline 3 & 1 & -1 & 3\end{array}\right]$ 就是一个分块矩阵.

若记

$$\boldsymbol{A}_{11}=\begin{bmatrix}1 & 3 & -1 \\ 2 & 5 & 0\end{bmatrix}, \quad \boldsymbol{A}_{12}=\begin{bmatrix}0 \\ -2\end{bmatrix},$$
$$\boldsymbol{A}_{21}=(3,1,-1), \quad \boldsymbol{A}_{22}=(3),$$

则 $\boldsymbol{A}$ 可表示为

$$\boldsymbol{A}=\begin{bmatrix}\boldsymbol{A}_{11} & \boldsymbol{A}_{12} \\ \boldsymbol{A}_{21} & \boldsymbol{A}_{22}\end{bmatrix}.$$

这是一个分成了 4 块的分块矩阵.

2.4.1　分块矩阵的运算

分块矩阵的运算与普通矩阵的运算规则相似. 分块时要注意，分块后的两矩阵要能进行运算.

(1) 加法运算：设矩阵 $\boldsymbol{A}$ 与 $\boldsymbol{B}$ 的行数相同、列数相同，并采用相同的分块法，则 $\boldsymbol{A}+\boldsymbol{B}$ 的每个分块是 $\boldsymbol{A}$ 与 $\boldsymbol{B}$ 中对应分块之和.

(2) 数乘运算：设 $\boldsymbol{A}$ 是一个分块矩阵，k 为一实数，则 $k\boldsymbol{A}$ 的每个子块是 k 与 $\boldsymbol{A}$ 中相应子块的数乘.

(3) 乘法运算：两分块矩阵 $\boldsymbol{A}$ 与 $\boldsymbol{B}$ 的乘积依然按照普通矩阵的乘积进行运算，即把矩阵 $\boldsymbol{A}$ 与 $\boldsymbol{B}$ 中的子块当作数量一样来对待，但对于乘积 $\boldsymbol{AB}$，$\boldsymbol{A}$ 的列的划分必须与 $\boldsymbol{B}$ 的行的划分一致.

(4) 分块矩阵的转置：

$$\text{设}\boldsymbol{A}=\begin{bmatrix}\boldsymbol{A}_{11} & \cdots & \boldsymbol{A}_{1t}\\ \vdots & \ddots & \vdots\\ \boldsymbol{A}_{s1} & \cdots & \boldsymbol{A}_{st}\end{bmatrix},\text{则}\boldsymbol{A}^{\mathrm{T}}=\begin{bmatrix}\boldsymbol{A}_{11}^{\mathrm{T}} & \cdots & \boldsymbol{A}_{s1}^{\mathrm{T}}\\ \vdots & \ddots & \vdots\\ \boldsymbol{A}_{1t}^{\mathrm{T}} & \cdots & \boldsymbol{A}_{st}^{\mathrm{T}}\end{bmatrix}.$$

(5) 设 $\boldsymbol{A}$ 为 n 阶矩阵，若 $\boldsymbol{A}$ 的分块矩阵只有在对角线上有非零子块，其余子块都为零矩阵，且在对角线上的子块都是方阵，即

$$\boldsymbol{A}=\begin{bmatrix}\boldsymbol{A}_1 & & & \boldsymbol{0}\\ & \boldsymbol{A}_2 & & \\ & & \ddots & \\ \boldsymbol{0} & & & \boldsymbol{A}_s\end{bmatrix},$$

其中 $\boldsymbol{A}_i(i=1,2,\cdots,s)$ 都是方阵，则称 $\boldsymbol{A}$ 为**分块对角矩阵.**

分块对角矩阵具有以下性质：

(1) 若 $|\boldsymbol{A}_i|\neq\boldsymbol{0}\ (i=1,2,\cdots,s)$，则 $|\boldsymbol{A}|\neq\boldsymbol{0}$，且 $|\boldsymbol{A}|=|\boldsymbol{A}_1||\boldsymbol{A}_2|\cdots|\boldsymbol{A}_s|$.

(2) $\boldsymbol{A}^{-1}=\begin{bmatrix}\boldsymbol{A}_1^{-1} & & & \boldsymbol{0}\\ & \boldsymbol{A}_2^{-1} & & \\ & & \ddots & \\ \boldsymbol{0} & & & \boldsymbol{A}_s^{-1}\end{bmatrix}$.

(3) 同结构的对角分块矩阵的和、差、积、商仍是对角分块矩阵. 且运算表现为对应子块的运算.

形如

$$\begin{bmatrix}\boldsymbol{A}_{11} & \boldsymbol{A}_{12} & \cdots & \boldsymbol{A}_{1s}\\ \boldsymbol{0} & \boldsymbol{A}_{22} & \cdots & \boldsymbol{A}_{2s}\\ \vdots & \vdots & \ddots & \vdots\\ \boldsymbol{0} & \boldsymbol{0} & \cdots & \boldsymbol{A}_{ss}\end{bmatrix}\ \text{或}\ \begin{bmatrix}\boldsymbol{A}_{11} & \boldsymbol{0} & \cdots & \boldsymbol{0}\\ \boldsymbol{A}_{21} & \boldsymbol{A}_{22} & \cdots & \boldsymbol{0}\\ \vdots & \vdots & \ddots & \vdots\\ \boldsymbol{A}_{s1} & \boldsymbol{A}_{s2} & \cdots & \boldsymbol{A}_{ss}\end{bmatrix}$$

的分块矩阵，分别称为**上三角分块矩阵**或**下三角分块矩阵**，其中 $\boldsymbol{A}_{pp}(p=1,2,\cdots,s)$ 是方阵.

同结构的上(下)三角分块矩阵的和、差、积、商仍是上(下)三角分块矩阵.

例 2.46 设 $\boldsymbol{A}=\left[\begin{array}{cc:cc:c}1 & 1 & 0 & 0 & 0\\ -1 & 1 & 0 & 0 & 0\\ \hdashline 0 & 0 & 1 & 0 & 0\\ 0 & 0 & 1 & 1 & 0\\ \hdashline 0 & 0 & 0 & 0 & 1\end{array}\right]$，则 $\boldsymbol{A}$ 是一个分了块的矩阵，且 $\boldsymbol{A}$ 的分

块有一个特点,若记

$$A_1=\begin{bmatrix}1&1\\-1&1\end{bmatrix},\quad A_2=\begin{bmatrix}1&0\\1&1\end{bmatrix},\quad A_3=(1),$$

则

$$A=\begin{bmatrix}A_1&0&0\\0&A_2&0\\0&0&A_3\end{bmatrix},$$

即 A 作为分块矩阵来看,除了主对角线上的块外,其余各块都是零矩阵,我们将会看到这种分块成对角形状的矩阵在运算上是比较简便的.

例 2.47　设矩阵 $A=\begin{bmatrix}1&0&1&3\\0&1&2&4\\0&0&-1&0\\0&0&0&-1\end{bmatrix}$, $B=\begin{bmatrix}1&2&0&0\\2&0&0&0\\6&3&1&0\\0&-2&0&1\end{bmatrix}$,用分块矩阵计算 kA, $A+B$.

解　将矩阵 A, B 分块如下:

$$A=\begin{bmatrix}1&0&1&3\\0&1&2&4\\0&0&-1&0\\0&0&0&-1\end{bmatrix}=\begin{bmatrix}E&C\\0&-E\end{bmatrix},\ B=\begin{bmatrix}1&2&0&0\\2&0&0&0\\6&3&1&0\\0&-2&0&1\end{bmatrix}=\begin{bmatrix}D&0\\F&E\end{bmatrix},$$

则

$$kA=k\begin{bmatrix}E&C\\0&-E\end{bmatrix}=\begin{bmatrix}kE&kC\\0&-kE\end{bmatrix}=\begin{bmatrix}k&0&k&3k\\0&k&2k&4k\\0&0&-k&0\\0&0&0&-k\end{bmatrix},$$

$$A+B=\begin{bmatrix}E&C\\0&-E\end{bmatrix}+\begin{bmatrix}D&0\\F&E\end{bmatrix}=\begin{bmatrix}E+D&C\\F&0\end{bmatrix}=\begin{bmatrix}2&2&1&3\\2&1&2&4\\6&3&0&0\\0&-2&0&0\end{bmatrix}.$$

例 2.48　设 $A=\begin{bmatrix}1&0&0&0\\0&1&0&0\\-1&2&1&0\\1&1&0&1\end{bmatrix}$, $B=\begin{bmatrix}1&0&1&0\\-1&2&0&1\\1&0&4&1\\-1&-1&2&0\end{bmatrix}$,求 AB.

解　把 A, B 分块成

$$\boldsymbol{A}=\begin{bmatrix}\boldsymbol{E} & \boldsymbol{0}\\ \boldsymbol{A}_1 & \boldsymbol{E}\end{bmatrix},\ \boldsymbol{B}=\begin{bmatrix}\boldsymbol{B}_{11} & \boldsymbol{E}\\ \boldsymbol{B}_{21} & \boldsymbol{B}_{22}\end{bmatrix},$$

则
$$\boldsymbol{AB}=\begin{bmatrix}\boldsymbol{E} & \boldsymbol{0}\\ \boldsymbol{A}_1 & \boldsymbol{E}\end{bmatrix}\cdot\begin{bmatrix}\boldsymbol{B}_{11} & \boldsymbol{E}\\ \boldsymbol{B}_{21} & \boldsymbol{B}_{22}\end{bmatrix}=\begin{bmatrix}\boldsymbol{B}_{11} & \boldsymbol{E}\\ \boldsymbol{A}_1\boldsymbol{B}_{11}+\boldsymbol{B}_{21} & \boldsymbol{A}_1+\boldsymbol{B}_{22}\end{bmatrix}.$$

又
$$\begin{aligned}\boldsymbol{A}_1\boldsymbol{B}_{11}+\boldsymbol{B}_{21}&=\begin{bmatrix}-1 & 2\\ 1 & 1\end{bmatrix}\begin{bmatrix}1 & 0\\ -1 & 2\end{bmatrix}+\begin{bmatrix}1 & 0\\ -1 & -1\end{bmatrix}\\&=\begin{bmatrix}-3 & 4\\ 0 & 2\end{bmatrix}+\begin{bmatrix}1 & 0\\ -1 & -1\end{bmatrix}=\begin{bmatrix}-2 & 4\\ -1 & 1\end{bmatrix},\end{aligned}$$

$$\boldsymbol{A}_1+\boldsymbol{B}_{22}=\begin{bmatrix}-1 & 2\\ 1 & 1\end{bmatrix}+\begin{bmatrix}4 & 1\\ 2 & 0\end{bmatrix}=\begin{bmatrix}3 & 3\\ 3 & 1\end{bmatrix},$$

于是
$$\boldsymbol{AB}=\begin{bmatrix}\boldsymbol{B}_{11} & \boldsymbol{E}\\ \boldsymbol{A}_1\boldsymbol{B}_{11}+\boldsymbol{B}_{21} & \boldsymbol{A}_1+\boldsymbol{B}_{22}\end{bmatrix}=\begin{bmatrix}1 & 0 & 1 & 0\\ -1 & 2 & 0 & 1\\ -2 & 4 & 3 & 3\\ -1 & 1 & 3 & 1\end{bmatrix}.$$

例 2.49 设有两个分块对角阵：

$$\boldsymbol{A}=\begin{bmatrix}\boldsymbol{A}_1 & & & \boldsymbol{0}\\ & \boldsymbol{A}_2 & & \\ & & \ddots & \\ \boldsymbol{0} & & & \boldsymbol{A}_k\end{bmatrix},\ \boldsymbol{B}=\begin{bmatrix}\boldsymbol{B}_1 & & & \boldsymbol{0}\\ & \boldsymbol{B}_2 & & \\ & & \ddots & \\ \boldsymbol{0} & & & \boldsymbol{B}_k\end{bmatrix}.$$

其中矩阵 $\boldsymbol{A}_i$ 与 $\boldsymbol{B}_i$ 都是 n_i 阶方阵(因此 $\boldsymbol{A}$，$\boldsymbol{B}$ 是同阶方阵)，因此 $\boldsymbol{A}_i$ 与 $\boldsymbol{B}_i$ 可以相乘，用分块矩阵的乘法不难求得

$$\boldsymbol{AB}=\begin{bmatrix}\boldsymbol{A}_1\boldsymbol{B}_1 & & & \boldsymbol{0}\\ & \boldsymbol{A}_2\boldsymbol{B}_2 & & \\ & & \ddots & \\ \boldsymbol{0} & & & \boldsymbol{A}_k\boldsymbol{B}_k\end{bmatrix},$$

即分块对角阵相乘时只需将主对角线上的块乘起来即可.

2.4.2 分块矩阵的逆

对于零元素特别多的矩阵，可以考虑利用分块矩阵求逆.

特别的，我们有

$$\begin{bmatrix}\boldsymbol{A} & \boldsymbol{0}\\ \boldsymbol{0} & \boldsymbol{B}\end{bmatrix}^{-1}=\begin{bmatrix}\boldsymbol{A}^{-1} & \boldsymbol{0}\\ \boldsymbol{0} & \boldsymbol{B}^{-1}\end{bmatrix};\begin{bmatrix}\boldsymbol{0} & \boldsymbol{A}\\ \boldsymbol{B} & \boldsymbol{0}\end{bmatrix}^{-1}=\begin{bmatrix}\boldsymbol{0} & \boldsymbol{B}^{-1}\\ \boldsymbol{A}^{-1} & \boldsymbol{0}\end{bmatrix};$$

$$\begin{bmatrix}\boldsymbol{A} & \boldsymbol{0}\\ \boldsymbol{C} & \boldsymbol{D}\end{bmatrix}^{-1}=\begin{bmatrix}\boldsymbol{A}^{-1} & \boldsymbol{0}\\ -\boldsymbol{D}^{-1}\boldsymbol{C}\boldsymbol{A}^{-1} & \boldsymbol{D}^{-1}\end{bmatrix};$$

$$\begin{bmatrix}\boldsymbol{A} & \boldsymbol{B}\\ \boldsymbol{0} & \boldsymbol{D}\end{bmatrix}^{-1}=\begin{bmatrix}\boldsymbol{A}^{-1} & -\boldsymbol{A}^{-1}\boldsymbol{B}\boldsymbol{D}^{-1}\\ \boldsymbol{0} & \boldsymbol{D}^{-1}\end{bmatrix}.$$

例 2.50 设 $\boldsymbol{A}$ 是一个分块对角矩阵：$\boldsymbol{A}=\begin{bmatrix}\boldsymbol{A}_1 & & & \boldsymbol{0}\\ & \boldsymbol{A}_2 & & \\ & & \ddots & \\ \boldsymbol{0} & & & \boldsymbol{A}_k\end{bmatrix}$，且每块 $\boldsymbol{A}_i$ 都是非异方阵(因此 $\boldsymbol{A}$ 也是方阵)，则 $\boldsymbol{A}$ 也是非异方阵且 $\boldsymbol{A}^{-1}=\begin{bmatrix}\boldsymbol{A}_1^{-1} & & & \boldsymbol{0}\\ & \boldsymbol{A}_2^{-1} & & \\ & & \ddots & \\ \boldsymbol{0} & & & \boldsymbol{A}_k^{-1}\end{bmatrix}$.

事实上，由上例知 $\boldsymbol{A}\boldsymbol{A}^{-1}=\begin{bmatrix}\boldsymbol{A}_1\boldsymbol{A}_1^{-1} & & & \\ & \boldsymbol{A}_2\boldsymbol{A}_2^{-1} & & \\ & & \ddots & \\ & & & \boldsymbol{A}_k\boldsymbol{A}_k^{-1}\end{bmatrix}=\begin{bmatrix}\boldsymbol{E}_{n_1} & & & \\ & \boldsymbol{E}_{n_2} & & \\ & & \ddots & \\ & & & \boldsymbol{E}_{n_k}\end{bmatrix}$，其中 $\boldsymbol{E}_{n_i}$ 表示与 $\boldsymbol{A}_i$ 同阶的单位阵，一个分块对角阵主对角线上的块都是单位阵，则它自己也是一个单位阵，故 $\boldsymbol{A}\boldsymbol{A}^{-1}=\boldsymbol{E}$.

例 2.51 设 $\boldsymbol{A}=\begin{bmatrix}5 & 0 & 0\\ 0 & 3 & 1\\ 0 & 2 & 1\end{bmatrix}$，求 $\boldsymbol{A}^{-1}$.

解 $\boldsymbol{A}=\begin{bmatrix}5 & 0 & 0\\ 0 & 3 & 1\\ 0 & 2 & 1\end{bmatrix}=\begin{bmatrix}\boldsymbol{A}_1 & \boldsymbol{0}\\ \boldsymbol{0} & \boldsymbol{A}_2\end{bmatrix}$，$\boldsymbol{A}_1=(5)$，$\boldsymbol{A}_2=\begin{bmatrix}3 & 1\\ 2 & 1\end{bmatrix}$，

$\boldsymbol{A}_1^{-1}=\begin{bmatrix}\dfrac{1}{5}\end{bmatrix}$，$\boldsymbol{A}_2^{-1}=\begin{bmatrix}1 & -1\\ -2 & 3\end{bmatrix}$；

所以 $\boldsymbol{A}^{-1}=\begin{bmatrix}\boldsymbol{A}_1^{-1} & \boldsymbol{0}\\ \boldsymbol{0} & \boldsymbol{A}_2^{-1}\end{bmatrix}=\begin{bmatrix}1/5 & 0 & 0\\ 0 & 1 & -1\\ 0 & -2 & 3\end{bmatrix}$.

例 2.52 求矩阵 $\boldsymbol{M}=\begin{bmatrix}2&-3&0&0\\-1&2&0&0\\31&-23&3&-2\\-19&14&-4&3\end{bmatrix}$ 的逆矩阵.

解 将 $\boldsymbol{M}$ 分块为 $\boldsymbol{M}=\begin{bmatrix}\boldsymbol{A}&\boldsymbol{0}\\\boldsymbol{C}&\boldsymbol{D}\end{bmatrix}$，其中

$$\boldsymbol{A}=\begin{bmatrix}2&-3\\-1&2\end{bmatrix},\ \boldsymbol{B}=\begin{bmatrix}0&0\\0&0\end{bmatrix},\ \boldsymbol{C}=\begin{bmatrix}31&-23\\-19&14\end{bmatrix},\ \boldsymbol{D}=\begin{bmatrix}3&-2\\-4&3\end{bmatrix},$$

显然，$\boldsymbol{A}$，$\boldsymbol{D}$ 可逆，且

$$\boldsymbol{A}^{-1}=\begin{bmatrix}2&3\\1&2\end{bmatrix},\ \boldsymbol{D}^{-1}=\begin{bmatrix}3&2\\4&3\end{bmatrix}.$$

所以，

$$-\boldsymbol{D}^{-1}\boldsymbol{C}\boldsymbol{A}^{-1}=\begin{bmatrix}69&83\\84&101\end{bmatrix},$$

故有

$$\boldsymbol{M}^{-1}=\begin{bmatrix}\boldsymbol{A}^{-1}&\boldsymbol{0}\\-\boldsymbol{D}^{-1}\boldsymbol{C}\boldsymbol{A}^{-1}&\boldsymbol{D}^{-1}\end{bmatrix}=\begin{bmatrix}2&3&0&0\\1&2&0&0\\69&83&3&2\\84&101&4&3\end{bmatrix}.$$

习　题　2-4

1. 按指定分块的方法，利用分块矩阵乘法求下列矩阵的乘积：

(1) $\left[\begin{array}{ccc}2&1&-1\\\hdashline 3&0&-2\\\hdashline 1&-1&1\end{array}\right]\left[\begin{array}{c:c:c}1&1&0\\0&0&-1\\-1&2&1\end{array}\right]$；　(2) $\left[\begin{array}{cc:c}1&-2&0\\-1&1&1\\\hdashline 0&3&2\end{array}\right]\left[\begin{array}{c:c}0&1\\1&0\\\hdashline 0&1\end{array}\right]$.

2. 利用分块矩阵求下列矩阵的逆矩阵：

(1) $\begin{bmatrix}0&0&2\\1&2&0\\3&4&0\end{bmatrix}$；　(2) $\begin{bmatrix}5&2&0&0\\2&1&0&0\\0&0&8&3\\0&0&5&2\end{bmatrix}$.

3. 设 n 阶矩阵 $\boldsymbol{A}$ 及 s 阶矩阵 $\boldsymbol{B}$ 都可逆，求 $\begin{bmatrix} \boldsymbol{0} & \boldsymbol{A} \\ \boldsymbol{B} & \boldsymbol{0} \end{bmatrix}^{-1}$.

4. 设 $\boldsymbol{A}=\begin{bmatrix} 1 & 2 & -2 \\ 4 & x & 3 \\ 3 & -1 & 1 \end{bmatrix}$，$\boldsymbol{B}$ 为三阶非零矩阵，且 $\boldsymbol{AB}=\boldsymbol{0}$，求 x 的值.

5. 利用分块矩阵方法计算：

(1) $\begin{bmatrix} 1 & 2 & 1 & 0 \\ 0 & 1 & 0 & 1 \\ 0 & 0 & 2 & 1 \\ 0 & 0 & 3 & 0 \end{bmatrix}\begin{bmatrix} 1 & 0 & 3 & 0 \\ 0 & 1 & 2 & -1 \\ 0 & 0 & -2 & 3 \\ 0 & 0 & 0 & -3 \end{bmatrix}$；　　(2) $\begin{bmatrix} 1 & 0 & 0 & 0 \\ 3 & -1 & 0 & 0 \\ 1 & 0 & -1 & 0 \\ 0 & 1 & -3 & 1 \end{bmatrix}^2$.

2.5　矩阵的初等变换

2.5.1　矩阵的初等变换

在前面几节，我们利用行列式的性质将给定的行列式化为上(下)三角形，简化行列式的计算. 这一节我们介绍矩阵的初等变换，其中结论“任何一个矩阵都可用初等行变换变成行阶梯形矩阵和行最简形矩阵”，提供了求解线性方程组的一种重要而又通用的方法.

定义 2.15　下面的三种变换称为矩阵的**初等行变换**：

(1) 交换矩阵的两行(交换第 i，j 两行，记作 $r_i \leftrightarrow r_j$)；

(2) 以非零常数 k 乘矩阵某一行的各元素(第 i 行乘 k，记作 $r_i \times k$)；

(3) 把某一行所有的元素的 k 倍加到另一行对应的元素上去(第 j 行的 k 倍加到第 i 行上，记作 $r_i + kr_j$).

把定义中的“行”变成“列”，即得到矩阵的**初等列变换**的定义(所用记号是把“r”换成“c”).

矩阵的初等行变换与初等列变换，统称为**初等变换**.

注　初等变换的逆变换仍是初等变换，且变换类型相同.

$$\begin{array}{ccc} r_i \leftrightarrow r_j & \text{逆变换} & r_j \leftrightarrow r_i \\ r_i \times k & \text{逆变换} & r_i \div k \\ r_i + kr_j & \text{逆变换} & r_i - kr_j \end{array}$$

定义 2.16　若矩阵 $\boldsymbol{A}$ 经过有限次初等变换变成矩阵 $\boldsymbol{B}$，则称矩阵 $\boldsymbol{A}$ 与 $\boldsymbol{B}$ 等价，记为 $\boldsymbol{A} \rightarrow \boldsymbol{B}$ 或 $\boldsymbol{A} \sim \boldsymbol{B}$.

注　在理论表述或证明中,常用记号“～”,在对矩阵作初等变换运算的过程中,常用记号“→”.

矩阵之间的等价关系具有下列**基本性质**:

(1) 自反性　$\boldsymbol{A} \sim \boldsymbol{A}$;

(2) 对称性　若 $\boldsymbol{A} \sim \boldsymbol{B}$, 则 $\boldsymbol{B} \sim \boldsymbol{A}$;

(3) 传递性　若 $\boldsymbol{A} \sim \boldsymbol{B}$, $\boldsymbol{B} \sim \boldsymbol{C}$, 则 $\boldsymbol{A} \sim \boldsymbol{C}$.

例 2.53　对矩阵 $\begin{bmatrix} 2 & -1 & -1 & 1 \\ 1 & 1 & -2 & 1 \\ 4 & -6 & 2 & -2 \\ 3 & 6 & -9 & 7 \end{bmatrix}$ 作初等行变换.

解

$$\begin{bmatrix} 2 & -1 & -1 & 1 \\ 1 & 1 & -2 & 1 \\ 4 & -6 & 2 & -2 \\ 3 & 6 & -9 & 7 \end{bmatrix} \xrightarrow[r_3 \div 2]{r_1 \leftrightarrow r_2} \begin{bmatrix} 1 & 1 & -2 & 1 \\ 2 & -1 & -1 & 1 \\ 2 & -3 & 1 & -1 \\ 3 & 6 & -9 & 7 \end{bmatrix} \xrightarrow[r_4 - 3r_1]{\substack{r_2 - r_3 \\ r_3 - 2r_1}}$$

$$\begin{bmatrix} 1 & 1 & -2 & 1 \\ 0 & 2 & -2 & 2 \\ 0 & -5 & 5 & -3 \\ 0 & 3 & -3 & 4 \end{bmatrix} \xrightarrow[r_4 - \frac{3}{2}r_4]{\substack{r_2 \div 2 \\ r_3 + \frac{5}{2}r_2}} \begin{bmatrix} 1 & 1 & -2 & 1 \\ 0 & 1 & -1 & 1 \\ 0 & 0 & 0 & 2 \\ 0 & 0 & 0 & 0 \end{bmatrix} = \boldsymbol{B}.$$

这里的矩阵 $\boldsymbol{B}$ 依其形状的特征称为行阶梯形矩阵.

一般地,称满足下列条件的矩阵为**行阶梯形矩阵**:

(1) 零行(元素全为零的行)位于矩阵的下方;

(2) 各非零行的首非零元(从左至右的第一个不为零的元素)的列标随着行标的增大而严格增大(或说其列标一定不小于行标).

例 2.54　已知矩阵 $\boldsymbol{A} = \begin{bmatrix} 3 & 2 & 9 & 6 \\ -1 & -3 & 4 & -17 \\ 1 & 4 & -7 & 3 \\ -1 & -4 & 7 & -3 \end{bmatrix}$, 对其作初等行变换,化为行阶梯形矩阵.

解　$$\boldsymbol{A} = \begin{bmatrix} 3 & 2 & 9 & 6 \\ -1 & -3 & 4 & -17 \\ 1 & 4 & -7 & 3 \\ -1 & -4 & 7 & -3 \end{bmatrix} \xrightarrow{r_1 \leftrightarrow r_3} \begin{bmatrix} 1 & 4 & -7 & 3 \\ -1 & -3 & 4 & -17 \\ 3 & 2 & 9 & 6 \\ -1 & -4 & 7 & -3 \end{bmatrix} \xrightarrow[r_4 + r_1]{\substack{r_2 + r_1 \\ r_3 - 3r_1}}$$

$$\begin{bmatrix}1 & 4 & -7 & 3\\0 & 1 & -3 & -14\\0 & -10 & 30 & -3\\0 & 0 & 0 & 0\end{bmatrix}\xrightarrow{r_3+10r_2}\begin{bmatrix}1 & 4 & -7 & 3\\0 & 1 & -3 & -14\\0 & 0 & 0 & 1\\0 & 0 & 0 & 0\end{bmatrix}=\boldsymbol{B}.$$

一般地,称满足下列条件的阶梯形矩阵为**行最简形矩阵**:

(1) 各非零行的首非零元素都是 1;

(2) 每个首非零元所在列的其余元素都是零.

例如,矩阵 $\boldsymbol{D}=\begin{bmatrix}1 & 0 & 0 & 0\\0 & 1 & 0 & 0\\0 & 0 & 1 & 0\\0 & 0 & 0 & 0\end{bmatrix}$ 称为原矩阵 $\boldsymbol{A}$ 的**标准形**. 一般地,矩阵 $\boldsymbol{A}$ 的标准形 $\boldsymbol{D}$ 具有如下特点: $\boldsymbol{D}$ 的左上角是一个单位矩阵,其余元素全为 0.

定理 2.2 任意一个矩阵 $\boldsymbol{A}=(a_{ij})_{m\times n}$ 经过有限次初等变换,可以化为下列标准形矩阵:

$$\boldsymbol{D}=\begin{bmatrix}1 & & & & & \\ & \ddots & & & & \\ & & 1 & & & \\ & & & 0 & & \\ & & & & \ddots & \\ & & & & & 0\end{bmatrix}=\begin{bmatrix}\boldsymbol{E}_r & \boldsymbol{0}_{r\times(n-r)}\\ \boldsymbol{0}_{(m-r)\times r} & \boldsymbol{0}_{(m-r)\times(n-r)}\end{bmatrix}.$$

证 如果所有的 a_{ij} 都等于零,则 $\boldsymbol{A}$ 已是 $\boldsymbol{D}$ 的形式(此时 $r=0$); 如果至少有一个元素不等于零,不妨设 $a_{11}\neq 0$(如 $a_{11}=0$, 可以对矩阵 $\boldsymbol{A}$ 施以第(1) 种初等变换,使左上角元素不等于零). 用 $-a_{i1}/a_{11}$ 乘第一行加于第 i 行上 $(i=2, \cdots, m)$, 用 $-a_{1j}/a_{11}$ 乘所得矩阵的第一列加于第 j 列上 $(j=2, \cdots, n)$, 然后以 $1/a_{11}$ 乘第一行,于是矩阵 $\boldsymbol{A}$ 化为

$$\boldsymbol{A}_1=\begin{bmatrix}1 & 0 & \cdots & 0\\0 & a'_{22} & \cdots & a'_{2n}\\\vdots & \vdots & \ddots & \vdots\\0 & a'_{m2} & \cdots & a'_{mn}\end{bmatrix}=\begin{bmatrix}1 & \boldsymbol{0}\\\boldsymbol{0} & \boldsymbol{B}_1\end{bmatrix},$$ 如果 $\boldsymbol{B}_1=\boldsymbol{0}$, 则 $\boldsymbol{A}$ 已化为 $\boldsymbol{D}$ 的形式,

如果 $\boldsymbol{B}_1\neq\boldsymbol{0}$, 那么按上面的方法,继续下去,最后总可以化为 $\boldsymbol{D}$ 的形式,矩阵 $\boldsymbol{D}$ 称为矩阵 $\boldsymbol{A}$ 的等价标准形.

例 2.55 用初等变换化矩阵 $\begin{bmatrix} 0 & 2 & -4 \\ -1 & -4 & 5 \\ 3 & 1 & 7 \\ 0 & 5 & -10 \\ 2 & 3 & 0 \end{bmatrix}$ 为标准形.

解

$$\begin{bmatrix} 0 & 2 & -4 \\ -1 & -4 & 5 \\ 3 & 1 & 7 \\ 0 & 5 & -10 \\ 2 & 3 & 0 \end{bmatrix} \xrightarrow{r_1 \leftrightarrow r_2} \begin{bmatrix} -1 & -4 & 5 \\ 0 & 2 & -4 \\ 3 & 1 & 7 \\ 0 & 5 & -10 \\ 2 & 3 & 0 \end{bmatrix} \xrightarrow[r_5+2r_1]{r_3+3r_1}$$

$$\begin{bmatrix} -1 & -4 & 5 \\ 0 & 2 & -4 \\ 0 & -11 & 22 \\ 0 & 5 & -10 \\ 0 & -5 & 10 \end{bmatrix} \xrightarrow[c_3+5c_1]{c_2-4c_1} \begin{bmatrix} -1 & 0 & 0 \\ 0 & 2 & -4 \\ 0 & -11 & 22 \\ 0 & 5 & -10 \\ 0 & -5 & 10 \end{bmatrix} \xrightarrow[c_3+2c_2]{c_1\times(-1)}$$

$$\begin{bmatrix} 1 & 0 & 0 \\ 0 & 2 & 0 \\ 0 & -11 & 0 \\ 0 & 5 & 0 \\ 0 & -5 & 0 \end{bmatrix} \rightarrow \begin{bmatrix} 1 & 0 & 0 \\ 0 & 2 & 0 \\ 0 & 0 & 0 \\ 0 & 0 & 0 \\ 0 & 0 & 0 \end{bmatrix} \rightarrow \begin{bmatrix} 1 & 0 & 0 \\ 0 & 1 & 0 \\ 0 & 0 & 0 \\ 0 & 0 & 0 \\ 0 & 0 & 0 \end{bmatrix}.$$

如果矩阵 $\boldsymbol{A}$ 经有限次初等变换可化为矩阵 $\boldsymbol{B}$，则称矩阵 $\boldsymbol{A}$ 与矩阵 $\boldsymbol{B}$ 等价.

注 定理 2.2 的证明实质上给出了定理 2.3 的结论.

定理 2.3 任一矩阵 $\boldsymbol{A}$ 总可以经过有限次初等行变换化为行阶梯形矩阵，并进而化为行最简形矩阵.

推论 如果 $\boldsymbol{A}$ 为 n 阶可逆矩阵，则矩阵 $\boldsymbol{A}$ 经过有限次初等变换可化为单位矩阵 $\boldsymbol{E}$，即 $\boldsymbol{A} \rightarrow \boldsymbol{E}$.

例 2.56 求矩阵 $\boldsymbol{A} = \begin{bmatrix} 1 & 0 & 1 \\ 2 & 1 & 0 \\ -3 & 2 & -5 \end{bmatrix}$ 的等价标准形.

解

$$\boldsymbol{A} = \begin{bmatrix} 1 & 0 & 1 \\ 2 & 1 & 0 \\ -3 & 2 & -5 \end{bmatrix} \xrightarrow{\substack{r_2-2r_1 \\ r_3+3r_1}} \begin{bmatrix} 1 & 0 & 1 \\ 0 & 1 & -2 \\ 0 & 2 & -2 \end{bmatrix} \xrightarrow{c_3-c_1}$$

$$\begin{bmatrix}1&0&0\\0&1&-2\\0&2&-2\end{bmatrix}\xrightarrow{r_3-2c_2}\begin{bmatrix}1&0&0\\0&1&-2\\0&0&2\end{bmatrix}\xrightarrow{c_3+2c_2}$$

$$\begin{bmatrix}1&0&0\\0&1&0\\0&0&2\end{bmatrix}\xrightarrow{r_3\div 2}\begin{bmatrix}1&0&0\\0&1&0\\0&0&1\end{bmatrix}.$$

定义 2.17　对单位矩阵 $\boldsymbol{E}$ 施行一次初等变换后得到的矩阵，称为初等矩阵. 由于初等变换有三种类型，故有三种形式的初等矩阵：

(1) 互换 $\boldsymbol{E}$ 的第 i 行(列)和第 j 行(列)元素的位置，得

$$\boldsymbol{E}=\begin{bmatrix}1&&&&&&&&&&\\&\ddots&&&&&&&&&\\&&1&&&&&&&&\\&&&0&&\cdots&&1&\cdots&\cdots&\cdots\\&&&&1&&&&&&\\&&&\vdots&&\ddots&&\vdots&&&\\&&&&&&1&&&&\\&&&1&&&&0&\cdots&\cdots&\cdots\\&&&\vdots&&&&\vdots&1&&\\&&&\vdots&&&&\vdots&&\ddots&\\&&&\vdots&&&&\vdots&&&1\end{bmatrix}\begin{matrix}\\\\\\i\text{ 行}\\\\\\\\j\text{ 行}\\\\\\\\\end{matrix}\quad \text{称为}\textbf{对换矩阵}；$$

i 列　　j 列

(2) 在 $\boldsymbol{E}$ 的第 i 行(列)乘以一个非零数 k，得

$$\boldsymbol{E}=\begin{bmatrix}1&&&&&&\\&\ddots&&&&&\\&&1&&&&\\&&&k&\cdots&\cdots&\cdots\\&&&\vdots&1&&\\&&&\vdots&&\ddots&\\&&&\vdots&&&1\end{bmatrix}\begin{matrix}\\\\\\i\text{ 行}\\\\\\\\\end{matrix}\quad \text{称为}\textbf{倍乘矩阵}；$$

i 列

(3) $\boldsymbol{E}$ 的第 i 行 (j 列)的元素加上第 j 行 (i 列)对应元素的 k 倍，得

$$E=\begin{bmatrix}1 & & & & & & \\ & \ddots & & & & & \\ & & 1 & \cdots & k & \cdots & \cdots \\ & & & \ddots & \vdots & & \\ & & \vdots & & 1 & \cdots & \cdots \\ & & \vdots & & \vdots & \ddots & \\ & & \vdots & & \vdots & & 1\end{bmatrix}\begin{matrix} \\ \\ i\text{行} \\ \\ j\text{行} \\ \\ \\ \end{matrix}$$

$$\qquad\qquad i\text{列} \qquad j\text{列}$$

称为**倍加矩阵**.

命题 2.2 初等矩阵有下列基本性质：

(1) $\boldsymbol{E}(ij)^{-1}=\boldsymbol{E}(ij)$；$\boldsymbol{E}(i(k))^{-1}=\boldsymbol{E}(i(k^{-1}))$；$\boldsymbol{E}(ij(k))^{-1}=\boldsymbol{E}(ij(-k))$.

(2) $|\boldsymbol{E}(i,j)|=-1$，$|\boldsymbol{E}(i(k))|=k$，$|\boldsymbol{E}(i\quad j(k))|=1$.

2.5.2 初等变换法求解逆矩阵

在 2.3 节，给出矩阵 $\boldsymbol{A}$ 可逆的充分必要条件的同时，也给出了利用伴随矩阵求逆矩阵 $\boldsymbol{A}^{-1}$ 的一种方法——伴随矩阵法，即

$$\boldsymbol{A}^{-1}=\frac{1}{|\boldsymbol{A}|}\boldsymbol{A}^{*}.$$

对于较高阶的矩阵，用伴随矩阵法求逆矩阵计算量太大，下面介绍一种较为简便的方法——初等变换法. 首先给出定理.

定理 2.4 n 阶矩阵 $\boldsymbol{A}$ 可逆的充分必要条件是 $\boldsymbol{A}$ 可以表示为若干初等矩阵的乘积.

因此，求矩阵 $\boldsymbol{A}$ 的逆矩阵 $\boldsymbol{A}^{-1}$ 时，可构造 $n\times 2n$ 矩阵 $(\boldsymbol{A}\quad \boldsymbol{E})$，然后对其施以初等行变换将矩阵 $\boldsymbol{A}$ 化为单位矩阵 $\boldsymbol{E}$，则上述初等行变换同时也将单位矩阵 $\boldsymbol{E}$ 化为 $\boldsymbol{A}^{-1}$，即

$$(\boldsymbol{A}\quad \boldsymbol{E})\xrightarrow{\text{初等行变换}}(\boldsymbol{E}\quad \boldsymbol{A}^{-1})$$

这就是求逆矩阵的**初等变换法**.

例 2.57 把可逆矩阵 $\boldsymbol{A}=\begin{bmatrix}1 & 2 & 0\\ -1 & 1 & 1\\ 3 & -2 & 0\end{bmatrix}$ 分解为初等矩阵的乘积.

解 对 $\boldsymbol{A}$ 进行如下初等变换：

$$\begin{bmatrix}1&2&0\\-1&1&1\\3&-2&0\end{bmatrix}\xrightarrow{c_2-2c_1}\begin{bmatrix}1&0&0\\-1&3&1\\3&-8&0\end{bmatrix}\xrightarrow{r_2+r_1}\begin{bmatrix}1&0&0\\0&3&1\\3&-8&0\end{bmatrix}\xrightarrow{r_3-3r_1}$$

$$\begin{bmatrix}1&0&0\\0&3&1\\0&-8&0\end{bmatrix}\xrightarrow{c_3\leftrightarrow c_2}\begin{bmatrix}1&0&0\\0&1&3\\0&0&-8\end{bmatrix}\xrightarrow{c_3-3c_2}\begin{bmatrix}1&0&0\\0&1&0\\0&0&-8\end{bmatrix}$$

$$\xrightarrow{\left(-\frac{1}{8}\right)c_3}\begin{bmatrix}1&0&0\\0&1&0\\0&0&1\end{bmatrix}.$$

与每次初等变换对应的矩阵分别为

$$\boldsymbol{P}_1=\begin{bmatrix}1&0&0\\1&1&0\\0&0&1\end{bmatrix},\ \boldsymbol{P}_2=\begin{bmatrix}1&0&0\\0&1&0\\-3&0&1\end{bmatrix},\ \boldsymbol{P}_3=\begin{bmatrix}1&0&0\\0&1&0\\0&0&-1/8\end{bmatrix},$$

$$\boldsymbol{Q}_1=\begin{bmatrix}1&-2&0\\0&1&0\\0&0&1\end{bmatrix},\boldsymbol{Q}_2=\begin{bmatrix}1&0&0\\0&0&1\\0&1&0\end{bmatrix},\ \boldsymbol{Q}_3=\begin{bmatrix}1&0&0\\0&1&-3\\0&0&1\end{bmatrix},$$

其中 $\boldsymbol{P}_i$ 为行变换的初等矩阵，$\boldsymbol{Q}_j$ 为列变换的初等矩阵. 其逆矩阵分别为

$$\boldsymbol{P}_1^{-1}=\begin{bmatrix}1&0&0\\-1&1&0\\0&0&1\end{bmatrix},\ \boldsymbol{P}_2^{-1}=\begin{bmatrix}1&0&0\\0&1&0\\3&0&1\end{bmatrix},\ \boldsymbol{P}_3^{-1}=\begin{bmatrix}1&0&0\\0&1&0\\0&0&-8\end{bmatrix},$$

$$\boldsymbol{Q}_1^{-1}=\begin{bmatrix}1&2&0\\0&1&0\\0&0&1\end{bmatrix},\ \boldsymbol{Q}_2^{-1}=\begin{bmatrix}1&0&0\\0&0&1\\0&1&0\end{bmatrix},\ \boldsymbol{Q}_3^{-1}=\begin{bmatrix}1&0&0\\0&1&3\\0&0&1\end{bmatrix},$$

于是 $\boldsymbol{A}=\boldsymbol{P}_1^{-1}\boldsymbol{P}_2^{-1}\boldsymbol{P}_3^{-1}\boldsymbol{Q}_3^{-1}\boldsymbol{Q}_2^{-1}\boldsymbol{Q}_1^{-1}$

$$=\begin{bmatrix}1&0&0\\-1&1&0\\0&0&1\end{bmatrix}\begin{bmatrix}1&0&0\\0&1&0\\3&0&1\end{bmatrix}\begin{bmatrix}1&0&0\\0&1&0\\0&0&-8\end{bmatrix}\begin{bmatrix}1&0&0\\0&1&3\\0&0&1\end{bmatrix}\begin{bmatrix}1&0&0\\0&0&1\\0&1&0\end{bmatrix}\begin{bmatrix}1&2&0\\0&1&0\\0&0&1\end{bmatrix}.$$

例 2.58 设 $\boldsymbol{A}=\begin{bmatrix}1&1&1\\1&2&1\\1&1&3\end{bmatrix}$，求其逆矩阵 $\boldsymbol{A}^{-1}$.

解 构造 3×6 矩阵 $(\boldsymbol{A}\quad\boldsymbol{E})$，并对其进行初等行变换.

$$(\boldsymbol{A}\quad\boldsymbol{E})=\begin{bmatrix}1&1&1&1&0&0\\1&2&1&0&1&0\\1&1&3&0&0&1\end{bmatrix}\xrightarrow[r_3-r_1]{r_2-r_1}\begin{bmatrix}1&1&1&1&0&0\\0&1&0&-1&1&0\\0&0&2&-1&0&1\end{bmatrix}\xrightarrow{r_1-r_2}$$

$$\begin{bmatrix}1&0&1&2&-1&0\\0&1&0&-1&1&0\\0&0&2&-1&0&1\end{bmatrix}\xrightarrow{r_3\times\frac{1}{2}}\begin{bmatrix}1&0&1&2&-1&0\\0&1&0&-1&1&0\\0&0&1&-1/2&0&1/2\end{bmatrix}\xrightarrow{r_1-r_3}$$

$$\begin{bmatrix}1&0&0&5/2&-1&-1/2\\0&1&0&-1&1&0\\0&0&1&-1/2&0&1/2\end{bmatrix}\Rightarrow\boldsymbol{A}^{-1}=\begin{bmatrix}5/2&-1&-1/2\\-1&1&0\\-1/2&0&1/2\end{bmatrix}.$$

例 2.59　设 $\boldsymbol{A}=\begin{bmatrix}1&-1&0&0\\0&1&-1&0\\0&0&1&-1\\0&0&0&1\end{bmatrix}$，$\boldsymbol{B}=\begin{bmatrix}2&1&3&4\\0&2&1&3\\0&0&2&1\\0&0&0&2\end{bmatrix}$，且有 $\boldsymbol{X}(\boldsymbol{E}-\boldsymbol{B}^{-1}\boldsymbol{A})^{\mathrm{T}}\boldsymbol{B}^{\mathrm{T}}=\boldsymbol{E}$，求 $\boldsymbol{X}$.

解　先化简：

$$\begin{aligned}\boldsymbol{X}(\boldsymbol{E}-\boldsymbol{B}^{-1}\boldsymbol{A})^{\mathrm{T}}\boldsymbol{B}^{\mathrm{T}}&=\boldsymbol{X}(\boldsymbol{E}-\boldsymbol{A}^{\mathrm{T}}(\boldsymbol{B}^{-1})^{\mathrm{T}})\boldsymbol{B}^{\mathrm{T}}=\boldsymbol{X}(\boldsymbol{B}^{\mathrm{T}}-\boldsymbol{A}^{\mathrm{T}}(\boldsymbol{B}^{-1})^{\mathrm{T}}\boldsymbol{B}^{\mathrm{T}})=\boldsymbol{X}(\boldsymbol{B}^{\mathrm{T}}-\boldsymbol{A}^{\mathrm{T}})\\&=\boldsymbol{X}(\boldsymbol{B}-\boldsymbol{A})^{\mathrm{T}}=\boldsymbol{E}\Rightarrow\boldsymbol{X}=((\boldsymbol{B}-\boldsymbol{A})^{\mathrm{T}})^{-1},\end{aligned}$$

由 $\boldsymbol{B}-\boldsymbol{A}=\begin{bmatrix}1&2&3&4\\0&1&2&3\\0&0&1&2\\0&0&0&1\end{bmatrix}$，知 $(\boldsymbol{B}-\boldsymbol{A})^{\mathrm{T}}=\begin{bmatrix}1&0&0&0\\2&1&0&0\\3&2&1&0\\4&3&2&1\end{bmatrix}$，则

$$((\boldsymbol{B}-\boldsymbol{A})^{\mathrm{T}}\quad\boldsymbol{E})=\begin{bmatrix}1&0&0&0&1&0&0&0\\2&1&0&0&0&1&0&0\\3&2&1&0&0&0&1&0\\4&3&2&1&0&0&0&1\end{bmatrix}\xrightarrow[r_4-4r_1]{\substack{r_2-2r_1\\r_3-3r_1}}$$

$$\begin{bmatrix}1&0&0&0&1&0&0&0\\0&1&0&0&-2&1&0&0\\0&2&1&0&-3&0&1&0\\0&3&2&1&-4&0&0&1\end{bmatrix}\xrightarrow[r_4-3r_2]{r_3-2r_2}$$

$$\begin{bmatrix}1&0&0&0&1&0&0&0\\0&1&0&0&-2&1&0&0\\0&0&1&0&1&-2&1&0\\0&0&2&1&2&-3&0&1\end{bmatrix}\xrightarrow{r_4-2r_3}$$

$$\begin{bmatrix} 1 & 0 & 0 & 0 & 1 & 0 & 0 & 0 \\ 0 & 1 & 0 & 0 & -2 & 1 & 0 & 0 \\ 0 & 0 & 1 & 0 & 1 & -2 & 1 & 0 \\ 0 & 0 & 0 & 1 & 0 & 1 & -2 & 1 \end{bmatrix},$$

所以 $\boldsymbol{X}=((\boldsymbol{B}-\boldsymbol{A})^{\mathrm{T}})^{-1}=\begin{bmatrix} 1 & 0 & 0 & 0 \\ -2 & 1 & 0 & 0 \\ 1 & -2 & 1 & 0 \\ 0 & 1 & -2 & 1 \end{bmatrix}$.

例 2.60 试判断矩阵 $\boldsymbol{A}=\begin{bmatrix} 1 & 2 & 3 \\ 1 & -3 & 5 \\ 1 & 22 & -5 \end{bmatrix}$ 是否可逆,若可逆,求其逆矩阵 $\boldsymbol{A}^{-1}$.

解
$$(\boldsymbol{A}\quad \boldsymbol{E})=\begin{bmatrix} 1 & 2 & 3 & 1 & 0 & 0 \\ 1 & -3 & 5 & 0 & 1 & 0 \\ 1 & 22 & -5 & 0 & 0 & 1 \end{bmatrix}\xrightarrow[r_3-r_1]{r_2-r_1}\begin{bmatrix} 1 & 2 & 3 & 1 & 0 & 0 \\ 0 & -5 & 2 & -1 & 1 & 0 \\ 0 & 20 & -8 & -1 & 0 & 1 \end{bmatrix}\xrightarrow{r_3+4r_2}\begin{bmatrix} 1 & 2 & 3 & 1 & 0 & 0 \\ 0 & -5 & 2 & -1 & 1 & 0 \\ 0 & 0 & 0 & -5 & 4 & 1 \end{bmatrix}.$$

至此左边子块无法化为单位矩阵了,这表明矩阵 $\boldsymbol{A}$ 不可逆.

2.5.3 初等变换法求解矩阵方程

问题: 求矩阵 $\boldsymbol{X}$,使 $\boldsymbol{AX}=\boldsymbol{B}$,其中 $\boldsymbol{A}$ 为可逆矩阵.

方法: 该问题等价于求矩阵 $\boldsymbol{X}=\boldsymbol{A}^{-1}\boldsymbol{B}$.

构造 $n\times(m+n)$ 矩阵 $(\boldsymbol{A}\quad \boldsymbol{B})$,对其施以初等行变换将矩阵 $\boldsymbol{A}$ 化为单位矩阵 $\boldsymbol{E}$,则上述初等行变换同时也将其中的矩阵 $\boldsymbol{B}$ 化为 $\boldsymbol{A}^{-1}\boldsymbol{B}$,即

$$(\boldsymbol{A}\quad \boldsymbol{B})\xrightarrow{\text{初等行变换}}(\boldsymbol{E}\quad \boldsymbol{A}^{-1}\boldsymbol{B})$$

这就是用初等行变换求解矩阵方程 $\boldsymbol{AX}=\boldsymbol{B}$ 的方法.

同理,求解矩阵方程 $\boldsymbol{XA}=\boldsymbol{B}$,等价于计算矩阵 $\boldsymbol{BA}^{-1}$,亦可利用初等列变换求矩阵 $\boldsymbol{BA}^{-1}$,即

$$\begin{bmatrix} \boldsymbol{A} \\ \boldsymbol{B} \end{bmatrix}\xrightarrow{\text{初等列变换}}\begin{bmatrix} \boldsymbol{E} \\ \boldsymbol{BA}^{-1} \end{bmatrix}.$$

注意: 对矩阵方程 $\boldsymbol{XA}=\boldsymbol{B}$，也可改为对 $(\boldsymbol{A}^{\mathrm{T}},\boldsymbol{B}^{\mathrm{T}})$ 作初等行变换.

例 2.61 设 $\boldsymbol{A}=\begin{bmatrix}0&2&1\\2&-1&3\\-3&3&-4\end{bmatrix}$，$\boldsymbol{B}=\begin{bmatrix}1&2&3\\2&-3&1\end{bmatrix}$，求 $\boldsymbol{X}$ 使 $\boldsymbol{XA}=\boldsymbol{B}$.

解 $$\begin{bmatrix}\boldsymbol{A}\\\boldsymbol{B}\end{bmatrix}=\begin{bmatrix}0&2&1\\2&-1&3\\-3&3&-4\\1&2&3\\2&-3&1\end{bmatrix}\to\begin{bmatrix}1&2&0\\3&-1&2\\-4&3&-3\\3&2&1\\1&-3&2\end{bmatrix}\to\begin{bmatrix}1&0&0\\3&-7&2\\-4&11&-3\\3&-4&1\\1&-5&2\end{bmatrix}\to$$

$$\begin{bmatrix}1&0&0\\3&2&-7\\-4&-3&11\\3&1&-4\\1&2&-5\end{bmatrix}\to\begin{bmatrix}1&0&0\\3&1&-7\\-4&-3/2&11\\3&1/2&-4\\1&1&-5\end{bmatrix}\to$$

$$\begin{bmatrix}1&0&0\\0&1&0\\1/2&-3/2&1/2\\3/2&1/2&-1/2\\-2&1&2\end{bmatrix}\to\begin{bmatrix}1&0&0\\0&1&0\\0&0&1/2\\2&-1&-1/2\\-4&7&2\end{bmatrix}\to$$

$$\begin{bmatrix}1&0&0\\0&1&0\\0&0&1\\2&-1&-1\\-4&7&4\end{bmatrix}，故\ \boldsymbol{X}=\boldsymbol{BA}^{-1}=\begin{bmatrix}2&-1&-1\\-4&7&4\end{bmatrix}.$$

又解 由 $\boldsymbol{XA}=\boldsymbol{B}\Rightarrow(\boldsymbol{XA})^{\mathrm{T}}=\boldsymbol{B}^{\mathrm{T}}\Rightarrow\boldsymbol{A}^{\mathrm{T}}\boldsymbol{X}^{\mathrm{T}}=\boldsymbol{B}^{\mathrm{T}}$，

而 $\boldsymbol{A}^{\mathrm{T}}=\begin{bmatrix}0&2&-3\\2&-1&3\\1&3&-4\end{bmatrix}$，$\boldsymbol{B}^{\mathrm{T}}=\begin{bmatrix}1&2\\2&-3\\3&1\end{bmatrix}$，则

$$(\boldsymbol{A}^{\mathrm{T}}\quad\boldsymbol{B}^{\mathrm{T}})=\begin{bmatrix}0&2&-3&1&2\\2&-1&3&2&-3\\1&3&-4&3&1\end{bmatrix}\to\begin{bmatrix}1&3&-4&3&1\\2&-1&3&2&-3\\0&2&-3&1&2\end{bmatrix}\to$$

$$\begin{bmatrix}1&3&-4&3&1\\0&-7&11&-4&-5\\0&2&-3&1&2\end{bmatrix}\to\begin{bmatrix}1&3&-4&3&1\\0&2&-3&1&2\\0&-7&11&-4&-5\end{bmatrix}\to$$

$$\begin{bmatrix}1&3&-4&3&1\\0&1&-3/2&1/2&1\\0&-7&11&-4&-5\end{bmatrix}\rightarrow\begin{bmatrix}1&0&1/2&3/2&-2\\0&1&-3/2&1/2&1\\0&0&1/2&-1/2&2\end{bmatrix}\rightarrow$$

$$\begin{bmatrix}1&0&1/2&3/2&-2\\0&1&-3/2&1/2&1\\0&0&1&-1&4\end{bmatrix}\rightarrow\begin{bmatrix}1&0&0&2&-4\\0&1&0&-1&7\\0&0&1&-1&4\end{bmatrix},$$

即
$$\boldsymbol{X}^{\mathrm{T}}=\begin{bmatrix}2&-4\\-1&7\\-1&4\end{bmatrix},\text{所以 }\boldsymbol{X}=\begin{bmatrix}2&-1&-1\\-4&7&4\end{bmatrix}.$$

例 2.62 求解矩阵方程 $\begin{bmatrix}2&1&-1\\2&1&0\\1&-1&1\end{bmatrix}\boldsymbol{X}=\begin{bmatrix}1&4\\-1&3\\3&2\end{bmatrix}$.

解 $$\begin{bmatrix}2&1&-1&1&4\\2&1&0&-1&3\\1&-1&1&3&2\end{bmatrix}\xrightarrow{r_1\leftrightarrow r_3}\begin{bmatrix}1&-1&1&3&2\\2&1&0&-1&3\\2&1&-1&1&4\end{bmatrix}\xrightarrow[r_3-2r_1]{r_2-2r_1}$$

$$\begin{bmatrix}1&-1&1&3&2\\0&3&-2&-7&-1\\0&3&-3&-5&0\end{bmatrix}\xrightarrow{r_3-r_2}\begin{bmatrix}1&-1&1&3&2\\0&3&-2&-7&-1\\0&0&-1&2&1\end{bmatrix}\xrightarrow[r_1+r_3]{r_2-2r_3}$$

$$\begin{bmatrix}1&-1&0&5&3\\0&3&0&-11&-3\\0&0&-1&2&1\end{bmatrix}\xrightarrow[r_3\times(-1)]{r_2\div 3}\begin{bmatrix}1&-1&0&5&3\\0&1&0&-11/3&-1\\0&0&1&-2&-1\end{bmatrix}\xrightarrow{r_1+r_2}$$

$$\begin{bmatrix}1&0&0&4/3&2\\0&1&0&-11/3&-1\\0&0&1&-2&-1\end{bmatrix},\text{得 }\boldsymbol{X}=\begin{bmatrix}4/3&2\\-11/3&-1\\-2&-1\end{bmatrix}.$$

例 2.63 求解矩阵方程 $\begin{bmatrix}1&4\\-1&2\end{bmatrix}\boldsymbol{X}\begin{bmatrix}2&0\\-1&1\end{bmatrix}=\begin{bmatrix}3&1\\0&1\end{bmatrix}$.

解 若把方程记作 $\boldsymbol{AXB}=\boldsymbol{C}$, $\boldsymbol{XB}=\boldsymbol{Y}$, 则 $\boldsymbol{AY}=\boldsymbol{C}$, 先求 $\boldsymbol{Y}$.

$$(\boldsymbol{A}\quad\boldsymbol{C})=\begin{bmatrix}1&4&3&1\\-1&2&0&1\end{bmatrix}\xrightarrow{r_2+r_1}\begin{bmatrix}1&4&3&1\\0&6&3&2\end{bmatrix}\xrightarrow{r_2\div 6}$$

$$\begin{bmatrix}1&4&3&1\\0&1&1/2&1/3\end{bmatrix}\xrightarrow{r_1-4r_2}\begin{bmatrix}1&0&1&-1/3\\0&1&1/2&1/3\end{bmatrix}\Rightarrow\boldsymbol{Y}=\begin{bmatrix}1&-1/3\\1/2&1/3\end{bmatrix};$$

对 $\boldsymbol{XB}=\boldsymbol{Y}$ 转置,得 $\boldsymbol{B}^{\mathrm{T}}\boldsymbol{X}^{\mathrm{T}}=\boldsymbol{Y}^{\mathrm{T}}$, 再求 $\boldsymbol{X}^{\mathrm{T}}$:

$$(\boldsymbol{B}^{\mathrm{T}}\quad \boldsymbol{Y}^{\mathrm{T}})=\begin{bmatrix}2 & -1 & 1 & 1/2\\ 0 & 1 & -1/3 & 1/3\end{bmatrix}\xrightarrow{r_1+r_2}\begin{bmatrix}2 & 0 & 2/3 & 5/6\\ 0 & 1 & -1/3 & 1/3\end{bmatrix}\xrightarrow{r_1\div 2}$$

$$\begin{bmatrix}1 & 0 & 1/3 & 5/12\\ 0 & 1 & -1/3 & 1/3\end{bmatrix}\Rightarrow \boldsymbol{X}^{\mathrm{T}}=\begin{bmatrix}\frac{1}{3} & \frac{5}{12}\\ -\frac{1}{3} & \frac{1}{3}\end{bmatrix}\Rightarrow \boldsymbol{X}=\begin{bmatrix}\frac{1}{3} & -\frac{1}{3}\\ \frac{5}{12} & \frac{1}{3}\end{bmatrix}.$$

例 2.64　求解矩阵方程 $\boldsymbol{XA}=\boldsymbol{A}+2\boldsymbol{X}$，其中

$$\boldsymbol{A}=\begin{bmatrix}4 & 2 & 3\\ 1 & 1 & 0\\ -1 & 2 & 3\end{bmatrix}.$$

解　先将原方程作恒等变形：$\boldsymbol{XA}=\boldsymbol{A}+2\boldsymbol{X}\Leftrightarrow \boldsymbol{XA}-2\boldsymbol{X}=\boldsymbol{A}\Leftrightarrow \boldsymbol{X}(\boldsymbol{A}-2\boldsymbol{E})=\boldsymbol{A}$，由于 $\boldsymbol{A}-2\boldsymbol{E}=\begin{bmatrix}2 & 2 & 3\\ 1 & -1 & 0\\ -1 & 2 & 1\end{bmatrix}$，而 $|\boldsymbol{A}-2\boldsymbol{E}|=-1\neq 0$，故 $\boldsymbol{A}-2\boldsymbol{E}$ 可逆，从而 $\boldsymbol{X}=\boldsymbol{A}(\boldsymbol{A}-2\boldsymbol{E})^{-1}$，可采用初等列变换的方法求解：

$$\begin{bmatrix}\boldsymbol{A}-2\boldsymbol{E}\\ \boldsymbol{A}\end{bmatrix}=\begin{bmatrix}2 & 2 & 3\\ 1 & -1 & 0\\ -1 & 2 & 1\\ 4 & 2 & 3\\ 1 & 1 & 0\\ -1 & 2 & 3\end{bmatrix}\to\begin{bmatrix}-1 & 2 & 3\\ 1 & -1 & 0\\ -2 & 2 & 1\\ 1 & 2 & 3\\ 1 & 1 & 0\\ -4 & 2 & 3\end{bmatrix}\to\begin{bmatrix}-1 & 0 & 0\\ 1 & 1 & 3\\ -2 & -2 & -5\\ 1 & 4 & 6\\ 1 & 3 & 3\\ -4 & -6 & -9\end{bmatrix}\to$$

$$\begin{bmatrix}1 & 0 & 0\\ -1 & 1 & 0\\ 2 & -2 & 1\\ -1 & 4 & -6\\ -1 & 3 & -6\\ 4 & -6 & 9\end{bmatrix}\to\begin{bmatrix}1 & 0 & 0\\ -1 & 1 & 0\\ 0 & 0 & 1\\ 11 & -8 & -6\\ 11 & -9 & -6\\ -14 & 12 & 9\end{bmatrix}\to\begin{bmatrix}1 & 0 & 0\\ 0 & 1 & 0\\ 0 & 0 & 1\\ 3 & -8 & -6\\ 2 & -9 & -6\\ -2 & 12 & 9\end{bmatrix},$$

得 $\boldsymbol{X}=\begin{bmatrix}3 & -8 & -6\\ 2 & -9 & -6\\ -2 & 12 & 9\end{bmatrix}.$

例 2.65 已知 n 阶方阵 $\boldsymbol{A}=\begin{bmatrix}2&2&2&\cdots&2\\0&1&1&\cdots&1\\0&0&1&\cdots&1\\\vdots&\vdots&\vdots&\ddots&\vdots\\0&0&0&\cdots&1\end{bmatrix}$，求 $\boldsymbol{A}$ 中所有元素的代数余子式之和 $\sum\limits_{i,j=1}^{n}\boldsymbol{A}_{ij}$.

解 由 $|\boldsymbol{A}|=2\neq 0$，知 $\boldsymbol{A}$ 可逆，且 $\boldsymbol{A}^*=|\boldsymbol{A}|\boldsymbol{A}^{-1}$，

$$(\boldsymbol{A}\quad \boldsymbol{E})=\begin{bmatrix}2&2&2&\cdots&2&1&0&0&\cdots&0\\0&1&1&\cdots&1&0&1&0&\cdots&0\\0&0&1&\cdots&1&0&0&1&\cdots&0\\\vdots&\vdots&\vdots&\ddots&\vdots&\vdots&\vdots&\vdots&\ddots&\vdots\\0&0&0&\cdots&1&0&0&0&\cdots&1\end{bmatrix}\to$$

$$\begin{bmatrix}1&0&0&\cdots&0&1/2&-1&0&\cdots&0\\0&1&0&\cdots&0&0&1&-1&\cdots&0\\0&0&1&\cdots&0&0&0&1&\cdots&0\\\vdots&\vdots&\vdots&\ddots&\vdots&\vdots&\vdots&\vdots&\ddots&\vdots\\0&0&0&\cdots&1&0&0&0&\cdots&1\end{bmatrix},$$

由于 $\boldsymbol{A}^*=2\boldsymbol{A}^{-1}$，故 $\sum\limits_{i,j=1}^{n}\boldsymbol{A}_{ij}=2\left[\frac{1}{2}+(n-1)-(n-1)\right]=1$.

例 2.66 求矩阵 $\boldsymbol{A}=\begin{bmatrix}1&0&1\\2&1&0\\-3&2&-5\end{bmatrix}$ 的逆矩阵.

解 $(\boldsymbol{A}\quad \boldsymbol{E})=\begin{bmatrix}1&0&1&1&0&0\\2&1&0&0&1&0\\-3&2&-5&0&0&1\end{bmatrix}\to\begin{bmatrix}1&0&1&1&0&0\\0&1&-2&-2&1&0\\0&2&-2&3&0&1\end{bmatrix}\to$

$\begin{bmatrix}1&0&1&1&0&0\\0&1&-2&-2&1&0\\0&0&2&7&-2&1\end{bmatrix}\to\begin{bmatrix}1&0&0&-5/2&1&-1/2\\0&1&0&5&-1&1\\0&0&2&7&-2&1\end{bmatrix}\to$

$\begin{bmatrix}1&0&0&-5/2&1&-1/2\\0&1&0&5&-1&1\\0&0&1&7/2&-1&1/2\end{bmatrix}$，于是 $\boldsymbol{A}^{-1}=\begin{bmatrix}-5/2&1&-1/2\\5&-1&1\\7/2&-1&1/2\end{bmatrix}$.

习　题 2-5

1. 用初等行变换将矩阵 $\boldsymbol{A}=\begin{bmatrix}3 & 1 & 5 & 6\\ 1 & -1 & 3 & -2\\ 2 & 1 & 3 & 5\\ 1 & 1 & 1 & 1\end{bmatrix}$ 化为阶梯形矩阵.

2. 设 $\begin{bmatrix}0 & 1 & 0\\ 1 & 0 & 0\\ 0 & 0 & 1\end{bmatrix}\boldsymbol{A}\begin{bmatrix}1 & 0 & 1\\ 0 & 1 & 0\\ 0 & 0 & 1\end{bmatrix}=\begin{bmatrix}1 & 2 & 3\\ 4 & 5 & 6\\ 7 & 8 & 9\end{bmatrix}$，求 $\boldsymbol{A}$.

3. 用初等变换判定下列矩阵是否可逆，如可逆，求它的逆矩阵：

(1) $\begin{bmatrix}2 & 2 & -1\\ 1 & -2 & 4\\ 5 & 8 & 2\end{bmatrix}$；　(2) $\begin{bmatrix}3 & -2 & 0 & -1\\ 0 & 2 & 2 & 1\\ 1 & -2 & -3 & -2\\ 0 & 1 & 2 & 1\end{bmatrix}$.

4. 用初等行变换求下列矩阵的逆矩阵：

(1) $\begin{bmatrix}-3 & 0 & 1\\ 1 & -3 & 2\\ 1 & 1 & -1\end{bmatrix}$；　(2) $\begin{bmatrix}1 & 3 & -5 & 7\\ 0 & 1 & 2 & 3\\ 0 & 0 & 1 & 2\\ 0 & 0 & 0 & 1\end{bmatrix}$.

5. 解下列矩阵方程：

(1) $\boldsymbol{X}\begin{bmatrix}2 & 0 & 0\\ 0 & 2 & 5\\ 0 & 3 & 8\end{bmatrix}=\begin{bmatrix}1 & -1 & 1\\ 2 & -3 & 1\\ 3 & -4 & 1\end{bmatrix}$；　(2) $\begin{bmatrix}4 & 1 & -2\\ 2 & 2 & 1\\ 3 & 1 & -1\end{bmatrix}\boldsymbol{X}=\begin{bmatrix}1 & -3\\ 2 & 2\\ 3 & -1\end{bmatrix}$；

(3) $\boldsymbol{A}=\begin{bmatrix}1 & -1 & 0\\ 0 & 1 & -1\\ -1 & 0 & 1\end{bmatrix}$，$\boldsymbol{AX}=2\boldsymbol{X}+\boldsymbol{A}$；

(4) $\begin{bmatrix}0 & 1 & 0\\ 1 & 0 & 0\\ 0 & 0 & 1\end{bmatrix}\boldsymbol{X}\begin{bmatrix}1 & 0 & 0\\ -2 & 1 & 0\\ 0 & 0 & 1\end{bmatrix}=\begin{bmatrix}1 & -4 & 3\\ 2 & 0 & -1\\ 0 & -2 & 1\end{bmatrix}$.

6. 将可逆矩阵 $\begin{bmatrix}1 & -1\\ 1 & 1\end{bmatrix}$ 表示成初等矩阵的乘积.

2.6 矩阵的秩

我们已经知道,矩阵可经过初等行变换化为行阶梯形矩阵,且行阶梯形矩阵非零行的行数是唯一确定的,这个数实质上就是我们将要讨论的矩阵的"秩".矩阵的秩是研究向量组的线性相关性、线性方程组解的存在性等问题的重要工具.

定义 2.18 在 $m\times n$ 矩阵 $\boldsymbol{A}$ 中,任取 k 行 k 列 $(1\leqslant k\leqslant m,\ 1\leqslant k\leqslant n)$,位于这些行列相交处的 k^2 个元素,按原来的位置构成的 k 阶行列式,称为矩阵 $\boldsymbol{A}$ 的 k 阶子式.

例如,设矩阵 $\boldsymbol{A}=\begin{bmatrix}2&-3&8&2\\2&12&-2&12\\1&3&1&4\end{bmatrix}$,则由 1, 3 两行, 2, 4 两列交叉处的元素构成的二阶子式为 $\begin{vmatrix}-3&2\\3&4\end{vmatrix}=-18$.

矩阵 $\boldsymbol{A}$ 的全部三阶子式为

$$\begin{vmatrix}2&-3&8\\2&12&-2\\1&3&1\end{vmatrix}=0,\quad \begin{vmatrix}2&-3&2\\2&12&12\\1&3&4\end{vmatrix}=0,\quad \begin{vmatrix}2&8&2\\2&-2&12\\1&1&4\end{vmatrix}=0,\quad \begin{vmatrix}-3&8&2\\12&-2&12\\3&1&4\end{vmatrix}=0.$$

注 $m\times n$ 矩阵 $\boldsymbol{A}$ 的 k 阶子式共有 $C_m^k\cdot C_n^k$ 个,其中不为零的子式称为非零子式.

设 $\boldsymbol{A}$ 为一个 $m\times n$ 矩阵,当 $\boldsymbol{A}=\boldsymbol{0}$ 时,它的任何子式都为零;当 $\boldsymbol{A}\neq\boldsymbol{0}$ 时,它至少有一个元素不为零,即它至少有一个一阶子式不为零.进一步,若 $\boldsymbol{A}$ 中有二阶子式不为零,则考察三阶子式,依次类推,最后必达到 $\boldsymbol{A}$ 中有 r 阶子式不为零,而且没有比 r 更高阶的非零子式.这个不为零的子式的阶数 r,反映了矩阵 $\boldsymbol{A}$ 重要的内在特性.

例如,$\boldsymbol{A}=\begin{bmatrix}1&2&3&0\\0&1&2&1\\2&4&6&0\end{bmatrix}$,$\boldsymbol{A}$ 中有二阶子式 $\begin{vmatrix}1&2\\0&1\end{vmatrix}=1\neq 0$,但它的任何三阶子式皆为零,即不为零的子式的最高阶数 $r=2$.

定义 2.19 设 $\boldsymbol{A}$ 为 $m\times n$ 矩阵,如果存在 $\boldsymbol{A}$ 的 r 阶子式不为零,而任何 $r+1$ 阶子式(如果存在的话)皆为零,则称数 r 为矩阵 $\boldsymbol{A}$ 的**秩**,记为 $\mathrm{r}(\boldsymbol{A})$ (或 $\mathrm{R}(\boldsymbol{A})$),并规定零矩阵的秩等于零.

在矩阵 $\boldsymbol{A}$ 中,当所有的 $r+1$ 阶子式全等于零时,由行列式的性质可知,所有高

于 $r+1$ 阶的子式(如果存在的话)也全等于零.

例 2.67 证明:(1) $\mathrm{r}(\boldsymbol{A})=\mathrm{r}(\boldsymbol{A}^{\mathrm{T}})$;

(2) n 阶方阵 $\boldsymbol{A}$ 可逆的充要条件为 $\mathrm{r}(\boldsymbol{A})=n$;

(3) 若删去矩阵 $\boldsymbol{A}$ 的一行(列)得到矩阵 $\boldsymbol{B}$, 则 $\mathrm{r}(\boldsymbol{B})\leqslant \mathrm{r}(\boldsymbol{A})$.

证 (1) 由于行列式转置后值不变,所以 $\boldsymbol{A}^{\mathrm{T}}$ 中非零子式的最高阶数与 $\boldsymbol{A}$ 中非零子式的最高阶数相等,即 $\mathrm{r}(\boldsymbol{A})=\mathrm{r}(\boldsymbol{A}^{\mathrm{T}})$.

(2) n 阶方阵 $\boldsymbol{A}$ 可逆的充要条件是 $|\boldsymbol{A}|\neq 0$, 由矩阵秩的定义得 $\mathrm{r}(\boldsymbol{A})=n$.

(3) 由于矩阵 $\boldsymbol{B}$ 的非零子式必是矩阵 $\boldsymbol{A}$ 的一个非零子式,故 $\mathrm{r}(\boldsymbol{B})\leqslant \mathrm{r}(\boldsymbol{A})$.

例 2.68 已知 $\boldsymbol{A}=\begin{bmatrix} 1 & 3 & -2 & 2 \\ 0 & 2 & -1 & 3 \\ -2 & 0 & 1 & 5 \end{bmatrix}$, 求该矩阵的秩.

解 由 $\begin{vmatrix} 1 & 3 \\ 0 & 2 \end{vmatrix}=2\neq 0$, 再注意到 $\boldsymbol{A}$ 的所有三阶子式均为零,即

$$\begin{vmatrix} 1 & 3 & -2 \\ 0 & 2 & -1 \\ -2 & 0 & 1 \end{vmatrix}=\begin{vmatrix} 1 & 3 & 2 \\ 0 & 2 & 3 \\ -2 & 0 & 5 \end{vmatrix}=\begin{vmatrix} 3 & -2 & 2 \\ 2 & -1 & 3 \\ 0 & 1 & 5 \end{vmatrix}=\begin{vmatrix} 1 & -2 & 2 \\ 0 & -1 & 3 \\ -2 & 1 & 5 \end{vmatrix}=0,$$

得 $\mathrm{r}(\boldsymbol{A})=2$.

另解 对矩阵 $\boldsymbol{A}$ 作初等行变换:

因为 $\boldsymbol{A}=\begin{bmatrix} 1 & 3 & -2 & 2 \\ 0 & 2 & -1 & 3 \\ -2 & 0 & 1 & 5 \end{bmatrix}\rightarrow\begin{bmatrix} 1 & 3 & -2 & 2 \\ 0 & 2 & -1 & 3 \\ 0 & 0 & 0 & 0 \end{bmatrix}$, 显然非零行的行数为 2, 所以 $\mathrm{r}(\boldsymbol{A})=2$.

当 $\boldsymbol{A}=\boldsymbol{0}$ 时, $\mathrm{r}(\boldsymbol{A})=0$. 因此, $0\leqslant \mathrm{r}(\boldsymbol{A})\leqslant \min(m, n)$.

显然,矩阵的秩具有下列性质:

(1) 若矩阵 $\boldsymbol{A}$ 中有某个 s 阶子式不为 0, 则 $\mathrm{r}(\boldsymbol{A})\geqslant s$;

(2) 若 $\boldsymbol{A}$ 中所有 t 阶子式全为 0, 则 $\mathrm{r}(\boldsymbol{A})<t$;

(3) 若 $\boldsymbol{A}$ 为 $m\times n$ 矩阵,则 $0\leqslant \mathrm{r}(\boldsymbol{A})\leqslant \min(m, n)$;

(4) $\mathrm{r}(\boldsymbol{A})=\mathrm{r}(\boldsymbol{A}^{\mathrm{T}})$.

当 $\boldsymbol{A}$ 为 n 阶矩阵,且 $\mathrm{r}(\boldsymbol{A})=n$ 时,称矩阵 $\boldsymbol{A}$ 为**满秩矩阵**,否则称为**降秩矩阵**.

显然,可逆矩阵是满秩矩阵,不可逆矩阵(奇异矩阵)是降秩矩阵.

例如，$A=\begin{bmatrix}2&3&0\\1&0&1\\0&1&0\end{bmatrix}$，$\mathrm{r}(A)=3$，所以 A 是满秩矩阵.

用定义求行数、列数都很大的矩阵的秩是不方便的. 而阶梯形矩阵的秩易判断，并且任何矩阵可经过有限次初等行变换化为阶梯形，因此，下面介绍如何用初等变换求矩阵的秩.

定理 2.5 若 $A \to B$，则 $\mathrm{r}(A)=\mathrm{r}(B)$.

此定理说明：矩阵经过初等变换后，其秩不变.

由此我们得到一个用初等变换求矩阵的秩的方法：对 A 作一系列初等行变换，将 A 化为阶梯形矩阵，阶梯形矩阵中非零行的行数 r 就是矩阵 A 的秩 $\mathrm{r}(A)$.

例 2.69 求矩阵 $A=\begin{bmatrix}1&0&1&-1&2\\2&1&3&-1&6\\1&1&2&-2&5\\-1&-1&1&0&-1\end{bmatrix}$ 的秩.

解 $A=\begin{bmatrix}1&0&1&-1&2\\2&1&3&-1&6\\1&1&2&-2&5\\-1&-1&1&0&-1\end{bmatrix}\xrightarrow[r_4+r_1]{\substack{r_2-2r_1\\r_3-r_1}}\begin{bmatrix}1&0&1&-1&2\\0&1&1&1&2\\0&1&1&-1&3\\0&-1&2&-1&1\end{bmatrix}\xrightarrow[r_4+r_2]{r_3-r_2}$

$$\begin{bmatrix}1&0&1&-1&2\\0&1&1&1&2\\0&0&0&-2&1\\0&0&3&0&3\end{bmatrix}\xrightarrow{r_3\leftrightarrow r_4}\begin{bmatrix}1&0&1&-1&2\\0&1&1&1&2\\0&0&3&0&3\\0&0&0&-2&1\end{bmatrix}.$$

阶梯矩阵中非零行的行数为 4，故 $\mathrm{r}(A)=4$.

例 2.70 设 $A=\begin{bmatrix}1&-2&2&-1\\2&-4&8&0\\-2&4&-2&3\\3&-6&0&-6\end{bmatrix}$，$b=\begin{bmatrix}1\\2\\3\\4\end{bmatrix}$，求矩阵 A 及矩阵 $\widetilde{A}=(A\quad b)$ 的秩.

解 $\widetilde{A}=\begin{bmatrix}1&-2&2&-1&1\\2&-4&8&0&2\\-2&4&-2&3&3\\3&-6&0&-6&4\end{bmatrix}\xrightarrow[r_4-3r_1]{\substack{r_2-2r_1\\r_3+2r_1}}\begin{bmatrix}1&-2&2&-1&1\\0&0&4&2&0\\0&0&2&1&5\\0&0&-6&-3&1\end{bmatrix}\xrightarrow[r_4+3r_2]{\substack{r_2\div 2\\r_3-r_2}}$

$$\begin{bmatrix}1&-2&2&-1&1\\0&0&2&1&0\\0&0&0&0&5\\0&0&0&0&1\end{bmatrix}\xrightarrow[r_4-r_3]{r_3\div 5}\begin{bmatrix}1&-2&2&-1&1\\0&0&2&1&0\\0&0&0&0&1\\0&0&0&0&0\end{bmatrix},$$

故 $\mathrm{r}(\boldsymbol{A})=2$, $r(\widetilde{\boldsymbol{A}})=3$.

例 2.71 设 $\boldsymbol{A}=\begin{bmatrix}1&2&-1&1\\2&0&t&0\\0&-4&5&-2\end{bmatrix}$, $\boldsymbol{B}_n=\begin{bmatrix}1&a&a&\cdots&a\\a&1&a&\cdots&a\\a&a&1&\cdots&a\\\vdots&\vdots&\vdots&\ddots&\vdots\\a&a&a&\cdots&1\end{bmatrix}$,

$r(\boldsymbol{A})=2$, $\mathrm{r}(\boldsymbol{B}_n)=n-1$, 求 t 与 a 的值.

解 由矩阵 $\boldsymbol{A}$ 的秩为 2 可知, $\boldsymbol{A}$ 的一切 3 阶子式都为 0, 所以 $\begin{vmatrix}1&2&-1\\2&0&t\\0&-4&5\end{vmatrix}=0$, 即 $4t-12=0$, 所以 $t=3$. 由 $\boldsymbol{B}_n$ 的秩为 $n-1$ 可知, $\boldsymbol{B}_n$ 的行列式为零,即

$$\begin{vmatrix}1&a&a&\cdots&a\\a&1&a&\cdots&a\\a&a&1&\cdots&a\\\vdots&\vdots&\vdots&\ddots&\vdots\\a&a&a&\cdots&1\end{vmatrix}=[1+(n-1)a]\begin{vmatrix}1&1&1&\cdots&1\\a&1&a&\cdots&a\\a&a&1&\cdots&a\\\vdots&\vdots&\vdots&\ddots&\vdots\\a&a&a&\cdots&1\end{vmatrix}$$

$$=[1+(n-1)a]\begin{vmatrix}1&0&0&\cdots&0\\a&1-a&0&\cdots&0\\a&0&1-a&\cdots&0\\\vdots&\vdots&\vdots&\ddots&\vdots\\a&0&0&\cdots&1-a\end{vmatrix}$$

$$=(1-a)^{n-1}[1+(n-1)a]=0.$$

所以, $a=1$ 或 $a=\dfrac{1}{1-n}$, 但当 $a=1$ 时, $r(\boldsymbol{B}_n)=1\neq n-1$, 故 $a=\dfrac{1}{1-n}$.

例 2.72 已知矩阵 $\boldsymbol{A}=\begin{bmatrix}1&2&-1&3&4\\1&3&4&6&5\\2&5&3&9&k\end{bmatrix}$, 若 $\mathrm{r}(\boldsymbol{A})=2$, 求常数 k 的值.

解 $\begin{bmatrix}1&2&-1&3&4\\1&3&4&6&5\\2&5&3&9&k\end{bmatrix}\to\begin{bmatrix}1&2&-1&3&4\\0&1&5&3&1\\0&1&5&3&k-8\end{bmatrix}\to\begin{bmatrix}1&2&-1&3&4\\0&1&5&3&1\\0&0&0&0&k-9\end{bmatrix}$,

因第一行和第二行都是非零项,且 $\mathrm{r}(\boldsymbol{A})=2$,所以第三行全为零,即 $k-9=0$,故 $k=9$.

例 2.73　求 λ 的值,使下面的矩阵 $\boldsymbol{A}$ 有最小的秩:

$$\boldsymbol{A}=\begin{bmatrix}3&1&1&4\\\lambda&4&10&1\\1&7&17&3\\2&2&4&3\end{bmatrix},$$

对所求出的 λ 值,矩阵的秩等于多少? 对另外的 λ 值,秩等于多少?

解　用初等行变换把 $\boldsymbol{A}$ 化为阶梯形:

$$\boldsymbol{A}=\begin{bmatrix}3&1&1&4\\\lambda&4&10&1\\1&7&17&3\\2&2&4&3\end{bmatrix}\xrightarrow{r_1\leftrightarrow r_3}\begin{bmatrix}1&7&17&3\\\lambda&4&10&1\\3&1&1&4\\2&2&4&3\end{bmatrix}\xrightarrow[r_4-2r_1]{\substack{r_2-\lambda r_1\\ r_3-3r_1}}$$

$$\begin{bmatrix}1&7&17&3\\0&4-7\lambda&10-17\lambda&1-3\lambda\\0&-20&-50&-5\\0&-12&-30&-3\end{bmatrix}\xrightarrow[\substack{r_4-r_3\\ r_2\leftrightarrow r_3}]{\substack{r_3\div(-5)\\ r_4\div(-3)}}$$

$$\begin{bmatrix}1&7&17&3\\0&4&10&1\\0&4-7\lambda&10-17\lambda&1-3\lambda\\0&0&0&0\end{bmatrix}\xrightarrow{\substack{r_2\div 4\\ r_3-(4-7\lambda)r_2}}$$

$$\begin{bmatrix}1&7&17&3\\0&1&5/2&1/4\\0&0&\lambda/2&-5\lambda/4\\0&0&0&0\end{bmatrix}.$$

显然,当 $\lambda=0$ 时,$\boldsymbol{A}$ 有最小秩,$\mathrm{r}(\boldsymbol{A})=2$,当 $\lambda\neq 0$ 时,$\mathrm{r}(\boldsymbol{A})=3$.

小结　求矩阵秩的方法:

(1) 定义法.利用定义寻找矩阵中非零子式的最高阶数.

(2) 初等变换法.利用初等行变换将所给矩阵化为行阶梯形矩阵,行阶梯形矩阵中非零行的行数即为矩阵的秩.

常用矩阵的秩的性质：

(1) $\max\{\mathrm{r}(\boldsymbol{A}),\ \mathrm{r}(\boldsymbol{B})\} \leqslant \mathrm{r}(\boldsymbol{A},\ \boldsymbol{B}) \leqslant \mathrm{r}(\boldsymbol{A}) + r(\boldsymbol{B})$；

(2) $\mathrm{r}(\boldsymbol{A}+\boldsymbol{B}) \leqslant \mathrm{r}(\boldsymbol{A}) + \mathrm{r}(\boldsymbol{B})$；

(3) $\mathrm{r}(\boldsymbol{AB}) \leqslant \min\{\mathrm{r}(\boldsymbol{A}),\ \mathrm{r}(\boldsymbol{B})\}$；

(4) 若 $\boldsymbol{A}_{m\times n}\boldsymbol{B}_{n\times l} = \boldsymbol{0}$，则 $\mathrm{r}(\boldsymbol{A}) + \mathrm{r}(\boldsymbol{B}) \leqslant n$.

习　题　2-6

1. 求下列矩阵的秩：

(1) $\begin{bmatrix} 1 & 2 & 3 & 4 \\ 1 & -2 & 4 & 5 \\ 1 & 10 & 1 & 2 \end{bmatrix}$；　　(2) $\begin{bmatrix} 1 & 0 & 2 & -1 \\ 2 & 0 & 3 & 1 \\ 3 & 0 & 4 & -3 \end{bmatrix}$；

(3) $\begin{bmatrix} 0 & 2 & -3 & 1 \\ 0 & 3 & -4 & 3 \\ 0 & 4 & -7 & -1 \end{bmatrix}$；　　(4) $\begin{bmatrix} 1 & 3 & -1 & -2 \\ 2 & -1 & 2 & 3 \\ 3 & 2 & 1 & 1 \\ 1 & -4 & 3 & 5 \end{bmatrix}$；

(5) $\begin{bmatrix} 1 & -1 & 3 & -4 & 3 \\ 3 & -3 & 5 & -4 & 1 \\ 2 & -2 & 3 & -2 & 0 \\ 3 & -3 & 4 & -2 & -1 \end{bmatrix}$；　　(6) $\begin{bmatrix} 2 & 3 & 1 & -3 & -7 \\ 1 & 2 & 0 & -2 & -4 \\ 3 & -2 & 8 & 3 & 0 \\ 2 & -3 & 7 & 4 & 3 \end{bmatrix}$.

2. 求下列矩阵的秩，并求一个最高阶非零子式：

(1) $\begin{bmatrix} 3 & 1 & 0 & 2 \\ 1 & -1 & 3 & -1 \\ 1 & 3 & -4 & -4 \end{bmatrix}$；　　(2) $\begin{bmatrix} 3 & 2 & -1 & -3 & -1 \\ 2 & -1 & 3 & 1 & -3 \\ 7 & 0 & 5 & -1 & -8 \end{bmatrix}$.

3. 设矩阵 $\boldsymbol{A} = \begin{bmatrix} 1 & \lambda & 1 & 2 \\ 2 & -1 & \lambda & 5 \\ 1 & 10 & -6 & 1 \end{bmatrix}$，其中 λ 为参数，求矩阵 $\boldsymbol{A}$ 的秩.

4. 利用子式法求下列矩阵的秩：

(1) $\begin{bmatrix} 2 & -4 & 6 & 3 \\ -4 & 8 & -12 & -6 \\ 4 & -8 & 12 & 6 \end{bmatrix}$；　　(2) $\begin{bmatrix} 2 & -1 & 2 \\ 4 & 0 & 2 \\ 0 & -3 & 3 \end{bmatrix}$.

5. 在秩是 r 的矩阵中，有没有等于 0 的 $r-1$ 阶子式？有没有等于 0 的 r 阶子式？

6. 从矩阵 $\boldsymbol{A}$ 中增加一行得到矩阵 $\boldsymbol{B}$，问 $\boldsymbol{A}$，$\boldsymbol{B}$ 的秩的关系大小？

7. 设 n 阶矩阵 $\boldsymbol{A}$ 满足 $\boldsymbol{A}^2 = \boldsymbol{A}$，$\boldsymbol{E}$ 为 n 阶单位矩阵，证明 $\mathrm{r}(\boldsymbol{A}) + \mathrm{r}(\boldsymbol{A}-\boldsymbol{E}) = n$.

8. 设 $\boldsymbol{A}$, $\boldsymbol{B}$ 为 n 阶方阵,证明:若 $\boldsymbol{AB}=\boldsymbol{0}$,则 $\mathrm{r}(\boldsymbol{A})+\mathrm{r}(\boldsymbol{B})\leqslant n$.

9. 对任意的同型矩阵 $\boldsymbol{A}$, $\boldsymbol{B}$,证明:$\mathrm{r}(\boldsymbol{A}+\boldsymbol{B})\leqslant \mathrm{r}(\boldsymbol{A})+\mathrm{r}(\boldsymbol{B})$.

本 章 小 结

- 矩阵
  - 矩阵概念
    - 矩阵概念及应用
    - 几种特殊的矩阵
    - 对称矩阵
    - 共轭矩阵
    - 伴随矩阵
    - 线性方程组的矩阵表示
    - 矩阵的行列式
  - 矩阵运算
    - 矩阵的线性运算
    - 矩阵的乘法
    - 矩阵的转置
    - 方阵的幂
    - 逆矩阵的概念
    - 伴随矩阵与逆矩阵的关系
    - 逆矩阵的运算性质
    - 矩阵方程
    - 分块矩阵
  - 初等变换
    - 线性变换的概念
    - 初等变换
    - 初等矩阵
    - 用初等变换法求逆矩阵
    - 用初等变换法求解矩阵方程
    - 矩阵方程
    - 矩阵的秩及求法
    - 矩阵的秩的性质

习 题 2

1. 设有四个城市 a, b, c, d,其城市之间有航班 $a\to b$, $b\to d$, $c\to a$, $d\to c$,问至多经过两次中转能否从一个城市到达其他城市?

2. 设 $\boldsymbol{A}=\begin{bmatrix} x & 0 \\ 7 & y \end{bmatrix}$, $\boldsymbol{B}=\begin{bmatrix} u & v \\ y & 2 \end{bmatrix}$, $\boldsymbol{C}=\begin{bmatrix} 3 & -4 \\ x & v \end{bmatrix}$,且 $\boldsymbol{A}+2\boldsymbol{B}-\boldsymbol{C}=\boldsymbol{0}$,求 x, y, u, v 的值.

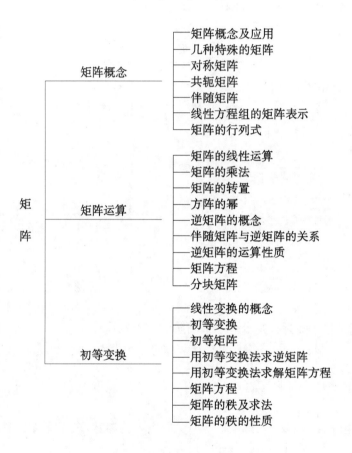

3. 计算下列矩阵的乘积：

(1) $\begin{bmatrix}1 & 3\\1 & -1\\2 & 5\end{bmatrix}\begin{bmatrix}-2 & 1\\3 & 2\end{bmatrix}$；　　(2) $\begin{bmatrix}2 & 3 & -1\end{bmatrix}\begin{bmatrix}1\\-1\\-1\end{bmatrix}$；

(3) $\begin{bmatrix}4 & 1 & 2 & -1\\2 & 3 & 1 & 0\end{bmatrix}\begin{bmatrix}4 & 2 & -1\\-1 & 2 & 5\\1 & 1 & 3\\-5 & 3 & 0\end{bmatrix}\begin{bmatrix}-1 & 0\\2 & 5\\0 & 3\end{bmatrix}$；

(4) $\begin{bmatrix}x_1 & x_2 & x_3\end{bmatrix}\begin{bmatrix}a_{11} & a_{12} & a_{13}\\a_{21} & a_{22} & a_{23}\\a_{31} & a_{32} & a_{33}\end{bmatrix}\begin{bmatrix}x_1\\x_2\\x_3\end{bmatrix}$.

4. 已知 $\boldsymbol{A}=\begin{bmatrix}1 & 1 & 1\\2 & 2 & 2\\3 & 3 & 3\end{bmatrix}$，求 $\boldsymbol{A}^2$，$\boldsymbol{A}^4$，$\boldsymbol{A}^{100}$.

5. 计算矩阵 $\begin{bmatrix}1 & 1\\0 & 1\end{bmatrix}^n$.

6. 设 $\boldsymbol{A}=\begin{bmatrix}1 & 2\\1 & 3\end{bmatrix}$，$\boldsymbol{B}=\begin{bmatrix}1 & 0\\1 & 2\end{bmatrix}$，等式 $(\boldsymbol{A}+\boldsymbol{B})(\boldsymbol{A}-\boldsymbol{B})=\boldsymbol{A}^2-\boldsymbol{B}^2$ 是否成立？

7. 求下列矩阵的逆矩阵：

(1) $\boldsymbol{A}=\begin{bmatrix}1 & 1\\2 & 3\end{bmatrix}$；　　(2) $\boldsymbol{A}=\begin{bmatrix}a & b\\c & d\end{bmatrix}$，$ad-bc=1$；

(3) $\boldsymbol{A}=\begin{bmatrix}3 & -1 & 2\\1 & 4 & -3\\2 & 2 & 1\end{bmatrix}$；　　(4) $\boldsymbol{A}=\begin{bmatrix}\lambda_1 & \cdots & 0\\\vdots & \ddots & \vdots\\0 & \cdots & \lambda_n\end{bmatrix}$，$\lambda_1\lambda_2\cdots\lambda_n\neq 0$.

8. 设 $\boldsymbol{A}=\begin{bmatrix}1 & 1 & -1\\2 & 1 & 0\\1 & -1 & 0\end{bmatrix}$，利用伴随矩阵法求 $\boldsymbol{A}^{-1}$.

9. 设 $\boldsymbol{A}=\begin{bmatrix}0 & 2 & -1\\1 & 1 & 2\\-1 & -1 & -1\end{bmatrix}$，利用初等变换法求 $\boldsymbol{A}^{-1}$.

10. 解下列矩阵方程：

(1) $\begin{bmatrix}2 & 1\\5 & 3\end{bmatrix}\boldsymbol{X}=\begin{bmatrix}-2 & 1\\3 & 2\end{bmatrix}$；

(2) $\boldsymbol{X}\begin{bmatrix}1 & 2 & -1\\3 & 4 & -2\\5 & -4 & 1\end{bmatrix}=\begin{bmatrix}2 & 1 & 4\\1 & -1 & 3\end{bmatrix}$.

11. 利用逆矩阵解下列方程：

(1) $\begin{cases}8x_1+6x_2=2,\\5x_1+4x_2=-1;\end{cases}$　　(2) $\begin{cases}2x_1+2x_2+3x_3=1,\\x_1-x_2=2,\\-x_1+2x_2+x_3=0.\end{cases}$

12. 设 $\boldsymbol{A}=\begin{bmatrix}0 & 0 & -1\\2 & 0 & 0\\-1 & 1 & 0\end{bmatrix}$，$\boldsymbol{AB}=2\boldsymbol{A}-\boldsymbol{B}$，求 $\boldsymbol{B}$.

13. 设 $\boldsymbol{P}^{-1}\boldsymbol{AP}=\boldsymbol{\Lambda}$，其中 $\boldsymbol{P}=\begin{bmatrix}-1 & -4\\1 & 1\end{bmatrix}$，$\boldsymbol{\Lambda}=\begin{bmatrix}-1 & 0\\0 & 2\end{bmatrix}$，求 $\boldsymbol{A}^{11}$.

14. 计算 $\begin{bmatrix}1 & 2 & 1 & 0\\0 & 1 & 0 & 1\\0 & 0 & 2 & 1\\0 & 0 & 0 & 3\end{bmatrix}\begin{bmatrix}1 & 0 & 3 & 1\\0 & 1 & 2 & -1\\0 & 0 & -2 & 3\\0 & 0 & 0 & -3\end{bmatrix}$.

15. 设矩阵 $\boldsymbol{A}=\begin{bmatrix}1 & 0 & 1\\0 & 2 & 6\\1 & 6 & 1\end{bmatrix}$ 满足 $\boldsymbol{AX}+\boldsymbol{E}=\boldsymbol{A}^2+\boldsymbol{X}$，求矩阵 $\boldsymbol{X}$.

16. 设 $\boldsymbol{A}=\begin{bmatrix}2 & -1 & 0 & 0\\-3 & 2 & 0 & 0\\0 & 0 & 1 & 2\\0 & 0 & -1 & 1\end{bmatrix}$，求 $|\boldsymbol{A}|$，$\boldsymbol{A}^4$，$\boldsymbol{A}^{-1}$.

17. 求下列矩阵的秩：

(1) $\begin{bmatrix}3 & 2 & 1 & 1\\1 & 2 & -3 & 2\\4 & 4 & -2 & 3\end{bmatrix}$；　　(2) $\begin{bmatrix}0 & -5 & 2 & 1 & -7\\1 & 2 & -1 & 0 & 3\\2 & -1 & 0 & 1 & -1\\3 & 1 & -1 & 1 & 2\end{bmatrix}$.

18. 设三阶矩阵 $\boldsymbol{A}=\begin{bmatrix}x & 1 & 1\\1 & x & 1\\1 & 1 & x\end{bmatrix}$，求矩阵 $\boldsymbol{A}$ 的秩.

19. 设 $\boldsymbol{A}=\begin{bmatrix}1 & 1 & 0\\1 & 0 & 1\\0 & 1 & 1\end{bmatrix}$，$\boldsymbol{B}=\begin{bmatrix}a & 1 & 1\\2 & 1 & a\\1 & 1 & a\end{bmatrix}$，且 $\boldsymbol{AB}$ 的秩为 2，求 a.

20. 设 $\boldsymbol{A}$ 为 5×4 矩阵，$\boldsymbol{A}=\begin{bmatrix}1 & 2 & 3 & 1\\ 2 & -1 & k & 2\\ 0 & 1 & 1 & 3\\ 1 & -1 & 0 & 4\\ 2 & 0 & 2 & 5\end{bmatrix}$，且 $\boldsymbol{A}$ 的秩为 3，求 k.

21. 证明 $\mathrm{r}\begin{bmatrix}\boldsymbol{A} & \boldsymbol{0}\\ \boldsymbol{0} & \boldsymbol{B}\end{bmatrix}=\mathrm{r}(\boldsymbol{A})+r(\boldsymbol{B})$.

22. 设为 n 阶 $(n\geqslant 2)$ 方阵，证明：

$$\mathrm{r}(\boldsymbol{A}^{*})=\begin{cases}n, & \mathrm{r}(\boldsymbol{A})=n\\ 1, & \mathrm{r}(\boldsymbol{A})=n-1\\ 0, & \mathrm{r}(\boldsymbol{A})<n-1.\end{cases}$$

3 线性方程组

本章利用矩阵秩的概念，讨论线性方程组有解的条件，通过研究向量组的线性相关性，向量组的秩等重要概念，讨论线性方程组解的结构，即判断当方程组有解时究竟有多少解，解之间的关系，以及如何表示方程组的全部解等.

3.1 向量组的线性组合

3.1.1 向量及其线性运算

为了深入研究线性方程组的问题，我们介绍 n 维向量的有关概念.

一个 $m \times n$ 矩阵的每一行都是由 n 个数组成的有序数组，其每一列都是由 m 个数组成的有序数组. 在研究其他问题时也常遇到有序数组. 例如平面上一点的坐标和空间中一点的坐标分别是二元和三元有序数组 (x, y)，(x, y, z).

为了研究这种有序数组，引入如下的定义.

定义 3.1 n 个有次序的数 $a_1, a_2, \cdots, a_n$ 所组成的数组称为 n **维向量**，这 n 个数称为该向量的 n 个**分量**，第 i 个数 a_i 称为**第 i 个分量**.

分量全为实数的向量称为**实向量**，分量为复数的向量称为**复向量**，本书只讨论实向量.

n 维向量可写成一行，也可写成一列，按第 2 章的规定，分别称为**行向量**和**列向量**，也是行矩阵和列矩阵，并规定行向量和列向量都按矩阵的运算法则进行运算. 因此，n 维列向量

$$\boldsymbol{\alpha} = \begin{bmatrix} a_1 \\ a_2 \\ \vdots \\ a_n \end{bmatrix}$$

与 n 维行向量

$$\boldsymbol{\alpha}^{\mathrm{T}} = (a_1, a_2, \cdots, a_n)$$

总被视为是两个不同的向量(若按定义 3.1，$\boldsymbol{\alpha}$ 与 $\boldsymbol{\alpha}^{\mathrm{T}}$ 是同一个向量).

本书中,列向量用黑体小写字母 $\boldsymbol{\alpha}$, $\boldsymbol{\beta}$, $\boldsymbol{a}$, $\boldsymbol{b}$ 等表示,行向量则用 $\boldsymbol{\alpha}^{\mathrm{T}}$, $\boldsymbol{\beta}^{\mathrm{T}}$, $\boldsymbol{a}^{\mathrm{T}}$, $\boldsymbol{b}^{\mathrm{T}}$ 等表示,若不加特别说明,所涉及的向量均为 n 维列向量,且为了书写方便,有时以行向量的转置表示列向量.

分量全为零的向量称为**零向量**,记作 $\mathbf{0}$, 即

$$\mathbf{0}=(0,\ 0,\ \cdots,\ 0)^{\mathrm{T}}.$$

向量 $(-a_1,\ -a_2,\ \cdots,\ -a_n)^{\mathrm{T}}$ 称为向量 $\boldsymbol{a}=(a_1,\ a_2,\ \cdots,\ a_n)^{\mathrm{T}}$ 的**负向量**,记作 $-\boldsymbol{a}$.

若 n 维列向量 $\boldsymbol{\alpha}=(a_1,\ a_2,\ \cdots,\ a_n)^{\mathrm{T}}$ 与 $\boldsymbol{\beta}=(b_1,\ b_2,\ \cdots,\ b_n)^{\mathrm{T}}$ 中各个对应的分量相等,即 $a_i=b_i(i=1,\ 2,\ \cdots,\ n)$ 时,称 $\boldsymbol{\alpha}$ 与 $\boldsymbol{\beta}$ **相等**,记作 $\boldsymbol{\alpha}=\boldsymbol{\beta}$.

在空间解析几何中,“空间”通常作为点的集合,称为点空间. 因为空间中的点 $P(x,\ y,\ z)$ 与三维向量 $\boldsymbol{r}=(x,\ y,\ z)^{\mathrm{T}}$ 之间有一一对应的关系,故又把三维向量的全体所组成的集合 $\mathbf{R}^3=\{r=(x,\ y,\ z)^{\mathrm{T}}\mid x,\ y,\ z\in\mathbf{R}\}$ 称为**三维向量空间**. 类似地 n 维向量的全体所组成的集合 $\mathbf{R}^n=\{x=(x_1,\ x_2,\ \cdots,\ x_n)^{\mathrm{T}}\mid x_1,\ x_2,\ \cdots,\ x_n\in\mathbf{R}\}$ 称为 n **维向量空间**.

若干个同维数的列向量(或行向量)所组成的集合称为**向量组**.

例如,矩阵

$$\boldsymbol{A}=\begin{bmatrix} a_{11} & a_{12} & \cdots & a_{1n}\\ a_{21} & a_{22} & \cdots & a_{2n}\\ \vdots & \vdots & \ddots & \vdots\\ a_{m1} & a_{m2} & \cdots & a_{mn}\end{bmatrix}=(\boldsymbol{\alpha}_1,\ \boldsymbol{\alpha}_2,\ \cdots,\ \boldsymbol{\alpha}_n),$$

称 $\boldsymbol{\alpha}_1,\ \boldsymbol{\alpha}_2,\ \cdots,\ \boldsymbol{\alpha}_n$ 为矩阵 $\boldsymbol{A}$ 的**列向量组**.

$$\boldsymbol{A}=\begin{bmatrix} a_{11} & a_{12} & \cdots & a_{1n}\\ a_{21} & a_{22} & \cdots & a_{2n}\\ \vdots & \vdots & \ddots & \vdots\\ a_{m1} & a_{m2} & \cdots & a_{mn}\end{bmatrix}\begin{matrix}\boldsymbol{\beta}_1\\ \boldsymbol{\beta}_2\\ \vdots\\ \boldsymbol{\beta}_m\end{matrix}=\begin{bmatrix}\boldsymbol{\beta}_1\\ \boldsymbol{\beta}_2\\ \vdots\\ \boldsymbol{\beta}_m\end{bmatrix},$$

称 $\boldsymbol{\beta}_1,\ \boldsymbol{\beta}_2,\ \cdots,\ \boldsymbol{\beta}_n$ 为矩阵 $\boldsymbol{A}$ 的**行向量组**.

定义 3.2 两个 n 维向量 $\boldsymbol{\alpha}=(a_1,\ a_2,\ \cdots,\ a_n)^{\mathrm{T}}$ 与 $\boldsymbol{\beta}=(b_1,\ b_2,\ \cdots,\ b_n)^{\mathrm{T}}$ 的各对应分量之和组成的向量,称为**向量 $\boldsymbol{\alpha}$ 与 $\boldsymbol{\beta}$ 的和**,记为 $\boldsymbol{\alpha}+\boldsymbol{\beta}$, 即

$$\boldsymbol{\alpha}+\boldsymbol{\beta}=[a_1+b_1,\ a_2+b_2,\ \cdots,\ a_n+b_n]^{\mathrm{T}},$$

由加法和负向量的定义,可定义向量的减法:

$$\boldsymbol{\alpha}-\boldsymbol{\beta}=\boldsymbol{\alpha}+(-\boldsymbol{\beta})=(a_1-b_1,\ a_2-b_2,\ \cdots,\ a_n-b_n)^{\mathrm{T}}.$$

定义 3.3 n 维向量 $\boldsymbol{\alpha}=(a_1,\ a_2,\ \cdots,\ a_n)^{\mathrm{T}}$ 的各个分量都乘以实数 k 所组成的向量,称为数 k 与**向量 $\boldsymbol{\alpha}$ 的乘积**(又简称为**数乘**),记为 $k\boldsymbol{\alpha}$,即

$$k\boldsymbol{\alpha}=(ka_1,\ ka_2,\ \cdots,\ ka_n)^{\mathrm{T}}.$$

注 向量的加、减与数乘运算统称为向量的**线性运算**.

向量的线性运算与行(列)矩阵的运算规律相同.

例 3.1 设 $\boldsymbol{\alpha}_1=(2,\ -4,\ 1,\ -1)^{\mathrm{T}}$, $\boldsymbol{\alpha}_2=\left(-3,\ -1,\ 2,\ -\frac{5}{2}\right)^{\mathrm{T}}$,如果向量 $\boldsymbol{\beta}$ 满足 $3\boldsymbol{\alpha}_1-2(\boldsymbol{\beta}+\boldsymbol{\alpha}_2)=0$,求 $\boldsymbol{\beta}$.

解 由题设条件,有 $3\boldsymbol{\alpha}_1-2\boldsymbol{\beta}-2\boldsymbol{\alpha}_2=0$,

故 $\boldsymbol{\beta}=\frac{1}{2}(3\boldsymbol{\alpha}_1-2\boldsymbol{\alpha}_2)=\frac{3}{2}\boldsymbol{\alpha}_1-\boldsymbol{\alpha}_2=\frac{3}{2}(2,\ -4,\ 1,\ -1)^{\mathrm{T}}-\left(-3,\ -1,\ 2,\ -\frac{5}{2}\right)^{\mathrm{T}}=\left(6,\ -5,\ -\frac{1}{2},\ 1\right)^{\mathrm{T}}$.

例 3.2 设 $\boldsymbol{\alpha}_1=(1,\ 0,\ 2,\ -1)^{\mathrm{T}}$, $\boldsymbol{\alpha}_2=(3,\ 0,\ 4,\ 1)^{\mathrm{T}}$, $\boldsymbol{\beta}=(-1,\ 0,\ 0,\ -3)^{\mathrm{T}}$. 证明 $\boldsymbol{\beta}$ 是 $\boldsymbol{\alpha}_1$, $\boldsymbol{\alpha}_2$ 的线性组合.

证明 由于 $\boldsymbol{\beta}=2\boldsymbol{\alpha}_1-\boldsymbol{\alpha}_2$,因此 $\boldsymbol{\beta}$ 是 $\boldsymbol{\alpha}_1$, $\boldsymbol{\alpha}_2$ 的线性组合.

向量的线性运算具有矩阵的线性运算所具有的所有运算性质.

设 $\boldsymbol{\alpha}$, $\boldsymbol{\beta}$, $\boldsymbol{\gamma}$ 为 n 维向量, k, l 为实数,则

(1) $\boldsymbol{\alpha}+\boldsymbol{\beta}=\boldsymbol{\beta}+\boldsymbol{\alpha}$;

(2) $(\boldsymbol{\alpha}+\boldsymbol{\beta})+\boldsymbol{\gamma}=\boldsymbol{\alpha}+(\boldsymbol{\beta}+\boldsymbol{\gamma})$;

(3) $\boldsymbol{\alpha}+\boldsymbol{0}=\boldsymbol{0}+\boldsymbol{\alpha}=\boldsymbol{\alpha}$;

(4) $\boldsymbol{\alpha}+(-\boldsymbol{\alpha})=\boldsymbol{0}$;

(5) $1\cdot\boldsymbol{\alpha}=\boldsymbol{\alpha}$;

(6) $k(l\boldsymbol{\alpha})=(kl)\boldsymbol{\alpha}$;

(7) $k(\boldsymbol{\alpha}+\boldsymbol{\beta})=k\boldsymbol{\alpha}+k\boldsymbol{\beta}$;

(8) $(k+l)\boldsymbol{\alpha}=k\boldsymbol{\alpha}+l\boldsymbol{\alpha}$.

3.1.2 线性组合的概念

线性方程组

$$\begin{cases} a_{11}x_1+a_{12}x_2+\cdots+a_{1n}x_n=b_1, \\ a_{21}x_1+a_{22}x_2+\cdots+a_{2n}x_n=b_2, \\ \qquad\vdots \\ a_{m1}x_1+a_{m2}x_2+\cdots+a_{mn}x_n=b_m. \end{cases} \tag{3.1}$$

可以写成常数列向量与系数列向量的线性关系：

$$x_1\boldsymbol{\alpha}_1+x_2\boldsymbol{\alpha}_2+\cdots+x_n\boldsymbol{\alpha}_n=\boldsymbol{\beta}$$

我们称它为方程组(3.1)的向量形式，其中

$$\boldsymbol{\alpha}_j=\begin{bmatrix}a_{1j}\\a_{2j}\\\vdots\\a_{mj}\end{bmatrix}(j=1,2,\cdots,n),\quad \boldsymbol{\beta}=\begin{bmatrix}b_1\\b_2\\\vdots\\b_m\end{bmatrix},$$

都是 m 维列向量，于是线性方程组(3.1)是否有解，就相当于是否存在一组数：$x_1=k_1$，$x_2=k_2$，…，$x_n=k_n$，使线性关系式

$$k_1\boldsymbol{\alpha}_1+k_2\boldsymbol{\alpha}_2+\cdots+k_n\boldsymbol{\alpha}_n=\boldsymbol{\beta}$$

成立，即常数列向量 $\boldsymbol{\beta}$ 是否可以表示成上述系数列向量组 $\boldsymbol{\alpha}_1$，$\boldsymbol{\alpha}_2$，…，$\boldsymbol{\alpha}_n$ 的线性关系式. 如果可以，则方程组有解；否则，方程组无解.

定义 3.4 给定向量组 $\boldsymbol{A}$：$\boldsymbol{\alpha}_1$，$\boldsymbol{\alpha}_2$，…，$\boldsymbol{\alpha}_s$，对于任何一组实数 k_1，k_2，…，k_s，表达式

$$k_1\boldsymbol{\alpha}_1+k_2\boldsymbol{\alpha}_2+\cdots+k_s\boldsymbol{\alpha}_s$$

称为向量组 $\boldsymbol{A}$ 的一个**线性组合**，k_1，k_2，…，k_s 称为这个线性组合的**系数**，也称为该线性组合的**权重**.

定义 3.5 对给定向量组 $\boldsymbol{A}$：$\boldsymbol{\alpha}_1$，$\boldsymbol{\alpha}_2$，…，$\boldsymbol{\alpha}_s$ 和向量 $\boldsymbol{\beta}$，若存在一组数 k_1，k_2，…，k_s，使

$$\boldsymbol{\beta}=k_1\boldsymbol{\alpha}_1+k_2\boldsymbol{\alpha}_2+\cdots+k_s\boldsymbol{\alpha}_s,$$

则称向量 $\boldsymbol{\beta}$ 是向量组 $\boldsymbol{A}$ 的**线性组合**，又称向量 $\boldsymbol{\beta}$ 能由向量组 $\boldsymbol{A}$ **线性表示**（或**线性表出**）.

例如，设 $\boldsymbol{\beta}=(2,-1,1)^{\mathrm{T}}$，$\boldsymbol{\varepsilon}_1=(1,0,0)^{\mathrm{T}}$，$\boldsymbol{\varepsilon}_2=(0,1,0)^{\mathrm{T}}$，$\boldsymbol{\varepsilon}_3=(0,0,1)^{\mathrm{T}}$，易见

$$\boldsymbol{\beta}=2\boldsymbol{\varepsilon}_1-\boldsymbol{\varepsilon}_2+\boldsymbol{\varepsilon}_3$$

即 $\boldsymbol{\beta}$ 是 $\boldsymbol{\varepsilon}_1$，$\boldsymbol{\varepsilon}_2$，$\boldsymbol{\varepsilon}_3$ 的线性组合，或称 $\boldsymbol{\beta}$ 可由 $\boldsymbol{\varepsilon}_1$，$\boldsymbol{\varepsilon}_2$，$\boldsymbol{\varepsilon}_3$ 线性表示.

例 3.3 证明：向量 $\boldsymbol{\beta}=(-1,1,5)^{\mathrm{T}}$ 是向量 $\boldsymbol{\alpha}_1=(1,2,3)^{\mathrm{T}}$，$\boldsymbol{\alpha}_2=(0,1,4)^{\mathrm{T}}$，$\boldsymbol{\alpha}_3=(2,3,6)$ 的线性组合并将 $\boldsymbol{\beta}$ 用 $\boldsymbol{\alpha}_1$，$\boldsymbol{\alpha}_2$，$\boldsymbol{\alpha}_3$ 表示出来.

证 先假定 $\boldsymbol{\beta}=\lambda_1\boldsymbol{\alpha}_1+\lambda_2\boldsymbol{\alpha}_2+\lambda_3\boldsymbol{\alpha}_3$，其中 λ_1，λ_2，λ_3 为待定常数，则

$$\begin{aligned}(-1,1,5)^{\mathrm{T}}&=\lambda_1(1,2,3)^{\mathrm{T}}+\lambda_2(0,1,4)^{\mathrm{T}}+\lambda_3(2,3,6)^{\mathrm{T}}\\&=(\lambda_1,2\lambda_1,3\lambda_1)^{\mathrm{T}}+(0,\lambda_2,4\lambda_2)^{\mathrm{T}}+(2\lambda_3,3\lambda_3,6\lambda_3)^{\mathrm{T}}\\&=(\lambda_1+2\lambda_3,2\lambda_1+\lambda_2+3\lambda_3,3\lambda_1+4\lambda_2+6\lambda_3)^{\mathrm{T}},\end{aligned}$$

两个向量相等的充要条件是它们的分量分别对应相等，因此可得：

$$\begin{cases}\lambda_1+2\lambda_3=-1,\\2\lambda_1+\lambda_2+3\lambda_3=1,\\3\lambda_1+4\lambda_2+6\lambda_3=5;\end{cases}\Rightarrow\begin{cases}\lambda_1=1,\\\lambda_2=2,\\\lambda_3=-1;\end{cases}$$

于是 $\boldsymbol{\beta}$ 可以表示为 $\boldsymbol{\alpha}_1$，$\boldsymbol{\alpha}_2$，$\boldsymbol{\alpha}_3$ 的线性组合

$$\boldsymbol{\beta}=\boldsymbol{\alpha}_1+2\boldsymbol{\alpha}_2-\boldsymbol{\alpha}_3.$$

例 3.4　证明：向量 (4, 5, 5) 可以用多种方式表示成向量 (1, 2, 3)，(−1, 1, 4) 及 (3, 3, 2) 的线性组合.

证　假定 λ_1，λ_2，λ_3 为待定常数，它们使

$$\begin{aligned}(4,5,5)&=\lambda_1(1,2,3)+\lambda_2(-1,1,4)+\lambda_3(3,3,2)\\&=(\lambda_1,2\lambda_1,3\lambda_1)+(-\lambda_2,\lambda_2,4\lambda_2)+(3\lambda_3,3\lambda_3,2\lambda_3)\\&=(\lambda_1-\lambda_2+3\lambda_3,2\lambda_1+\lambda_2+3\lambda_3,3\lambda_1+4\lambda_2+2\lambda_3),\end{aligned}$$

因此可得方程组：

$$\begin{cases}\lambda_1-\lambda_2+3\lambda_3=4,\\2\lambda_1+\lambda_2+3\lambda_3=5,\\3\lambda_1+4\lambda_2+2\lambda_3=5.\end{cases}$$

这个方程组的解不是唯一的，例如以下两组数都是方程组的解：$\lambda_1=1$，$\lambda_2=0$，$\lambda_3=1$；$\lambda_1=3$，$\lambda_2=-1$，$\lambda_3=0$.

因此，(4, 5, 5) = (1, 2, 3) + (3, 3, 2)，(4, 5, 5) = 3(1, 2, 3) − (−1, 1, 4)，即向量 (4, 5, 5) 可以用不止一种方式表示成另外 3 个向量的线性组合.

注　本例表明，判断一个向量是否可用多种形式由其他向量组线性表出的问题也可以归结为某一个线性方程组解的个数问题，解唯一，则表示方式也唯一，解越多，表示方式也越多.

同样，$\boldsymbol{\beta}$ 能否由向量组 $\boldsymbol{\alpha}_1$，$\boldsymbol{\alpha}_2$，…，$\boldsymbol{\alpha}_s$ 线性表示的问题等价于线性方程组

$$x_1\boldsymbol{\alpha}_1+x_2\boldsymbol{\alpha}_2+\cdots+x_n\boldsymbol{\alpha}_n=\boldsymbol{\beta}$$

是否有解的问题.

定理 3.1 设向量 $\boldsymbol{\beta}=\begin{bmatrix} b_1 \\ b_2 \\ \vdots \\ b_m \end{bmatrix}$，向量 $\boldsymbol{\alpha}_j=\begin{bmatrix} a_{1j} \\ a_{2j} \\ \vdots \\ a_{mj} \end{bmatrix}$ $(j=1, 2, \cdots, s)$，则向量 $\boldsymbol{\beta}$ 能由 $\boldsymbol{\alpha}_1, \boldsymbol{\alpha}_2, \cdots, \boldsymbol{\alpha}_s$ 线性表示的充要条件是矩阵 $\boldsymbol{A}=(\boldsymbol{\alpha}_1, \boldsymbol{\alpha}_2, \cdots, \boldsymbol{\alpha}_s)$ 与矩阵 $\widetilde{\boldsymbol{A}}=(\boldsymbol{\alpha}_1, \boldsymbol{\alpha}_2, \cdots, \boldsymbol{\alpha}_s, \boldsymbol{\beta})$ 的秩相等.

例 3.5 设 $\boldsymbol{\beta}_1=\boldsymbol{\alpha}_1, \boldsymbol{\beta}_2=\boldsymbol{\alpha}_1+\boldsymbol{\alpha}_2, \cdots, \boldsymbol{\beta}_r=\boldsymbol{\alpha}_1+\boldsymbol{\alpha}_2+\cdots+\boldsymbol{\alpha}_r$，且向量组 $\boldsymbol{\alpha}_1, \boldsymbol{\alpha}_2, \cdots, \boldsymbol{\alpha}_r$ 线性无关，证明向量组 $\boldsymbol{\beta}_1, \boldsymbol{\beta}_2, \cdots, \boldsymbol{\beta}_r$ 也线性无关.（提示：利用定义证明）

证 设存在 r 个数，使得

$k_1\boldsymbol{\beta}_1+k_2\boldsymbol{\beta}_2+\cdots+k_r\boldsymbol{\beta}_r=0$，有

$(k_1+k_2+\cdots+k_r)\boldsymbol{\alpha}_1+(k_2+k_3+\cdots+k_r)\boldsymbol{\alpha}_2\cdots+k_r\boldsymbol{\alpha}_r=0.$

由 $\boldsymbol{\alpha}_1,\boldsymbol{\alpha}_2,\cdots,\boldsymbol{\alpha}_r$ 线性无关，有

$$\begin{cases} k_1+k_2+k_3+\cdots+k_r=0, \\ \qquad k_2+k_3+\cdots+k_r=0, \\ \qquad\qquad \vdots \\ \qquad\qquad\qquad k_r=0. \end{cases}$$

线性方程组的系数行列式 $D=\begin{vmatrix} 1 & 1 & \cdots & 1 \\ & 1 & \cdots & 1 \\ & & \cdots & \\ & & & 1 \end{vmatrix}=1\neq 0$，

则 $k_1=k_2=k_3=k_4=0$.

故 $\boldsymbol{\beta}_1,\boldsymbol{\beta}_2,\boldsymbol{\beta}_3,\boldsymbol{\beta}_4$ 线性无关.

例 3.6 作一个秩为 4 的方阵 $\boldsymbol{A}$，它的两个行向量是 $(1, 0, 0, 0, 0)^{\mathrm{T}}$，$(1, 1, 0, 0, 0)^{\mathrm{T}}$，求 $\boldsymbol{A}$.

解 $\boldsymbol{A}=\begin{bmatrix} 1 & 0 & 0 & 0 & 0 \\ 1 & 1 & 0 & 0 & 0 \\ 1 & 1 & 1 & 0 & 0 \\ 1 & 1 & 1 & 1 & 0 \\ 0 & 0 & 0 & 0 & 0 \end{bmatrix}$.

3.1.3 向量组间的线性表示

设有两向量组

$$\boldsymbol{A}: \boldsymbol{\alpha}_1, \boldsymbol{\alpha}_2, \cdots, \boldsymbol{\alpha}_s; \boldsymbol{B}: \boldsymbol{\beta}_1, \boldsymbol{\beta}_2, \cdots, \boldsymbol{\beta}_t,$$

若向量组 $\boldsymbol{B}$ 中的每一个向量都能由向量组 $\boldsymbol{A}$ 线性表示，则称向量组 $\boldsymbol{B}$ 能由向量组 $\boldsymbol{A}$ 线性表示，若向量组 $\boldsymbol{A}$ 与向量组 $\boldsymbol{B}$ 能相互线性表示，则称这**两个向量组等价**.

例 3.7 设向量组

$\boldsymbol{A}$: $\boldsymbol{\varepsilon}_1=(1, 0, 0)^{\mathrm{T}}, \boldsymbol{\varepsilon}_2=(0, 1, 0)^{\mathrm{T}}, \boldsymbol{\varepsilon}_3=(0, 0, 1)^{\mathrm{T}}$;

$\boldsymbol{B}$: $\boldsymbol{\alpha}_1=(1, 0, 0)^{\mathrm{T}}, \boldsymbol{\alpha}_2=(1, 1, 0)^{\mathrm{T}}, \boldsymbol{\alpha}_3=(1, 1, 1)^{\mathrm{T}}$;

$\boldsymbol{C}$: $\boldsymbol{\beta}_1=(0, 0, 0)^{\mathrm{T}}, \boldsymbol{\beta}_2=(1, 1, 0)^{\mathrm{T}}, \boldsymbol{\beta}_3=(1, 0, 0)^{\mathrm{T}}$.

试判断三个向量组是否相互等价.

解 因为 $\boldsymbol{\alpha}_1=\boldsymbol{\varepsilon}_1, \boldsymbol{\alpha}_2=\boldsymbol{\varepsilon}_1+\boldsymbol{\varepsilon}_2, \boldsymbol{\alpha}_3=\boldsymbol{\varepsilon}_1+\boldsymbol{\varepsilon}_2+\boldsymbol{\varepsilon}_3$,
所以向量组 $\boldsymbol{B}$ 可由向量组 $\boldsymbol{A}$ 线性表示；

又 $\boldsymbol{\varepsilon}_1=\boldsymbol{\alpha}_1, \boldsymbol{\varepsilon}_2=\boldsymbol{\alpha}_2-\boldsymbol{\alpha}_1, \boldsymbol{\varepsilon}_3=\boldsymbol{\alpha}_3-\boldsymbol{\alpha}_2$，所以向量组 $\boldsymbol{A}$ 可由向量组 $\boldsymbol{B}$ 线性表示；

故向量组 $\boldsymbol{A}$ 与向量组 $\boldsymbol{B}$ 等价.

向量组 $\boldsymbol{C}$ 可由向量组 $\boldsymbol{A}$ 线性表示：

$$\boldsymbol{\beta}_1=0\boldsymbol{\varepsilon}_1+0\boldsymbol{\varepsilon}_2+0\boldsymbol{\varepsilon}_3, \boldsymbol{\beta}_2=\boldsymbol{\varepsilon}_1+\boldsymbol{\varepsilon}_2, \boldsymbol{\beta}_3=\boldsymbol{\varepsilon}_1,$$

但向量 $\boldsymbol{\varepsilon}_3$ 不能由向量组 $\boldsymbol{C}$ 线性表示，所以向量组 $\boldsymbol{A}$ 不能由向量组 $\boldsymbol{C}$ 线性表示，故 $\boldsymbol{A}$ 与 $\boldsymbol{C}$ 不等价，由此可知 $\boldsymbol{B}$ 与 $\boldsymbol{C}$ 不等价.

按定义，若向量组 $\boldsymbol{B}$ 能由向量组 $\boldsymbol{A}$ 线性表示，则存在 $k_{1j}, k_{2j}, \cdots, k_{sj}(j=1, 2, \cdots, t)$，使

$$\boldsymbol{\beta}_j=k_{1j}\boldsymbol{\alpha}_1+k_{2j}\boldsymbol{\alpha}_2+\cdots+k_{sj}\boldsymbol{\alpha}_s=(\boldsymbol{\alpha}_1, \boldsymbol{\alpha}_2, \cdots, \boldsymbol{\alpha}_s)\begin{bmatrix}k_{1j}\\k_{2j}\\\vdots\\k_{sj}\end{bmatrix},$$

$$\text{故 }(\boldsymbol{\beta}_1, \boldsymbol{\beta}_2, \cdots, \boldsymbol{\beta}_t)=(\boldsymbol{\alpha}_1, \boldsymbol{\alpha}_2, \cdots, \boldsymbol{\alpha}_s)\begin{bmatrix}k_{11} & k_{12} & \cdots & k_{1t}\\k_{21} & k_{22} & \cdots & k_{2t}\\\vdots & \vdots & \ddots & \vdots\\k_{s1} & k_{s2} & \cdots & k_{st}\end{bmatrix},$$

其中矩阵 $k_{s\times t}=(k_{ij})_{s\times t}$ 称为这一线性表示的**系数矩阵**.

引理 若 $\boldsymbol{C}_{s\times n}=\boldsymbol{A}_{s\times t}\boldsymbol{B}_{t\times n}$，则矩阵 $\boldsymbol{C}$ 的列向量组能由矩阵 $\boldsymbol{A}$ 的列向量组线性表示，$\boldsymbol{B}$ 为这一表示的系数矩阵. 而矩阵 $\boldsymbol{C}$ 的行向量组能由矩阵 $\boldsymbol{B}$ 的行向量组线性表示，$\boldsymbol{A}$ 为这一表示的系数矩阵.

定理 3.2 若向量组 $\boldsymbol{A}$ 可由向量组 $\boldsymbol{B}$ 线性表示，向量组 $\boldsymbol{B}$ 可由向量组 $\boldsymbol{C}$ 线性表示，则向量组 $\boldsymbol{A}$ 可由向量组 $\boldsymbol{C}$ 线性表示.

例 3.8 下列向量组中，向量 $\boldsymbol{\beta}$ 能否由其余向量线性表示？若能，写出线性表示式：

$$\boldsymbol{\alpha}_1=(3, -3, 2)^{\mathrm{T}}, \boldsymbol{\alpha}_2=(-2, 1, 2)^{\mathrm{T}}, \boldsymbol{\alpha}_3=(1, 2, -1)^{\mathrm{T}}, \boldsymbol{\beta}=(4, 5, 6)^{\mathrm{T}}.$$

解 设存在一组数 k_1, k_2, k_3，使

$$\boldsymbol{\beta}=k_1\boldsymbol{\alpha}_1+k_2\boldsymbol{\alpha}_2+k_3\boldsymbol{\alpha}_3,$$

即 $(4, 5, 6)^{\mathrm{T}}=(3k_1, -3k_1, 2k_1)^{\mathrm{T}}+(-2k_2, k_2, 2k_2)^{\mathrm{T}}+(k_3, 2k_3, -k_3)^{\mathrm{T}}$,

所以有 $\begin{cases} 3k_1-2k_2+k_3=4, \\ -3k_1+k_2+2k_3=5, \\ 2k_1+2k_2-k_3=6, \end{cases}$ 即 $k_1=2, k_2=3, k_3=4$,

故
$$\boldsymbol{\beta}=2\boldsymbol{\alpha}_1+3\boldsymbol{\alpha}_2+4\boldsymbol{\alpha}_3.$$

小结：

(1) n 维向量的概念及向量的线性运算.

(2) 向量、向量组、矩阵与方程组之间的联系.

习 题 3-1

1. 将向量 $\boldsymbol{\beta}=(2, -1, 5, 1)^{\mathrm{T}}$ 表示为向量 $\boldsymbol{\varepsilon}_1=(1, 0, 0, 0)^{\mathrm{T}}, \boldsymbol{\varepsilon}_2=(0, 1, 0, 0)^{\mathrm{T}}, \boldsymbol{\varepsilon}_3=(0, 0, 1, 0)^{\mathrm{T}}, \boldsymbol{\varepsilon}_4=(0, 0, 0, 1)^{\mathrm{T}}$ 的线性组合.

2. 判断向量 $\boldsymbol{\beta}_1=(4, 3, -1, 11)^{\mathrm{T}}$ 与 $\boldsymbol{\beta}_2=(4, 3, 0, 11)^{\mathrm{T}}$ 是否为向量组 $\boldsymbol{\alpha}_1=(1, 2, -1, 5)^{\mathrm{T}}, \boldsymbol{\alpha}_2=(2, -1, 1, 1)^{\mathrm{T}}$ 的线性组合，若是，写出表达式.

3. 设 $\boldsymbol{v}_1=(1, 1, 0)^{\mathrm{T}}, \boldsymbol{v}_2=(0, 1, 1)^{\mathrm{T}}, \boldsymbol{v}_3=(3, 4, 0)^{\mathrm{T}}$，求 $\boldsymbol{v}_1-\boldsymbol{v}_2$ 及 $3\boldsymbol{v}_1+2\boldsymbol{v}_2-\boldsymbol{v}_3$.

4. 将向量 $\boldsymbol{\beta}$ 表示为其余向量的线性组合：

$$\boldsymbol{\beta}=(3, 5, -6)^{\mathrm{T}}, \boldsymbol{\alpha}_1=(1, 0, 1)^{\mathrm{T}}, \boldsymbol{\alpha}_2=(1, 1, 1)^{\mathrm{T}}, \boldsymbol{\alpha}_3=(0, -1, -1)^{\mathrm{T}}.$$

5. 已知向量组 $\boldsymbol{B}$: $\boldsymbol{\beta}_1, \boldsymbol{\beta}_2, \boldsymbol{\beta}_3$ 由向量组 $\boldsymbol{A}$: $\boldsymbol{\alpha}_1, \boldsymbol{\alpha}_2, \boldsymbol{\alpha}_3$ 的线性表示式为

$$\boldsymbol{\beta}_1=\boldsymbol{\alpha}_1-\boldsymbol{\alpha}_2+\boldsymbol{\alpha}_3, \boldsymbol{\beta}_2=\boldsymbol{\alpha}_1+\boldsymbol{\alpha}_2-\boldsymbol{\alpha}_3, \boldsymbol{\beta}_3=-\boldsymbol{\alpha}_1+\boldsymbol{\alpha}_2+\boldsymbol{\alpha}_3,$$

将向量组 $\boldsymbol{A}$ 的向量用向量组 $\boldsymbol{B}$ 的向量表示.

6. 已知

$$\boldsymbol{\beta}=\begin{bmatrix}0\\\lambda\\\lambda^2\end{bmatrix},\boldsymbol{\alpha}_1=\begin{bmatrix}1+\lambda\\1\\1\end{bmatrix},\boldsymbol{\alpha}_2=\begin{bmatrix}1\\1+\lambda\\1\end{bmatrix},\boldsymbol{\alpha}_3=\begin{bmatrix}1\\1\\1+\lambda\end{bmatrix},$$

问 λ 取何值时,$\boldsymbol{\beta}$ 可由 $\boldsymbol{\alpha}_1$, $\boldsymbol{\alpha}_2$, $\boldsymbol{\alpha}_3$ 线性表示?

7. 已知向量组

$$\boldsymbol{A}:\boldsymbol{\alpha}_1=\begin{bmatrix}0\\1\\1\end{bmatrix},\boldsymbol{\alpha}_2=\begin{bmatrix}1\\1\\0\end{bmatrix};\boldsymbol{B}:\boldsymbol{\beta}_1=\begin{bmatrix}-1\\0\\1\end{bmatrix},\boldsymbol{\beta}_2=\begin{bmatrix}1\\2\\1\end{bmatrix},\boldsymbol{\beta}_3=\begin{bmatrix}3\\2\\-1\end{bmatrix},$$

证明向量组 $\boldsymbol{A}$ 与向量组 $\boldsymbol{B}$ 等价.

3.2 向量组的线性相关性

3.2.1 线性相关性的概念

定义 3.6 对给定向量组 $\boldsymbol{A}$: $\boldsymbol{\alpha}_1$, $\boldsymbol{\alpha}_2$, $\cdots$, $\boldsymbol{\alpha}_s$, 若存在不全为零的数 k_1, k_2, $\cdots$, k_s, 使

$$\boldsymbol{\alpha}_1k_1+\boldsymbol{\alpha}_2k_2+\cdots+\boldsymbol{\alpha}_sk_s=\mathbf{0}$$

成立,则称向量组 $\boldsymbol{\alpha}_1$, $\boldsymbol{\alpha}_2$, $\cdots$, $\boldsymbol{\alpha}_s$ **线性相关**;否则称为**线性无关**.

注 (1) $\boldsymbol{\alpha}_1$, $\boldsymbol{\alpha}_2$, $\cdots$, $\boldsymbol{\alpha}_s$ 线性无关 $\Leftrightarrow k_1=k_2=\cdots=k_s=0$;

(2) 向量组只含有一个向量 $\boldsymbol{\alpha}$ 时,$\boldsymbol{\alpha}$ 线性无关的充要条件是 $\boldsymbol{\alpha}\neq 0$;

(3) 包含零向量的任何向量组是线性相关的;

(4) 仅含两个向量的向量组线性相关的充要条件是这两个向量的分量对应成比例;

(5) 两个向量线性相关的几何意义是这两个向量共线,三个向量线性相关的几何意义是这三个向量共面.

例 3.9 判断以下 3 个向量的线性相关性:

$$\boldsymbol{\alpha}_1=\begin{bmatrix}1\\0\\1\end{bmatrix},\boldsymbol{\alpha}_2=\begin{bmatrix}-1\\2\\2\end{bmatrix},\boldsymbol{\alpha}_3=\begin{bmatrix}1\\2\\4\end{bmatrix},$$

不难验证:$2\boldsymbol{\alpha}_1+\boldsymbol{\alpha}_2-\boldsymbol{\alpha}_3=\mathbf{0}$,

因此,$\boldsymbol{\alpha}_1$, $\boldsymbol{\alpha}_2$, $\boldsymbol{\alpha}_3$ 是 3 个线性相关的 3 维向量.

例 3.10 设有两个 2 维向量：$\boldsymbol{e}_1=\begin{bmatrix}1\\0\end{bmatrix}$，$\boldsymbol{e}_2=\begin{bmatrix}0\\1\end{bmatrix}$，证明它们线性无关.

证明 如果它们线性相关,那么存在不全为零的数 λ_1，λ_2，使 $\lambda_1\boldsymbol{e}_1+\lambda_2\boldsymbol{e}_2=0$，

也就是
$$\lambda_1\begin{bmatrix}1\\0\end{bmatrix}+\lambda_2\begin{bmatrix}0\\1\end{bmatrix}=\mathbf{0},$$

即
$$\begin{bmatrix}\lambda_1\\0\end{bmatrix}+\begin{bmatrix}0\\\lambda_2\end{bmatrix}=\begin{bmatrix}\lambda_1\\\lambda_2\end{bmatrix}=\mathbf{0},$$

于是 $\lambda_1=0$，$\lambda_2=0$，这同 λ_1，λ_2 不全为零的假定是矛盾的.

因此 $\boldsymbol{e}_1$ 与 $\boldsymbol{e}_2$ 是线性无关的两个向量.

3.2.2 线性相关性的判定

要证明 m 个向量 $\boldsymbol{\alpha}_1$，$\boldsymbol{\alpha}_2$，…，$\boldsymbol{\alpha}_m$ 线性无关,常用的方法是：先假定存在数 λ_1，λ_2，…，λ_m，使得

$$\lambda_1\boldsymbol{\alpha}_1+\lambda_2\boldsymbol{\alpha}_2+\cdots+\lambda_m\boldsymbol{\alpha}_m=\mathbf{0},$$

再设法证明要使上式成立,只有

$$\lambda_1=0,\ \lambda_2=0,\ \cdots,\ \lambda_m=0,$$

于是,由定义即知 $\boldsymbol{\alpha}_1$，$\boldsymbol{\alpha}_2$，…，$\boldsymbol{\alpha}_m$ 线性无关.

注 定义中“不全为零”的条件是不可缺少的,否则任何一组向量分别乘以 0 以后再求和总等于零向量,线性相关、线性无关的定义就会变得毫无意义.

定理 3.3 向量组 $\boldsymbol{\alpha}_1$，$\boldsymbol{\alpha}_2$，…，$\boldsymbol{\alpha}_s(s\geqslant 2)$ 线性相关的充要条件是向量组中至少有一个向量可由其余 $s-1$ 个向量线性表示.

注意 讨论向量组 $\boldsymbol{\alpha}_1$，$\boldsymbol{\alpha}_2$，…，$\boldsymbol{\alpha}_s$ 的线性相关性,通常指 $s\geqslant 2$ 的情形.

定理 3.4 设有列向量组 $\boldsymbol{a}_j=\begin{bmatrix}a_{1j}\\a_{2j}\\\vdots\\a_{nj}\end{bmatrix}$ $(j=1,\ 2,\ \cdots,\ s)$，则向量组 $\boldsymbol{\alpha}_1$，$\boldsymbol{\alpha}_2$，…，$\boldsymbol{\alpha}_s$ 线性相关的充要条件是：矩阵 $\mathbf{A}=(\boldsymbol{\alpha}_1,\ \boldsymbol{\alpha}_2,\ \cdots,\ \boldsymbol{\alpha}_s)$ 的秩小于向量的个数 s.

此定理的另一说法是：n 维列向量组 $\boldsymbol{\alpha}_1$，$\boldsymbol{\alpha}_2$，…，$\boldsymbol{\alpha}_s$ 线性无关的充分必要条件是：以 $\boldsymbol{\alpha}_1$，$\boldsymbol{\alpha}_2$，…，$\boldsymbol{\alpha}_s$ 为列向量的矩阵的秩等于向量的个数 s.

这一结论对于行向量组显然也成立.

推论 3.1　s 个 n 维列向量组 $\boldsymbol{\alpha}_1, \boldsymbol{\alpha}_2, \cdots, \boldsymbol{\alpha}_s$ 线性无关(线性相关)的充要条件是：矩阵 $\boldsymbol{A}=(\boldsymbol{\alpha}_1, \boldsymbol{\alpha}_2, \cdots, \boldsymbol{\alpha}_s)$ 的秩等于(小于)向量的个数 s.

推论 3.2　n 个 n 维列向量组 $\boldsymbol{\alpha}_1, \boldsymbol{\alpha}_2, \cdots, \boldsymbol{\alpha}_n$ 线性无关(线性相关)的充要条件是：矩阵 $\boldsymbol{A}=(\boldsymbol{\alpha}_1, \boldsymbol{\alpha}_2, \cdots, \boldsymbol{\alpha}_n)$ 的行列式不等于(等于)零.

注　上述结论对于矩阵的行向量组也同样成立.

推论 3.3　当向量组中所含向量的个数大于向量的维数时,此向量组线性相关.

例 3.11　判断向量组 $\boldsymbol{\alpha}_1=(1, 2, 0, 1)^{\mathrm{T}}$, $\boldsymbol{\alpha}_2=(1, 3, 0, -1)^{\mathrm{T}}$, $\boldsymbol{\alpha}_3=(-1, -1, 1, 0)^{\mathrm{T}}$ 是否线性相关.

解　$\begin{bmatrix}1 & 1 & -1\\ 2 & 3 & -1\\ 0 & 0 & 1\\ 1 & -1 & 0\end{bmatrix}$ 中有三阶子式 $\begin{vmatrix}1 & 1 & -1\\ 2 & 3 & -1\\ 0 & 0 & 1\end{vmatrix}=1\neq 0$,

即这个矩阵的秩为 3,等于向量组中的向量个数,故向量组 $\boldsymbol{\alpha}_1, \boldsymbol{\alpha}_2, \boldsymbol{\alpha}_3$ 线性无关.

例 3.12　判断向量组 $\boldsymbol{\alpha}_1=(1, 2, -1, 5)^{\mathrm{T}}$, $\boldsymbol{\alpha}_2=(2, -1, 1, 1)^{\mathrm{T}}$, $\boldsymbol{\alpha}_3=(4, 3, -1, 11)^{\mathrm{T}}$ 是否线性相关.

解　对矩阵 $(\boldsymbol{\alpha}_1, \boldsymbol{\alpha}_2, \boldsymbol{\alpha}_3)$ 施以初等行变换化为阶梯形矩阵：

$$\begin{bmatrix}1 & 2 & 4\\ 2 & -1 & 3\\ -1 & 1 & -1\\ 5 & 1 & 11\end{bmatrix}\rightarrow\begin{bmatrix}1 & 2 & 4\\ 0 & -5 & -5\\ 0 & 3 & 3\\ 0 & -9 & -9\end{bmatrix}\rightarrow\begin{bmatrix}1 & 2 & 4\\ 0 & 1 & 1\\ 0 & 0 & 0\\ 0 & 0 & 0\end{bmatrix}.$$

秩 $=2<3$,所以向量组 $\boldsymbol{\alpha}_1, \boldsymbol{\alpha}_2, \boldsymbol{\alpha}_3$ 线性相关.

定理 3.5　如果向量组中有一部分向量(部分组)线性相关,则整个向量组线性相关.

定理 3.6　若向量组 $\boldsymbol{\alpha}_1, \boldsymbol{\alpha}_2, \cdots, \boldsymbol{\alpha}_n, \boldsymbol{\beta}$ 线性相关,而向量组 $\boldsymbol{\alpha}_1, \boldsymbol{\alpha}_2, \cdots, \boldsymbol{\alpha}_n$ 线性无关,则向量 $\boldsymbol{\beta}$ 可由 $\boldsymbol{\alpha}_1, \boldsymbol{\alpha}_2, \cdots, \boldsymbol{\alpha}_n$ 线性表示且表示法唯一.

例如,任意一向量 $\boldsymbol{\alpha}=(a_1, a_2, \cdots, a_n)^{\mathrm{T}}$ 可由初始单位向量 $\boldsymbol{\varepsilon}_1, \boldsymbol{\varepsilon}_2, \cdots, \boldsymbol{\varepsilon}_n$ 唯一地线性表示,即

$$\boldsymbol{\alpha}=a_1\boldsymbol{\varepsilon}_1+a_2\boldsymbol{\varepsilon}_2+\cdots+a_n\boldsymbol{\varepsilon}_n.$$

定理 3.7　设有两向量组

$$\boldsymbol{A}: \boldsymbol{\alpha}_1, \boldsymbol{\alpha}_2, \cdots, \boldsymbol{\alpha}_s; \boldsymbol{B}: \boldsymbol{\beta}_1, \boldsymbol{\beta}_2, \cdots, \boldsymbol{\beta}_t,$$

向量组 $\boldsymbol{B}$ 能由向量组 $\boldsymbol{A}$ 线性表示，若 $s < t$，则向量组 $\boldsymbol{B}$ 线性相关.

推论 3.4 设向量组 $\boldsymbol{B}$ 能由向量组 $\boldsymbol{A}$ 线性表示，若向量组 $\boldsymbol{B}$ 线性无关，则 $s \geqslant t$.

设向量组 $\boldsymbol{A}$ 与 $\boldsymbol{B}$ 可以相互线性表示，若 $\boldsymbol{A}$ 与 $\boldsymbol{B}$ 都是线性无关的，则 $s = t$.

例 3.13 设向量组 $\boldsymbol{\alpha}_1, \boldsymbol{\alpha}_2, \cdots, \boldsymbol{\alpha}_m$ 线性相关，且 $\boldsymbol{\alpha}_1 \neq 0$，证明存在某个向量 $\boldsymbol{\alpha}_k (2 \leqslant k \leqslant m)$ 使 $\boldsymbol{\alpha}_k$ 能由 $\boldsymbol{\alpha}_1, \boldsymbol{\alpha}_2, \cdots, \boldsymbol{\alpha}_{k-1}$ 线性表示.

证一 反证法. 即证若不存在满足题中所要求的向量，则向量组 $\boldsymbol{\alpha}_1, \boldsymbol{\alpha}_2, \cdots, \boldsymbol{\alpha}_m$ 必线性无关.

设有

$$k_1\boldsymbol{\alpha}_1 + k_2\boldsymbol{\alpha}_2 + \cdots + k_m\boldsymbol{\alpha}_m = \mathbf{0} \tag{3.2}$$

由于向量 $\boldsymbol{\alpha}_m$ 不能由其前面的 $m-1$ 个向量线性表示，故 $k_m = 0$；由于向量 $\boldsymbol{\alpha}_{m-1}$ 不能由其前面的 $m-2$ 个向量线性表示，故 $k_{m-1} = 0$；同理

$$k_{m-2} = k_{m-3} = \cdots = k_2 = 0,$$

于是式(3.3)成为 $k_1\boldsymbol{\alpha}_1 = 0$.

但由题设 $\alpha_1 \neq 0$，于是 $k_1 = 0$. 这样，若式(3.3)成立，必有系数 $k_1, k_2, \cdots, k_m$ 为零，由定义知向量组 $\boldsymbol{\alpha}_1, \boldsymbol{\alpha}_2, \cdots, \boldsymbol{\alpha}_m$ 线性无关，这与题设该向量组线性相关矛盾，因此，命题成立.

证二 因为向量组 $\boldsymbol{\alpha}_1, \boldsymbol{\alpha}_2, \cdots, \boldsymbol{\alpha}_m$ 线性相关，由定义知，存在不全为零的数 $\lambda_1, \lambda_2, \cdots, \lambda_m$，使

$$\lambda_1\boldsymbol{\alpha}_1 + \lambda_2\boldsymbol{\alpha}_2 + \cdots + \lambda_m\boldsymbol{\alpha}_m = \mathbf{0}, \tag{3.3}$$

在式(3.3)中，自右至左考察这些系数.

设其第一个不为零的数为 λ_i，也即 $\lambda_i \neq 0$，但 $\lambda_{i+1} = \lambda_{i+2} = \cdots = \lambda_m = 0$，此脚标 i 必大于等于 2，如若不然，式(3.3)成为 $\lambda_1\boldsymbol{\alpha}_1 = 0$，由 $\boldsymbol{\alpha}_1 \neq 0$ 知 $\lambda_1 = 0$，此与这些系数不全为零矛盾，这时，式(3.3)成为 $\lambda_1\boldsymbol{\alpha}_1 + \lambda_2\boldsymbol{\alpha}_2 + \cdots + \lambda_i\boldsymbol{\alpha}_i = 0$ 且 $\lambda_i \neq 0$，$i \geqslant 2$，得

$$\boldsymbol{\alpha}_i = -\frac{\lambda_1}{\lambda_i}\boldsymbol{\alpha}_1 - \cdots - \frac{\lambda_{i-1}}{\lambda_i}\boldsymbol{\alpha}_{i-1},$$

于是，上述向量 $\boldsymbol{\alpha}_i$ 即满足要求.

证三 采用类似算法的思想来寻找满足要求的向量，初始时，因 $\boldsymbol{\alpha}_1 \neq 0$，于是向量组 $\boldsymbol{\alpha}_1$ 线性无关；

第 1 步：考察 $\boldsymbol{\alpha}_1, \boldsymbol{\alpha}_2$，若它线性相关，则 $\boldsymbol{\alpha}_2$ 就能由 $\boldsymbol{\alpha}_1$(唯一地)线性表示，$\boldsymbol{\alpha}_2$

即为所求,寻找过程结束;否则转下一步;

第 2 步: $\boldsymbol{\alpha}_1$, $\boldsymbol{\alpha}_2$ 线性无关,现考察 $\boldsymbol{\alpha}_1$, $\boldsymbol{\alpha}_2$, $\boldsymbol{\alpha}_3$, 若它线性相关,则 $\boldsymbol{\alpha}_3$ 就能由 $\boldsymbol{\alpha}_1$, $\boldsymbol{\alpha}_2$(唯一地)线性表示, $\boldsymbol{\alpha}_3$ 即为所求,寻找过程结束;否则转下一步.

但此过程必在第 $m-1$ 步之前结束,因为向量组 $\boldsymbol{\alpha}_1, \boldsymbol{\alpha}_2, \cdots, \boldsymbol{\alpha}_m$ 线性相关.

假设它在第 $k-1$ 步结束 $(2 \leqslant k \leqslant m)$, 则向量 $\boldsymbol{\alpha}_k$ 就满足题中要求.

证四 考察齐次方程 $\boldsymbol{Ax}=\boldsymbol{0}$, 其中矩阵 $\boldsymbol{A}$ 由列向量组 $\boldsymbol{\alpha}_1, \boldsymbol{\alpha}_2, \cdots, \boldsymbol{\alpha}_m$ 构成;因它线性相关,故方程一定有非零解.

若设 $\widetilde{\boldsymbol{A}}$ 是 $\boldsymbol{A}$ 的一个行阶梯形,则 $\widetilde{\boldsymbol{A}}$ 中一定存在不含非零首元的列,注意到 $\widetilde{\boldsymbol{A}}$ 的第 1 列一定含非零首元,故在 $\widetilde{\boldsymbol{A}}$ 的第 2 列至第 m 列中一定有不含非零首元的列,设为 $\widetilde{\boldsymbol{\alpha}}_k$, 因 $\widetilde{\boldsymbol{\alpha}}_k$ 由 $\widetilde{\boldsymbol{\alpha}}_1, \cdots, \widetilde{\boldsymbol{\alpha}}_{k-1}$ 线性表示,故 $\boldsymbol{A}$ 中对应的 $\boldsymbol{\alpha}_k$ 也能由 $\boldsymbol{\alpha}_1, \cdots, \boldsymbol{\alpha}_{k-1}$ 线性表示.

例 3.14 试证明:

(1) 一个向量 $\boldsymbol{\alpha}$ 线性相关的充要条件是 $\boldsymbol{\alpha}=\boldsymbol{0}$;

(2) 一个向量 $\boldsymbol{\alpha}$ 线性无关的充要条件是 $\boldsymbol{\alpha} \neq \boldsymbol{0}$;

(3) 两个向量 $\boldsymbol{\alpha}$, $\boldsymbol{\beta}$ 线性相关的充要条件是 $\boldsymbol{\alpha}=k\boldsymbol{\beta}$ 或者 $\boldsymbol{\beta}=k\boldsymbol{\alpha}$, 两式不一定同时成立.

证 (1) $\boldsymbol{\alpha}=\boldsymbol{0} \Leftrightarrow 1 \cdot \boldsymbol{\alpha}=\boldsymbol{0} \Leftrightarrow \boldsymbol{\alpha}$ 线性相关;

(2) 欲使 $k\boldsymbol{\alpha}=\boldsymbol{0}$, 必须 $k=0 \Leftrightarrow \boldsymbol{\alpha}$ 线性无关;

(3) 充分性:若 $\boldsymbol{\alpha}$, $\boldsymbol{\beta}$ 线性相关,则存在不全为零的数 x, y, 使得: $x\boldsymbol{\alpha}+y\boldsymbol{\beta}=\boldsymbol{0}$,

不妨设 $x \neq 0 \Rightarrow \boldsymbol{\alpha}=-\dfrac{y}{x}\boldsymbol{\beta}$, 令 $k=-\dfrac{y}{x}$, 即得证.

必要性:不妨设 $\boldsymbol{\alpha}=k\boldsymbol{\beta}$, 即 $\boldsymbol{\alpha}+(-k)\boldsymbol{\beta}=\boldsymbol{0} \Rightarrow \boldsymbol{\alpha}$, $\boldsymbol{\beta}$ 线性相关.

小结:

(1) 线性相关与线性无关的概念;

(2) 向量组线性相关性的判定.

习 题 3-2

1. 判定下列向量组线性相关还是线性无关:

(1) $\boldsymbol{\alpha}_1=(1, 0, -1)^{\mathrm{T}}$, $\boldsymbol{\alpha}_2=(-2, 2, 0)^{\mathrm{T}}$, $\boldsymbol{\alpha}_3=(3, -5, 2)^{\mathrm{T}}$;

(2) $\boldsymbol{\alpha}_1=(1, 1, 3, 1)^{\mathrm{T}}$, $\boldsymbol{\alpha}_2=(3, -1, 2, 4)^{\mathrm{T}}$, $\boldsymbol{\alpha}_3=(2, 2, 7, -1)^{\mathrm{T}}$;

(3) $\boldsymbol{\alpha}_1=(1, 0, 0, 2, 5)^{\mathrm{T}}$, $\boldsymbol{\alpha}_2=(0, 1, 0, 3, 4)^{\mathrm{T}}$, $\boldsymbol{\alpha}_3=(0, 0, 1, 4, 7)^{\mathrm{T}}$, $\boldsymbol{\alpha}_4=(2, -3, 4, 11, 12)^{\mathrm{T}}$.

2. 问 a 取什么值时下列向量组线性相关：

$$\boldsymbol{\alpha}_1=\begin{bmatrix}a\\1\\1\end{bmatrix},\ \boldsymbol{\alpha}_2=\begin{bmatrix}1\\a\\-1\end{bmatrix},\ \boldsymbol{\alpha}_3=\begin{bmatrix}1\\-1\\a\end{bmatrix}.$$

3. 设 $\boldsymbol{\alpha}_1$, $\boldsymbol{\alpha}_2$ 线性无关，$\boldsymbol{\alpha}_1+\boldsymbol{\beta}$, $\boldsymbol{\alpha}_2+\boldsymbol{\beta}$ 线性相关，求向量 $\boldsymbol{\beta}$ 由 $\boldsymbol{\alpha}_1$, $\boldsymbol{\alpha}_2$ 线性表示的表示式.

4. 设向量组 $\boldsymbol{A}$：$\boldsymbol{\alpha}_1=(1, 2, 1, 3)^{\mathrm{T}}$, $\boldsymbol{\alpha}_2=(4, -1, -5, -6)^{\mathrm{T}}$，向量组 $\boldsymbol{B}$：$\boldsymbol{\beta}_1=(-1, 3, 4, 7)^{\mathrm{T}}$, $\boldsymbol{\beta}_2=(2, -1, -3, -4)^{\mathrm{T}}$. 证明：向量组 $\boldsymbol{A}$ 与向量组 $\boldsymbol{B}$ 等价.

5. 判别下列命题是否正确：

(1) 若存在一组不全为零的数 x_1, x_2, …, x_s，使向量组 $\boldsymbol{\alpha}_1$, $\boldsymbol{\alpha}_2$, …$\boldsymbol{\alpha}_s$ 的线性组合 $x_1\boldsymbol{\alpha}_1+x_2\boldsymbol{\alpha}_2+\cdots+x_s\boldsymbol{\alpha}_s\neq\boldsymbol{0}$，则向量组 $\boldsymbol{\alpha}_1$, $\boldsymbol{\alpha}_2$, …$\boldsymbol{\alpha}_s$ 线性无关.

(2) 若存在一组全为零的数 x_1, x_2, …, x_s，使向量组 $\boldsymbol{\alpha}_1$, $\boldsymbol{\alpha}_2$, …$\boldsymbol{\alpha}_s$ 的线性组合 $x_1\boldsymbol{\alpha}_1+x_2\boldsymbol{\alpha}_2+\cdots+x_s\boldsymbol{\alpha}_s=\boldsymbol{0}$，则向量组 $\boldsymbol{\alpha}_1$, $\boldsymbol{\alpha}_2$, …$\boldsymbol{\alpha}_s$ 线性无关.

(3) 向量组 $\boldsymbol{\alpha}_1$, $\boldsymbol{\alpha}_2$, …, $\boldsymbol{\alpha}_s(s\geqslant 2)$ 线性无关的充分必要条件是 $\boldsymbol{\alpha}_1$, $\boldsymbol{\alpha}_2$, …, $\boldsymbol{\alpha}_s$ 中任意 t 个 $(1\leqslant t\leqslant s)$ 向量都是线性无关的.

(4) 若向量组 $\boldsymbol{\alpha}_1$, $\boldsymbol{\alpha}_2$, …, $\boldsymbol{\alpha}_s(s>2)$ 中任取两个向量都是线性无关的，则向量组 $\boldsymbol{\alpha}_1$, $\boldsymbol{\alpha}_2$, …,$\boldsymbol{\alpha}_s$ 也是线性无关的.

(5) 向量组 $\boldsymbol{\alpha}_1$, $\boldsymbol{\alpha}_2$, …, $\boldsymbol{\alpha}_s$ 中，$\boldsymbol{\alpha}_s$ 不能由 $\boldsymbol{\alpha}_1$, $\boldsymbol{\alpha}_2$, …, $\boldsymbol{\alpha}_{s-1}$ 线性表示，则向量组 $\boldsymbol{\alpha}_1$, $\boldsymbol{\alpha}_2$, …, $\boldsymbol{\alpha}_s$ 线性无关.

(6) 向量组 $\boldsymbol{\alpha}_1$, $\boldsymbol{\alpha}_2$, …, $\boldsymbol{\alpha}_s$ 线性相关，且 $\boldsymbol{\alpha}_s$ 不能由 $\boldsymbol{\alpha}_1$, $\boldsymbol{\alpha}_2$, …, $\boldsymbol{\alpha}_{s-1}$ 线性表示，则 $\boldsymbol{\alpha}_1$, $\boldsymbol{\alpha}_2$, …, $\boldsymbol{\alpha}_{s-1}$ 线性相关.

6. 设向量 $\boldsymbol{\alpha}$, $\boldsymbol{\beta}$, $\boldsymbol{\gamma}$ 线性无关，令

$$\boldsymbol{\xi}=\boldsymbol{\alpha},\ \boldsymbol{\eta}=\boldsymbol{\alpha}+\boldsymbol{\beta},\ \boldsymbol{\zeta}=\boldsymbol{\alpha}-\boldsymbol{\beta}-\boldsymbol{\gamma}.$$

问向量组 $\boldsymbol{\xi}$, $\boldsymbol{\eta}$, $\boldsymbol{\zeta}$ 是否也线性无关？

7. 设有向量组 $\boldsymbol{\alpha}=(2, -1, 1, 3)^{\mathrm{T}}$, $\boldsymbol{\beta}=(1, 0, 4, 2)^{\mathrm{T}}$, $\boldsymbol{\gamma}=(-4, 2, -2, k)^{\mathrm{T}}$，问 k 取何值时，$\boldsymbol{\alpha}$, $\boldsymbol{\beta}$, $\boldsymbol{\gamma}$ 线性相关？k 取何值时，$\boldsymbol{\alpha}$, $\boldsymbol{\beta}$, $\boldsymbol{\gamma}$ 线性无关？

8. 设向量组 $\boldsymbol{\alpha}_1$, $\boldsymbol{\alpha}_2$, $\boldsymbol{\alpha}_3$ 线性无关，证明 $\boldsymbol{\alpha}_1+\boldsymbol{\alpha}_2$, $\boldsymbol{\alpha}_2+\boldsymbol{\alpha}_3$, $\boldsymbol{\alpha}_1+\boldsymbol{\alpha}_3$ 也线性无关.

9. 设非零向量 $\boldsymbol{\beta}$ 可由向量组 $\boldsymbol{\alpha}_1$, $\boldsymbol{\alpha}_2$, …, $\boldsymbol{\alpha}_s$ 线性表示，且表示式唯一，证明：向量组 $\boldsymbol{\alpha}_1$, $\boldsymbol{\alpha}_2$, …, $\boldsymbol{\alpha}_s$ 线性无关.

3.3 向量组的秩

设$\boldsymbol{V}$是所有n维列向量的全体,

$$\boldsymbol{\varepsilon}_1=(1, 0, \cdots, 0)^{\mathrm{T}}, \boldsymbol{\varepsilon}_2=(0, 1, \cdots, 0)^{\mathrm{T}}, \cdots, \boldsymbol{\varepsilon}_n=(0, 0, \cdots, 1)^{\mathrm{T}}$$

是$\boldsymbol{V}$中的n个向量,且这n个向量是线性无关的.

现在我们在这n个向量中再加进去任意一个n维向量$\boldsymbol{\alpha}=(a_1, a_2, \cdots, a_n)^{\mathrm{T}} \in \boldsymbol{V}$,这时有

$$a_1\boldsymbol{\varepsilon}_1+a_2\boldsymbol{\varepsilon}_2+\cdots+a_n\boldsymbol{\varepsilon}_n-\boldsymbol{\alpha}=\boldsymbol{0},$$

即$\boldsymbol{\varepsilon}_1, \boldsymbol{\varepsilon}_2, \cdots, \boldsymbol{\varepsilon}_n, \boldsymbol{\alpha}$是一组线性相关的向量组.因此$\boldsymbol{\varepsilon}_1, \boldsymbol{\varepsilon}_2, \cdots, \boldsymbol{\varepsilon}_n$这组向量有两个性质:

(1) 它们本身是线性无关的;

(2) 如果再加进去任意一个n维向量,所得的向量组线性相关.

对于具有这种特性的向量组,我们将引入新的定义.

3.3.1 极大线性无关组

定义 3.7 设有向量组$\boldsymbol{A}$: $\boldsymbol{\alpha}_1, \boldsymbol{\alpha}_2, \cdots, \boldsymbol{\alpha}_s$,若在$\boldsymbol{A}$中能选出$r$个向量$\boldsymbol{\alpha}_{j_1}, \boldsymbol{\alpha}_{j_2}, \cdots, \boldsymbol{\alpha}_{j_r}$,满足:

(1) 向量组$\boldsymbol{A}_0$: $\boldsymbol{\alpha}_{j_1}, \boldsymbol{\alpha}_{j_2}, \cdots, \boldsymbol{\alpha}_{j_r}$线性无关;

(2) 向量组$\boldsymbol{A}$中任意$r+1$个向量(若有的话)都线性相关,

则称向量组$\boldsymbol{A}_0$是向量组$\boldsymbol{A}$的一个**极大线性无关组**(简称为**极大无关组**).

注 极大无关组亦称为最大无关组;只含零向量的向量组没有极大无关组.

向量组的极大无关组可能不止一个,但由定义知,其向量的个数是相同的.

例如,二维向量组$\boldsymbol{\alpha}_1=(0, 1)^{\mathrm{T}}, \boldsymbol{\alpha}_2=(1, 0)^{\mathrm{T}}, \boldsymbol{\alpha}_3=(1, 1)^{\mathrm{T}}$, $\boldsymbol{\alpha}_1, \boldsymbol{\alpha}_2$线性无关,$\boldsymbol{\alpha}_3=\boldsymbol{\alpha}_1+\boldsymbol{\alpha}_2$;$\boldsymbol{\alpha}_1, \boldsymbol{\alpha}_3$线性无关,$\boldsymbol{\alpha}_2=-\boldsymbol{\alpha}_1+\boldsymbol{\alpha}_3$;$\boldsymbol{\alpha}_2, \boldsymbol{\alpha}_3$线性无关,$\boldsymbol{\alpha}_1=-\boldsymbol{\alpha}_2+\boldsymbol{\alpha}_3$.故$\boldsymbol{\alpha}_1, \boldsymbol{\alpha}_2$;$\boldsymbol{\alpha}_2, \boldsymbol{\alpha}_3$;$\boldsymbol{\alpha}_1, \boldsymbol{\alpha}_3$都是向量组$\boldsymbol{\alpha}_1, \boldsymbol{\alpha}_2, \boldsymbol{\alpha}_3$的极大线性无关组.

显然,这些极大无关组所含向量的个数相同.

定理 3.8 如果$\boldsymbol{\alpha}_{j_1}, \boldsymbol{\alpha}_{j_2}, \cdots, \boldsymbol{\alpha}_{j_r}$是$\boldsymbol{\alpha}_1, \boldsymbol{\alpha}_2, \cdots, \boldsymbol{\alpha}_s$的线性无关部分组,它是极大无关组的充分必要条件是: $\boldsymbol{\alpha}_1, \boldsymbol{\alpha}_2, \cdots, \boldsymbol{\alpha}_s$中的每一个向量都可由$\boldsymbol{\alpha}_{j_1}, \boldsymbol{\alpha}_{j_2}, \cdots, \boldsymbol{\alpha}_{j_r}$线性表示.

注 由定理 3.8 知,向量组与其极大线性无关组可相互线性表示,即向量组与其极大线性无关组等价.

例 3.15 求向量组 $\boldsymbol{\alpha}_1=(2, 4, 2)^{\mathrm{T}}$, $\boldsymbol{\alpha}_2=(1, 1, 0)^{\mathrm{T}}$, $\boldsymbol{\alpha}_3=(2, 3, 1)^{\mathrm{T}}$, $\boldsymbol{\alpha}_4=(3, 5, 2)^{\mathrm{T}}$ 的一个极大无关组,并把其余向量用该极大无关组线性表示.

解 对矩阵 $\boldsymbol{A}=(\boldsymbol{\alpha}_1, \boldsymbol{\alpha}_2, \boldsymbol{\alpha}_3, \boldsymbol{\alpha}_4)$ 施以初等行变换:

$$\boldsymbol{A}=\begin{bmatrix}2&1&2&3\\4&1&3&5\\2&0&1&2\end{bmatrix}\to\begin{bmatrix}2&1&2&3\\0&-1&-1&-1\\0&-1&-1&-1\end{bmatrix}\to\begin{bmatrix}2&1&2&3\\0&1&1&1\\0&0&0&0\end{bmatrix},$$

由最后一个矩阵可知,$\boldsymbol{\alpha}_1$, $\boldsymbol{\alpha}_2$ 为一个极大无关组,且

$$\begin{cases}\boldsymbol{\alpha}_3=\dfrac{1}{2}\boldsymbol{\alpha}_1+\boldsymbol{\alpha}_2,\\ \boldsymbol{\alpha}_4=\boldsymbol{\alpha}_1+\boldsymbol{\alpha}_2.\end{cases}$$

3.3.2 向量组的秩

定义 3.8 向量组 $\boldsymbol{\alpha}_1, \boldsymbol{\alpha}_2, \cdots, \boldsymbol{\alpha}_s$ 的极大无关组所含向量的个数称为该向量的**秩**,记为 $r(\boldsymbol{\alpha}_1, \boldsymbol{\alpha}_2, \cdots, \boldsymbol{\alpha}_s)$.

规定: 由零向量组成的向量组的秩为零.

例如上例中向量组的秩为 $\mathrm{r}(\boldsymbol{\alpha}_1, \boldsymbol{\alpha}_2, \boldsymbol{\alpha}_3, \boldsymbol{\alpha}_4)=2$.

下面的定理给出了矩阵与向量组的秩的关系.

定理 3.9 设 $\boldsymbol{A}$ 为 $m\times n$ 矩阵,则矩阵 $\boldsymbol{A}$ 的秩等于它的列向量组的秩,也等于它的行向量组的秩.

推论 3.5 矩阵 $\boldsymbol{A}$ 的行向量组的秩与列向量组的秩相等.

注 可以证明:若对矩阵 $\boldsymbol{A}$ 仅施以初等行变换得矩阵 $\boldsymbol{B}$,则 $\boldsymbol{B}$ 的列向量组与 $\boldsymbol{A}$ 的列向量组间有相同的线性关系,即行的初等变换保持了列向量间的线性无关性和线性相关性. 它提供了**求极大无关组的方法:**

以向量组中各向量为列向量组成矩阵后,只作初等行变换将该矩阵化为行阶梯形矩阵,则可直接写出所求向量组的极大无关组.

同理,也可以由向量组中各向量为行向量组成矩阵,通过作初等列变换来求向量组的极大无关组.

简言之,矩阵的初等行(列)变换不改变其列(行)向量组的线性关系.

例 3.16 设有向量组 $\boldsymbol{A}$: $\boldsymbol{\alpha}_1=(1, 4, 2, 1)^{\mathrm{T}}$, $\boldsymbol{\alpha}_2=(-2, 1, 5, 1)^{\mathrm{T}}$, $\boldsymbol{\alpha}_3=(-1, 2, 4, 1)^{\mathrm{T}}$, $\boldsymbol{\alpha}_4=(-2, 1, -1, 1)^{\mathrm{T}}$, $\boldsymbol{\alpha}_5=\left(2, 3, 0, \dfrac{1}{3}\right)^{\mathrm{T}}$,

(1) 求向量组 $\boldsymbol{A}$ 的秩并判定 $\boldsymbol{A}$ 的线性相关性;

(2) 求向量组 $\boldsymbol{A}$ 的一个极大无关组;

(3) 将 $\boldsymbol{A}$ 中的其余向量用所求的极大无关组线性表示.

解 (1) 以 $\boldsymbol{\alpha}_1, \boldsymbol{\alpha}_2, \boldsymbol{\alpha}_3, \boldsymbol{\alpha}_4, \boldsymbol{\alpha}_5$ 为列向量作矩阵 $\boldsymbol{A}$,用初等行变换将矩阵 $\boldsymbol{A}$ 化为行阶梯形:

$$\boldsymbol{A}=\begin{bmatrix}1 & -2 & -1 & -2 & 2\\ 4 & 1 & 2 & 1 & 3\\ 2 & 5 & 4 & -1 & 0\\ 1 & 1 & 1 & 1 & 1/3\end{bmatrix}\xrightarrow[r_4-r_1]{\substack{r_2-4r_1\\ r_3-2r_1}}\begin{bmatrix}1 & -2 & -1 & -2 & 2\\ 0 & 9 & 6 & 9 & -5\\ 0 & 9 & 6 & 3 & -4\\ 0 & 3 & 2 & 3 & -5/3\end{bmatrix}\xrightarrow[r_3-r_2]{r_4-\frac{1}{3}r_2}$$

$$\begin{bmatrix}1 & -2 & -1 & -2 & 2\\ 0 & 9 & 6 & 9 & -5\\ 0 & 0 & 0 & -6 & 1\\ 0 & 0 & 0 & 0 & 0\end{bmatrix}=\boldsymbol{B}_1,$$

于是 $\mathrm{r}(\boldsymbol{A})=\boldsymbol{A}$ 的列秩 $=\mathrm{r}(\boldsymbol{B}_1)=3<5$,所以向量组 $\boldsymbol{A}$ 的秩为 3,且向量组 $\boldsymbol{A}$ 线性相关.

(2) 由于行阶梯形 $\boldsymbol{B}_1$ 的三个非零行的非零首元在 1,2,4 三列,故 $\boldsymbol{\alpha}_1, \boldsymbol{\alpha}_2, \boldsymbol{\alpha}_4$ 为向量组 $\boldsymbol{A}$ 的一个极大无关组,这是因为

$$(\boldsymbol{\alpha}_1, \boldsymbol{\alpha}_2, \boldsymbol{\alpha}_4)\xrightarrow{\text{行变换}}\begin{bmatrix}1 & -2 & -2\\ 0 & 9 & 9\\ 0 & 0 & -6\\ 0 & 0 & 0\end{bmatrix},$$ 所以 $\mathrm{r}(\boldsymbol{\alpha}_1, \boldsymbol{\alpha}_2, \boldsymbol{\alpha}_4)=3$,故 $\boldsymbol{\alpha}_1, \boldsymbol{\alpha}_2, \boldsymbol{\alpha}_4$ 线性无关.

(3) 对 $\boldsymbol{B}_1$ 继续作初等行变换,化成最简形

$$\boldsymbol{B}_1\xrightarrow[\substack{r_2\div 9\\ r_3\div(-6)}]{r_1+\frac{2}{9}r_2}\begin{bmatrix}1 & 0 & 1/3 & 0 & 8/9\\ 0 & 1 & 2/3 & 1 & -5/9\\ 0 & 0 & 0 & 1 & -1/6\\ 0 & 0 & 0 & 0 & 0\end{bmatrix}\xrightarrow{r_2-r_3}\begin{bmatrix}1 & 0 & 1/3 & 0 & 8/9\\ 0 & 1 & 2/3 & 0 & -7/18\\ 0 & 0 & 0 & 1 & -1/6\\ 0 & 0 & 0 & 0 & 0\end{bmatrix}=\boldsymbol{B},$$

记 $\boldsymbol{b}_1, \boldsymbol{b}_2, \boldsymbol{b}_3, \boldsymbol{b}_4, \boldsymbol{b}_5$ 为 $\boldsymbol{B}$ 的列向量组,由 $\boldsymbol{B}$ 可知 $\boldsymbol{b}_1, \boldsymbol{b}_2, \boldsymbol{b}_4$ 构成 $\boldsymbol{B}$ 的列向量组的极大线性无关组. 且显然 $\boldsymbol{B}$ 的其余向量可由 $\boldsymbol{b}_1, \boldsymbol{b}_2, \boldsymbol{b}_4$ 线性表示. 即

$$\boldsymbol{b}_3=\frac{1}{3}\boldsymbol{b}_1+\frac{2}{3}\boldsymbol{b}_2,\ \boldsymbol{b}_5=\frac{8}{9}\boldsymbol{b}_1-\frac{7}{18}\boldsymbol{b}_2-\frac{1}{6}\boldsymbol{b}_4,$$

矩阵的初等行变换并不改变矩阵的列向量组之间的线性关系,因此,对应地有

$$\boldsymbol{\alpha}_3=\frac{1}{3}\boldsymbol{\alpha}_1+\frac{2}{3}\boldsymbol{\alpha}_2,\ \boldsymbol{\alpha}_5=\frac{8}{9}\boldsymbol{\alpha}_1-\frac{7}{18}\boldsymbol{\alpha}_2-\frac{1}{6}\boldsymbol{\alpha}_4.$$

例 3.17 求矩阵 $\begin{bmatrix}3&1&1\\1&-1&3\\0&2&-4\\2&-1&4\end{bmatrix}$ 的秩及行向量组的一个最大无关组.

解 $\boldsymbol{A}=\begin{bmatrix}3&1&1\\1&-1&3\\0&2&-4\\2&-1&4\end{bmatrix}\xrightarrow{c_1\leftrightarrow c_2}\begin{bmatrix}1&3&1\\-1&1&3\\2&0&-4\\-1&2&4\end{bmatrix}\xrightarrow[c_3-c_1]{c_2-3c_1}$

$$\begin{bmatrix}1&0&0\\-1&4&4\\2&-6&-6\\-1&5&5\end{bmatrix}\longrightarrow\begin{bmatrix}1&0&0\\-1&4&0\\2&-6&0\\-1&5&0\end{bmatrix}.$$

$\mathrm{r}(\boldsymbol{A})=2$，最大无关组为任意两个行向量.

例 3.18 求矩阵 $\begin{bmatrix}2&2&0&7&5\\1&5&7&2&1\\2&3&1&0&5\end{bmatrix}$ 行向量组的最大无关组.

解 $\boldsymbol{A}=\begin{bmatrix}2&2&0&7&5\\1&5&7&2&1\\2&3&1&0&5\end{bmatrix}\longrightarrow\begin{bmatrix}2&2&0&7&5\\1&5&7&2&1\\0&1&1&-7&0\end{bmatrix}\longrightarrow$

$$\begin{bmatrix}0&-8&-14&3&3\\1&5&7&2&1\\0&1&1&-7&0\end{bmatrix}\longrightarrow\begin{bmatrix}0&0&-6&-53&3\\1&5&7&2&1\\0&1&1&-7&0\end{bmatrix}.$$

$\mathrm{r}(\boldsymbol{A})=3$，最大无关组为任意三个行向量.

例 3.19 求下列向量组的秩，并求一个最大无关组.

$$\boldsymbol{a}_1=\begin{bmatrix}1\\2\\1\\3\end{bmatrix},\ \boldsymbol{a}_2=\begin{bmatrix}4\\-1\\-5\\-6\end{bmatrix},\ \boldsymbol{a}_3=\begin{bmatrix}1\\-3\\-4\\-7\end{bmatrix}.$$

解 因为

$$\boldsymbol{A}=(\boldsymbol{a}_1,\ \boldsymbol{a}_2,\ \boldsymbol{a}_3)=\begin{bmatrix}1&4&1\\2&-1&-3\\1&-5&-4\\3&-6&-7\end{bmatrix}\rightarrow\begin{bmatrix}1&4&1\\0&9&5\\0&0&0\\0&0&0\end{bmatrix},$$

所以向量组的秩等于 2. $\boldsymbol{a}_1, \boldsymbol{a}_2$ 或 $\boldsymbol{a}_1, \boldsymbol{a}_3$ 或 $\boldsymbol{a}_2, \boldsymbol{a}_3$ 都是最大无关组.

定理 3.10 若向量组 $\boldsymbol{B}$ 能由向量组 $\boldsymbol{A}$ 线性表示,则 $\mathrm{r}(\boldsymbol{B}) \leqslant \mathrm{r}(\boldsymbol{A})$.

推论 3.6 等价的向量组的秩相等.

推论 3.7 设向量组 $\boldsymbol{B}$ 是向量组 $\boldsymbol{A}$ 的部分组,若向量组 $\boldsymbol{B}$ 线性无关,且向量组 $\boldsymbol{A}$ 能由向量组 $\boldsymbol{B}$ 线性表示,则向量组 $\boldsymbol{B}$ 是向量组 $\boldsymbol{A}$ 的一个极大无关组.

例 3.20 设 $\boldsymbol{a}_1 = (1, -1, 1, -1)^{\mathrm{T}}$, $\boldsymbol{a}_2 = (3, 1, 1, 3)^{\mathrm{T}}$, $\boldsymbol{b}_1 = (2, 0, 1, 1)^{\mathrm{T}}$, $\boldsymbol{b}_2 = (3, -1, 2, 0)^{\mathrm{T}}$, $\boldsymbol{b}_3 = (3, -1, 2, 0)^{\mathrm{T}}$, 证明向量组 $\boldsymbol{a}_1, \boldsymbol{a}_2$ 与向量组 $\boldsymbol{b}_1, \boldsymbol{b}_2, \boldsymbol{b}_3$ 等价.

证 设 $\boldsymbol{A} = (\boldsymbol{a}_1, \boldsymbol{a}_2)$, $\boldsymbol{B} = (\boldsymbol{b}_1, \boldsymbol{b}_2, \boldsymbol{b}_3)$, $C = (\boldsymbol{a}_1, \boldsymbol{a}_2, \boldsymbol{b}_1, \boldsymbol{b}_2, \boldsymbol{b}_3)$,

$$\begin{bmatrix} 1 & 3 & 2 & 3 & 3 \\ -1 & 1 & 0 & -1 & -1 \\ 1 & 1 & 1 & 2 & 2 \\ -1 & 3 & 1 & 0 & 0 \end{bmatrix} \xrightarrow{\text{行变换}} \begin{bmatrix} 1 & 3 & 2 & 3 & 3 \\ 0 & 2 & 1 & 1 & 1 \\ 0 & 0 & 0 & 0 & 0 \\ 0 & 0 & 0 & 0 & 0 \end{bmatrix},$$

故 $\mathrm{r}(\boldsymbol{A}) = \mathrm{r}(\boldsymbol{B}) = \mathrm{r}(\boldsymbol{C}) = 2$, 且 $\boldsymbol{A}$ 能表示出 $\boldsymbol{B}$, $\boldsymbol{B}$ 能表示出 $\boldsymbol{A}$. 即 $\boldsymbol{A} \sim \boldsymbol{B}$.

小结:

(1) 极大线性无关向量组的概念,注意其极大性与线性无关性;

(2) 向量组的秩;

(3) 矩阵的秩与向量组的秩的关系:

矩阵的秩=矩阵列向量组的秩=矩阵行向量组的秩;

(4) 求向量组的秩以及极大线性无关组的方法:将向量组中的向量作为列向量构成一个矩阵,然后利用初等行变换将该矩阵化为行阶梯形矩阵,观察该阶梯形中非零行中具有非零首元所在的列,它们所对应的向量即为向量组的一个极大线性无关组.

习 题 3-3

1. 求下列向量组的一个极大线性无关组:

(1) $\boldsymbol{\alpha}_1 = (1, 0, 0)$, $\boldsymbol{\alpha}_2 = (-1, 1, 0)$, $\boldsymbol{\alpha}_3 = (1, 1, 2)$, $\boldsymbol{\alpha}_4 = (1, 0, 1)$;

(2) $\boldsymbol{\alpha}_1 = (1, 3, 2)$, $\boldsymbol{\alpha}_2 = (-1, 0, 0)$, $\boldsymbol{\alpha}_3 = (2, 1, 1)$, $\boldsymbol{\alpha}_4 = (0, 0, 1)$, $\boldsymbol{\alpha}_5 = (3, 1, 4)$;

(3) $\boldsymbol{\alpha}_1 = (1, 0, -1, 4)^{\mathrm{T}}$, $\boldsymbol{\alpha}_2 = (9, 100, 10, 4)^{\mathrm{T}}$, $\boldsymbol{\alpha}_3 = (-2, -4, 2, -8)^{\mathrm{T}}$;

(4) $\boldsymbol{\alpha}_1 = (1, 2, 1, 3)^{\mathrm{T}}$, $\boldsymbol{\alpha}_2 = (4, -1, -5, -6)^{\mathrm{T}}$, $\boldsymbol{\alpha}_3 = (1, -3, -4, -7)^{\mathrm{T}}$.

2. 求下列矩阵列向量组的一个极大线性无关组,并把其余向量用极大线性无关组表示：

(1) $\begin{bmatrix} 25 & 37 & 17 & 43 \\ 75 & 94 & 53 & 132 \\ 75 & 94 & 54 & 134 \\ 25 & 32 & 20 & 48 \end{bmatrix}$； (2) $\begin{bmatrix} 1 & 1 & 2 & 2 & 1 \\ 0 & 2 & 1 & 5 & -1 \\ 2 & 0 & 3 & -1 & 3 \\ 1 & 1 & 0 & 4 & -1 \end{bmatrix}$.

3. 设有向量组 $\boldsymbol{\alpha}_1 = \begin{bmatrix} 1 \\ 4 \\ 1 \\ 0 \end{bmatrix}$, $\boldsymbol{\alpha}_2 = \begin{bmatrix} 2 \\ 9 \\ -1 \\ -3 \end{bmatrix}$, $\boldsymbol{\alpha}_3 = \begin{bmatrix} 1 \\ 0 \\ -1 \\ -3 \end{bmatrix}$, $\boldsymbol{\alpha}_4 = \begin{bmatrix} 3 \\ 10 \\ -5 \\ -9 \end{bmatrix}$，求此向量组的秩和它的一个极大线性无关组，并将其余向量用极大无关组线性表示.

4. 设向量组 $\boldsymbol{\alpha}_1 = \begin{bmatrix} a \\ 3 \\ 1 \end{bmatrix}$, $\boldsymbol{\alpha}_2 = \begin{bmatrix} 2 \\ b \\ 3 \end{bmatrix}$, $\boldsymbol{\alpha}_3 = \begin{bmatrix} 1 \\ 2 \\ 1 \end{bmatrix}$, $\boldsymbol{\alpha}_4 = \begin{bmatrix} 2 \\ 3 \\ 1 \end{bmatrix}$ 的秩为 2，求 a, b.

5. 已知向量组 $\boldsymbol{\alpha}_1, \boldsymbol{\alpha}_2, \cdots, \boldsymbol{\alpha}_s$ 的秩为 r，证明：$\boldsymbol{\alpha}_1, \boldsymbol{\alpha}_2, \cdots, \boldsymbol{\alpha}_s$ 中的任意 r 个线性无关的向量都构成它的一个极大无关组.

6. 求矩阵 $\boldsymbol{A} = \begin{bmatrix} 1 & 2 & 1 \\ -1 & -1 & 0 \\ 0 & 1 & 1 \\ 1 & 3 & 2 \end{bmatrix}$ 的行秩与列秩.

7. 已知两个向量组有相同的秩，且其中一个可由另一个线性表示，证明：这两个向量组等价.

3.4 向量空间

3.4.1 向量空间与子空间

定义 3.9 设 $\mathbf{V}$ 为 n 维向量的集合，若集合 $\mathbf{V}$ 非空，且集合 $\mathbf{V}$ 对于 n 维向量的加法及数乘两种运算封闭，即

(1) 若 $\boldsymbol{\alpha} \in \mathbf{V}$, $\boldsymbol{\beta} \in \mathbf{V}$，则 $\boldsymbol{\alpha} + \boldsymbol{\beta} \in \mathbf{V}$；

(2) 若 $\boldsymbol{\alpha} \in \mathbf{V}$, $\lambda \in \boldsymbol{R}$，则 $\lambda\boldsymbol{\alpha} \in \mathbf{V}$.

则称集合 $\mathbf{V}$ 为 $\mathbf{R}$ 上的**向量空间**.

记所有 n 维向量的集合为 $\mathbf{R}^n$，由 n 维向量的线性运算规律，容易验证集合 $\mathbf{R}^n$ 对于加法及数乘两种运算封闭. 因而集合 $\mathbf{R}^n$ 构成一个向量空间，称 $\mathbf{R}^n$ 为 n 维向量空间.

注　$n=3$ 时，三维向量空间 $\mathbf{R}^3$ 表示实体空间；

$n=2$ 时，二维向量空间 $\mathbf{R}^2$ 表示平面；

$n=1$ 时，一维向量空间 $\mathbf{R}^1$ 表示数轴.

$n>3$ 时，$\mathbf{R}^n$ 没有直观的几何形象.

定义 3.10　设有向量空间 $\boldsymbol{V}_1$ 和 $\boldsymbol{V}_2$，若向量空间 $\boldsymbol{V}_1\subset\boldsymbol{V}_2$，则称 $\boldsymbol{V}_1$ 是 $\boldsymbol{V}_2$ 的子空间.

3.4.2　向量空间的基与维数

定义 3.11　设 $\boldsymbol{V}$ 是向量空间，若有 r 个向量 $\boldsymbol{\alpha}_1, \boldsymbol{\alpha}_2, \cdots, \boldsymbol{\alpha}_r\in\boldsymbol{V}$，且满足

(1) $\boldsymbol{\alpha}_1, \cdots, \boldsymbol{\alpha}_r$ 线性无关；

(2) $\boldsymbol{V}$ 中任一向量都可由 $\boldsymbol{\alpha}_1, \cdots, \boldsymbol{\alpha}_r$ 线性表示.

则称向量组 $\boldsymbol{\alpha}_1, \cdots, \boldsymbol{\alpha}_r$ 为向量空间 $\boldsymbol{V}$ 的一个基，数 r 称为向量空间 $\boldsymbol{V}$ 的维数，记为 $\dim\boldsymbol{V}=r$ 并称 $\boldsymbol{V}$ 为 r 维向量空间.

注　(1) 只含零向量的向量空间称为 0 维向量空间，它没有基；

(2) 若把向量空间 $\boldsymbol{V}$ 看作向量组，则 $\boldsymbol{V}$ 的基就是向量组的极大无关组，$\boldsymbol{V}$ 的维数就是向量组的秩；

(3) 若向量组 $\boldsymbol{\alpha}_1, \cdots, \boldsymbol{\alpha}_r$ 是向量空间 $\boldsymbol{V}$ 的一个基，则 $\boldsymbol{V}$ 可表示为

$$\boldsymbol{V}=\{\boldsymbol{x}\mid\boldsymbol{x}=\lambda_1\boldsymbol{\alpha}_1+\cdots+\lambda_r\boldsymbol{\alpha}_r, \lambda_1, \lambda_2, \cdots, \lambda_r\in\mathbf{R}\}.$$

此时，$\boldsymbol{V}$ 又称为由基 $\boldsymbol{\alpha}_1, \cdots, \boldsymbol{\alpha}_r$ 所生成的向量空间. 故数组 $\lambda_1, \cdots, \lambda_r$ 称为向量 $\boldsymbol{x}$ 在基 $\boldsymbol{\alpha}_1, \cdots, \boldsymbol{\alpha}_r$ 中的坐标.

注　如果在向量空间 $\boldsymbol{V}$ 中取定一个基 $\boldsymbol{a}_1, \boldsymbol{a}_2, \cdots, \boldsymbol{a}_r$，那么 $\boldsymbol{V}$ 中任一向量 $\boldsymbol{x}$ 可唯一地表示为

$$\boldsymbol{x}=\lambda_1\boldsymbol{a}_1+\lambda_2\boldsymbol{a}_2+\cdots+\lambda_r\boldsymbol{a}_r,$$

数组 $\lambda_1, \lambda_2, \cdots, \lambda_r$ 称为向量 $\boldsymbol{x}$ 在基 $\boldsymbol{a}_1, \boldsymbol{a}_2, \cdots, \boldsymbol{a}_r$ 中的坐标.

特别地，n 维向量空间 $\mathbf{R}^n$ 中取单位坐标向量组 $\boldsymbol{e}_1, \boldsymbol{e}_2, \cdots, \boldsymbol{e}_n$ 为基，则以 $x_1, x_2, \cdots, x_n$ 为分量的向量 $\boldsymbol{x}$，可表示为

$$\boldsymbol{x}=x_1\boldsymbol{e}_1+x_2\boldsymbol{e}_2+\cdots+x_n\boldsymbol{e}_n,$$

可见向量在基 $\boldsymbol{e}_1, \boldsymbol{e}_2, \cdots, \boldsymbol{e}_n$ 中的坐标就是该向量的分量. 因此 $\boldsymbol{e}_1, \boldsymbol{e}_2, \cdots, \boldsymbol{e}_n$ 叫作 $\mathbf{R}^n$ 中的自然基.

例 3.21　判别下列集合是否为向量空间：

$$\boldsymbol{V}_1=\{\boldsymbol{x}=(0, \boldsymbol{x}_2, \cdots, \boldsymbol{x}_n)^{\mathrm{T}}\mid\boldsymbol{x}_2, \cdots, \boldsymbol{x}_n\in\mathbf{R}\}$$

解 V_1 是向量空间. 因为对于 V_1 的任意两个元素

$$\boldsymbol{\alpha}=(0, a_2, \cdots, a_n)^{\mathrm{T}}, \boldsymbol{\beta}=(0, b_2, \cdots, b_n)^{\mathrm{T}} \in \boldsymbol{V}_1,$$

有 $\boldsymbol{\alpha}+\boldsymbol{\beta}=(0, a_2+b_2, \cdots, a_n+b_n)^{\mathrm{T}} \in \boldsymbol{V}_1$, $\lambda\boldsymbol{\alpha}=(0, \lambda a_2, \cdots, \lambda a_n)^{\mathrm{T}} \in \boldsymbol{V}_1$.

例 3.22 设 $\boldsymbol{\alpha}$, $\boldsymbol{\beta}$ 为两个已知的 n 维向量, 集合

$$\boldsymbol{V}=\{\boldsymbol{\xi}=\lambda\boldsymbol{\alpha}+\mu\boldsymbol{\beta} \mid \lambda, \mu \in \mathbf{R}\}$$

试判断集合 $\boldsymbol{V}$ 是否为向量空间.

解 $\boldsymbol{V}$ 是一个向量空间. 因为若 $\boldsymbol{\xi}_1=\lambda_1\boldsymbol{\alpha}+\mu_1\boldsymbol{\beta}$, $\boldsymbol{\xi}_2=\lambda_2\boldsymbol{\alpha}+\mu_2\boldsymbol{\beta}$, 则有

$$\boldsymbol{\xi}_1+\boldsymbol{\xi}_2=(\lambda_1+\lambda_2)\boldsymbol{\alpha}+(\mu_1+\mu_2)\boldsymbol{\beta} \in \boldsymbol{V}, k\boldsymbol{\xi}_1=(k\lambda_1)\boldsymbol{\alpha}+(k\mu_1)\boldsymbol{\beta} \in \boldsymbol{V}.$$

这个向量空间称为由向量 $\boldsymbol{\alpha}$, $\boldsymbol{\beta}$ 所生成的向量空间.

例 3.23 设向量组 $\boldsymbol{\alpha}_1, \cdots, \boldsymbol{\alpha}_m$ 与向量组 $\boldsymbol{\beta}_1, \cdots, \boldsymbol{\beta}_s$ 等价, 记

$$\boldsymbol{V}_1=\{\boldsymbol{\xi}=\lambda_1\boldsymbol{\alpha}_1+\lambda_2\boldsymbol{\alpha}_2+\cdots+\lambda_m\boldsymbol{\alpha}_m \mid \lambda_1, \lambda_2, \cdots, \lambda_m \in \mathbf{R}\},$$
$$\boldsymbol{V}_2=\{\boldsymbol{\xi}=\mu_1\boldsymbol{\beta}_1+\mu_2\boldsymbol{\beta}_2+\cdots+\mu_s\boldsymbol{\beta}_s \mid \mu_1, \mu_2, \cdots, \mu_s \in \mathbf{R}\},$$

试证: $\boldsymbol{V}_1=\boldsymbol{V}_2$.

证 设 $\boldsymbol{\xi} \in \boldsymbol{V}_1$, 则 $\boldsymbol{\xi}$ 可由 $\boldsymbol{\alpha}_1, \cdots, \boldsymbol{\alpha}_m$ 线性表示. 因 $\boldsymbol{\alpha}_1, \cdots, \boldsymbol{\alpha}_m$ 可由 $\boldsymbol{\beta}_1, \cdots, \boldsymbol{\beta}_s$ 线性表示, 故 $\boldsymbol{\xi}$ 可由 $\boldsymbol{\beta}_1, \cdots, \boldsymbol{\beta}_s$ 线性表示 $\Rightarrow \boldsymbol{\xi} \in \boldsymbol{V}_2$. 这就是说,若 $\boldsymbol{\xi} \in \boldsymbol{V}_1$, 则 $\boldsymbol{\xi} \in \boldsymbol{V}_2 \Rightarrow \boldsymbol{V}_1 \subset \boldsymbol{V}_2$.

类似地可证: 若 $\boldsymbol{\xi} \in \boldsymbol{V}_2$, 则 $\boldsymbol{\xi} \in \boldsymbol{V}_1 \Rightarrow \boldsymbol{V}_2 \subset \boldsymbol{V}_1$.

因为 $\boldsymbol{V}_1 \subset \boldsymbol{V}_2$, $\boldsymbol{V}_2 \subset \boldsymbol{V}_1$, 所以 $\boldsymbol{V}_1=\boldsymbol{V}_2$.

例 3.24 考虑齐次线性方程组 $\boldsymbol{A}\boldsymbol{x}=\mathbf{0}$, 全体解的集合为

$$\boldsymbol{S}=\{\boldsymbol{\alpha} \mid \boldsymbol{A}\boldsymbol{\alpha}=\mathbf{0}\}$$

显然,$\boldsymbol{S}$ 非空 ($\mathbf{0} \in \boldsymbol{S}$), 任取 $\boldsymbol{\alpha}$, $\boldsymbol{\beta} \in \boldsymbol{S}$, k 为任一常数, 则

$$\boldsymbol{A}(\boldsymbol{\alpha}+\boldsymbol{\beta})=\boldsymbol{A}\boldsymbol{\alpha}+\boldsymbol{A}\boldsymbol{\beta}=\mathbf{0}, \Rightarrow \boldsymbol{\alpha}+\boldsymbol{\beta} \in \boldsymbol{S}$$
$$\boldsymbol{A}(k\boldsymbol{\alpha})=k\boldsymbol{A}\boldsymbol{\alpha}=k\mathbf{0}=\mathbf{0}, \Rightarrow k\boldsymbol{\alpha} \in \boldsymbol{S}$$

故 $\boldsymbol{S}$ 是一向量空间. 称 $\boldsymbol{S}$ 为齐次线性方程组 $\boldsymbol{A}\boldsymbol{x}=0$ 的解空间.

例 3.25 证明单位向量组

$$\boldsymbol{\varepsilon}_1=(1, 0, 0, \cdots, 0)^{\mathrm{T}}, \boldsymbol{\varepsilon}_2=(0, 1, 0, \cdots, 0)^{\mathrm{T}}, \cdots, \boldsymbol{\varepsilon}_n=(0, 0, 0, \cdots, 1)^{\mathrm{T}},$$

是 n 维向量空间 $\mathbf{R}^n$ 的一个基.

证 (1) 易见 n 维向量组 $\boldsymbol{\varepsilon}_1, \boldsymbol{\varepsilon}_2, \cdots, \boldsymbol{\varepsilon}_n$ 线性无关;

(2) 对 n 维向量空间 $\mathbf{R}^n$ 中的任意一个向量 $\boldsymbol{\alpha}=(a_1, a_2, \cdots, a_n)^{\mathrm{T}}$，有 $\boldsymbol{\alpha}=a_1\boldsymbol{\varepsilon}_1+a_2\boldsymbol{\varepsilon}_2+\cdots+a_n\boldsymbol{\varepsilon}_n$，

即 $\mathbf{R}^n$ 中的任意一个向量都可由初始向量线性表出. 因此,向量组 $\boldsymbol{\varepsilon}_1, \boldsymbol{\varepsilon}_2, \cdots, \boldsymbol{\varepsilon}_n$ 是 n 维向量空间 $\mathbf{R}^n$ 的一个基.

例 3.26 给定向量

$$\boldsymbol{\alpha}_1=(-2, 4, 1)^{\mathrm{T}},\ \boldsymbol{\alpha}_2=(-1, 3, 5)^{\mathrm{T}},\ \boldsymbol{\alpha}_3=(2, -3, 1)^{\mathrm{T}},\ \boldsymbol{\beta}=(1, 1, 3)^{\mathrm{T}},$$

试证明：向量组 $\boldsymbol{\alpha}_1, \boldsymbol{\alpha}_2, \boldsymbol{\alpha}_3$ 是三维向量空间 $\mathbf{R}^3$ 的一个基，并将向量 $\boldsymbol{\beta}$ 用这个基线性表示.

证 令矩阵 $\boldsymbol{A}=(\boldsymbol{\alpha}_1, \boldsymbol{\alpha}_2, \boldsymbol{\alpha}_3)$，要证明 $\boldsymbol{\alpha}_1, \boldsymbol{\alpha}_2, \boldsymbol{\alpha}_3$ 是 $\mathbf{R}^3$ 的一个基,只需证明 $\boldsymbol{A}\to\boldsymbol{E}$；又设 $\boldsymbol{\beta}=x_1\boldsymbol{\alpha}_1+x_2\boldsymbol{\alpha}_2+x_3\boldsymbol{\alpha}_3$ 或 $\boldsymbol{AX}=\boldsymbol{\beta}$.

则对 $(\boldsymbol{A}\ \ \boldsymbol{\beta})$ 进行初等行变换，当将 $\boldsymbol{A}$ 化为单位矩阵 $\boldsymbol{E}$ 时,同时将向量 $\boldsymbol{\beta}$ 化为 $\boldsymbol{X}=\boldsymbol{A}^{-1}\boldsymbol{\beta}$.

$$(\boldsymbol{A}\ \ \boldsymbol{\beta})=\begin{bmatrix}-2 & -1 & 2 & 1\\ 4 & 3 & -3 & 1\\ 1 & 5 & 1 & 3\end{bmatrix}\xrightarrow{\text{行变换}}\begin{bmatrix}1 & 0 & 0 & 4\\ 0 & 1 & 0 & -1\\ 0 & 0 & 1 & 4\end{bmatrix}.$$

可见 $\boldsymbol{A}\to\boldsymbol{E}$，故 $\boldsymbol{\alpha}_1, \boldsymbol{\alpha}_2, \boldsymbol{\alpha}_3$ 是 $\mathbf{R}^3$ 的一个基,且 $\boldsymbol{\beta}=4\boldsymbol{\alpha}_1-\boldsymbol{\alpha}_2+4\boldsymbol{\alpha}_3$.

习 题 3-4

1. 已知向量 $\boldsymbol{\alpha}_1=(1, 2, 3)^{\mathrm{T}}, \boldsymbol{\alpha}_2=(3, 2, 1)^{\mathrm{T}}, \boldsymbol{\alpha}_3=(-2, 0, 2)^{\mathrm{T}}, \boldsymbol{\alpha}_4=(1, 2, 4)^{\mathrm{T}}$，求：

(1) $3\boldsymbol{\alpha}_1+2\boldsymbol{\alpha}_2-5\boldsymbol{\alpha}_3+4\boldsymbol{\alpha}_4$；　　(2) $5\boldsymbol{\alpha}_1+2\boldsymbol{\alpha}_2-\boldsymbol{\alpha}_3-\boldsymbol{\alpha}_4$.

2. 已知向量 $\boldsymbol{\alpha}=\begin{bmatrix}1\\0\\1\end{bmatrix}, \boldsymbol{\beta}=\begin{bmatrix}5\\-3\\1\end{bmatrix}$，

(1) 设 $(\boldsymbol{\alpha}-\boldsymbol{\xi})+2(\boldsymbol{\beta}-\boldsymbol{\xi})=3(\boldsymbol{\alpha}-\boldsymbol{\beta})$，求向量 $\boldsymbol{\xi}$.

(2) 设 $2\boldsymbol{\xi}-\boldsymbol{\eta}=\boldsymbol{\alpha}, \boldsymbol{\xi}+\boldsymbol{\eta}=\boldsymbol{\beta}$，求向量 $\boldsymbol{\xi}, \boldsymbol{\eta}$.

3. 写出各向量组所生成的向量空间、基及维数.

(1) $\boldsymbol{\alpha}_1=(1, 1, 1)^{\mathrm{T}}, \boldsymbol{\alpha}_2=(0, 2, 3)^{\mathrm{T}}, \boldsymbol{\alpha}_3=(0, 3, 4)^{\mathrm{T}}$；

(2) $\boldsymbol{\alpha}_1=(1, 2, 1, 3)^{\mathrm{T}}, \boldsymbol{\alpha}_2=(4, -1, -5, -6)^{\mathrm{T}}, \boldsymbol{\alpha}_3=(1, -3, -4, -7)^{\mathrm{T}}, \boldsymbol{\alpha}_4=(2, 1, -1, 0)^{\mathrm{T}}$.

4. 验证 $\boldsymbol{\alpha}_1=(1, -1, 0)^{\mathrm{T}}, \boldsymbol{\alpha}_2=(2, 1, 3)^{\mathrm{T}}, \boldsymbol{\alpha}_3=(3, 1, 2)^{\mathrm{T}}$ 为 $\mathbf{R}^3$ 的一组

基,并将 $\boldsymbol{v}_1=(5,\ 0,\ 7)^{\mathrm{T}}$, $\boldsymbol{v}_2=(-9,\ -8,\ -13)^{\mathrm{T}}$ 用此基来线性表示.

5. 设 $\boldsymbol{\xi}_1$, $\boldsymbol{\xi}_2$, $\boldsymbol{\xi}_3$ 是 $\mathbf{R}^3$ 的一组基,已知 $\boldsymbol{\alpha}_1=\boldsymbol{\xi}_1+\boldsymbol{\xi}_2-2\boldsymbol{\xi}_3$, $\boldsymbol{\alpha}_2=\boldsymbol{\xi}_1-\boldsymbol{\xi}_2-\boldsymbol{\xi}_3$, $\boldsymbol{\alpha}_3=\boldsymbol{\xi}_1+\boldsymbol{\xi}_3$, 证明 $\boldsymbol{\alpha}_1$, $\boldsymbol{\alpha}_2$, $\boldsymbol{\alpha}_3$ 是 $\mathbf{R}^3$ 的一组基,并求出向量 $\boldsymbol{\xi}_1$ 关于基 $\boldsymbol{\alpha}_1$, $\boldsymbol{\alpha}_2$, $\boldsymbol{\alpha}_3$ 的坐标.

3.5 消元法解方程组

在中学代数中,已经学过用消元法解简单的线性方程组,这一方法也适用于求解一般的线性方程组,并可用增广矩阵的初等行变换表示其求解过程.

例 3.27 解线性方程组

$$\begin{cases}2x_1+2x_2-x_3=6,\\ x_1-2x_2+4x_3=3,\\ 5x_1+7x_2+x_3=28.\end{cases}$$

解 为观察消元过程,我们将消元过程中每个步骤的方程组及与其对应的矩阵一并列出:

$$\begin{cases}2x_1+2x_2-x_3=6,\\ x_1-2x_2+4x_3=3,\\ 5x_1+7x_2+x_3=28,\end{cases} \leftrightarrow \begin{bmatrix}2 & 2 & -1 & 6\\ 1 & -2 & 4 & 3\\ 5 & 7 & 1 & 28\end{bmatrix}, \tag{①}$$

方程组中第一个方程分别乘以 $\left(-\dfrac{1}{2}\right)$ 和 $\left(-\dfrac{5}{2}\right)$ 加于第二个方程和第三个方程,得

$$\begin{cases}2x_1+2x_2-x_3=6,\\ -3x_2+\dfrac{9}{2}x_3=0,\\ 2x_2+\dfrac{7}{2}x_3=13,\end{cases} \leftrightarrow \begin{bmatrix}2 & 2 & -1 & 6\\ 0 & -3 & \dfrac{9}{2} & 0\\ 0 & 2 & \dfrac{7}{2} & 13\end{bmatrix}, \tag{②}$$

再将上面方程组的第二个方程乘以 $\dfrac{2}{3}$ 加于第三个方程,得

$$\begin{cases}2x_1+2x_2-x_3=6,\\ -3x_2+\dfrac{9}{2}x_3=0,\\ \dfrac{13}{2}x_3=13,\end{cases} \leftrightarrow \begin{bmatrix}2 & 2 & -1 & 6\\ 0 & -3 & \dfrac{9}{2} & 0\\ 0 & 0 & \dfrac{13}{2} & 13\end{bmatrix}, \tag{③}$$

方程组是一个阶梯形方程组,从第三个方程可以得到 x_3 的值,然后再逐次代入前两个方程,求出 x_2, x_1, 得到方程组的解.

现将上述方程组的第三个方程乘以 $\frac{2}{13}$, 得

$$\begin{cases}2x_1+2x_2-\ \ x_3=6, \\ \quad -3x_2+\frac{9}{2}x_3=0, \\ \qquad\qquad x_3=2,\end{cases} \leftrightarrow \begin{bmatrix}2 & 2 & -1 & 6 \\ 0 & -3 & \frac{9}{2} & 0 \\ 0 & 0 & 1 & 2\end{bmatrix}. \tag{④}$$

因此,所求方程组的解为

$$x_1=1,\ x_2=3,\ x_3=2.$$

这种解法称为消元法,①~④称为**消元过程**. 矩阵④是行阶梯形矩阵,与之对应的方程组④称为**行阶梯形方程组**.

从上述解题过程可以看出,用消元法求解线性方程组的具体做法是对方程组反复实施以下三种变换:

(1) 交换某两个方程的位置;

(2) 用一个非零数乘某一个方程的两边;

(3) 将一个方程的倍数加到另一个方程上去.

以上三种变换称为**线性方程组的初等变换**.

更进一步,我们可以对方程做以下变换:

将上述方程组的第三个方程分别乘以 1 和 $\left(-\frac{9}{2}\right)$ 加于第一个方程和第二个方程,得

$$\begin{cases}2x_1+2x_2 \quad =8, \\ \quad -3x_2 \quad =-9, \\ \qquad\qquad x_3=2,\end{cases} \leftrightarrow \begin{bmatrix}2 & 2 & 0 & 8 \\ 0 & -3 & 0 & -9 \\ 0 & 0 & 1 & 2\end{bmatrix}, \tag{⑤}$$

将方程组的第二个方程乘以 $\left(-\frac{1}{3}\right)$, 得

$$\begin{cases}2x_1+2x_2 \quad =8, \\ \qquad x_2 \quad =3, \\ \qquad\qquad x_3=2,\end{cases} \leftrightarrow \begin{bmatrix}2 & 2 & 0 & 8 \\ 0 & 1 & 0 & 3 \\ 0 & 0 & 1 & 2\end{bmatrix}, \tag{⑥}$$

将方程组的第二个方程乘以 (−2) 加于第一个方程，得

$$\begin{cases}2x_1 \qquad =2, \\ \quad x_2 \quad =3, \\ \qquad x_3=2,\end{cases} \leftrightarrow \begin{bmatrix}2 & 0 & 0 & 2\\0 & 1 & 0 & 3\\0 & 0 & 1 & 2\end{bmatrix}, \tag{⑦}$$

最后将方程组的第一个方程乘以 $\frac{1}{2}$，得

$$\begin{cases}x_1 \qquad =1, \\ \quad x_2 \quad =3, \\ \qquad x_3=2,\end{cases} \leftrightarrow \begin{bmatrix}1 & 0 & 0 & 1\\0 & 1 & 0 & 3\\0 & 0 & 1 & 2\end{bmatrix}, \tag{⑧}$$

从上可明显得到

$$x_1=1,\ x_2=3,\ x_3=2.$$

通常把过程⑤～⑧称为**回代过程**.

考虑一般的线性方程组

$$\begin{cases}a_{11}x_1+a_{12}x_2+\cdots+a_{1n}x_n=b_1,\\a_{21}x_1+a_{22}x_2+\cdots+a_{2n}x_n=b_2,\\\qquad\qquad\vdots\\a_{m1}x_1+a_{m2}x_2+\cdots+a_{mn}x_n=b_m,\end{cases} \tag{3.4}$$

的求解问题，记

$$\boldsymbol{A}=\begin{bmatrix}a_{11} & a_{12} & \cdots & a_{1n}\\a_{21} & a_{22} & \cdots & a_{2n}\\\vdots & \vdots & & \vdots\\a_{m1} & a_{m2} & \cdots & a_{mn}\end{bmatrix},\ \boldsymbol{x}=\begin{bmatrix}x_1\\x_2\\\vdots\\x_n\end{bmatrix},\ \boldsymbol{b}=\begin{bmatrix}b_1\\b_2\\\vdots\\b_m\end{bmatrix},$$

则方程组的矩阵形式为

$$\boldsymbol{Ax}=\boldsymbol{b}$$

其中 $\boldsymbol{A}$ 称为方程组的系数矩阵，$\boldsymbol{b}$ 称为方程组的常数项矩阵，$\boldsymbol{x}$ 称为 n 元未知量矩阵.

称矩阵 $(\boldsymbol{A}\quad\boldsymbol{b})$（有时记为 $\widetilde{\boldsymbol{A}}$）为线性方程组的**增广矩阵**.

当 $b_i=0\ (i=1,2,\cdots,m)$ 时，线性方程组(3.4)称为齐次的，否则称为非齐次的，显然，齐次线性方程组的矩阵形式为

$$\boldsymbol{Ax}=\boldsymbol{0}.$$

定理 3.11　设 $\boldsymbol{A}=(a_{ij})_{m\times n}$，$n$ 元齐次线性方程组 $\boldsymbol{Ax}=\boldsymbol{0}$ 有非零解的充要条件是系数矩阵 $\boldsymbol{A}$ 的秩 $\mathrm{r}(\boldsymbol{A})<\boldsymbol{n}$.

定理 3.12　设 $\boldsymbol{A}=(a_{ij})_{m\times n}$，$n$ 元非齐次线性方程组 $\boldsymbol{Ax}=\boldsymbol{b}$ 有解的充要条件是系数矩阵 $\boldsymbol{A}$ 的秩等于增广矩阵 $\widetilde{\boldsymbol{A}}=(\boldsymbol{A}\quad\boldsymbol{b})$ 的秩，即 $\mathrm{r}(\boldsymbol{A})=\mathrm{r}(\widetilde{\boldsymbol{A}})$.

注　若记 $\widetilde{\boldsymbol{A}}=(\boldsymbol{A}\quad\boldsymbol{b})$，则上述定理的结果可简要总结如下：

(1) $\mathrm{r}(\boldsymbol{A})=\mathrm{r}(\widetilde{\boldsymbol{A}})=n$ 当且仅当 $\boldsymbol{Ax}=\boldsymbol{b}$ 有唯一解；

(2) $\mathrm{r}(\boldsymbol{A})=\mathrm{r}(\widetilde{\boldsymbol{A}})<n$ 当且仅当 $\boldsymbol{Ax}=\boldsymbol{b}$ 有无穷多解；

(3) $\mathrm{r}(\boldsymbol{A})\neq\mathrm{r}(\widetilde{\boldsymbol{A}})$ 当且仅当 $\boldsymbol{Ax}=\boldsymbol{b}$ 无解；

(4) $\mathrm{r}(\boldsymbol{A})=n$ 当且仅当 $\boldsymbol{Ax}=\boldsymbol{0}$ 只有零解；

(5) $\mathrm{r}(\boldsymbol{A})<n$ 当且仅当 $\boldsymbol{Ax}=\boldsymbol{0}$ 有非零解.

对非齐次线性方程组，将增广矩阵 $\widetilde{\boldsymbol{A}}$ 化为行阶梯形矩阵，直接判断其是否有解，若有解，化为行最简形矩阵，直接写出其全部解. 注意，当 $\mathrm{r}(\boldsymbol{A})=\mathrm{r}(\widetilde{\boldsymbol{A}})=s<n$ 时，$\widetilde{\boldsymbol{A}}$ 的行阶梯形矩阵中含有 s 个非零行，把这 s 行的第一个非零元所对应的未知量作为非自由量，其余 $n-s$ 个作为自由未知量.

对齐次线性方程组，将其系数矩阵化为行最简形矩阵，便可直接写出其全部解.

例 3.28　解齐次线性方程组

$$\begin{cases}x_1+\ \ x_2+x_3+4x_4=0,\\ x_1+\ \ x_2-x_3-2x_4=0,\\ 2x_1+2x_2+x_3+5x_4=0,\\ 3x_1+3x_2+x_3+6x_4=0.\end{cases}$$

解　对系数矩阵 $\boldsymbol{A}$ 施行初等行变换：

$$\boldsymbol{A}=\begin{bmatrix}1&1&1&4\\1&1&-1&-2\\2&2&1&5\\3&3&1&6\end{bmatrix}\xrightarrow[r_4-3r_1]{\substack{r_2-r_1\\ r_3-2r_1}}\begin{bmatrix}1&1&1&4\\0&0&-2&-6\\0&0&-1&-3\\0&0&-2&-6\end{bmatrix}\xrightarrow[r_4-2r_3]{r_2-2r_3}$$

$$\begin{bmatrix}1&1&1&4\\0&0&0&0\\0&0&-1&-3\\0&0&0&0\end{bmatrix}\xrightarrow[r_2\leftrightarrow r_3]{r_3\times(-1)}\begin{bmatrix}1&1&1&4\\0&0&1&3\\0&0&0&0\\0&0&0&0\end{bmatrix}\xrightarrow{r_1-r_2}\begin{bmatrix}1&1&0&1\\0&0&1&3\\0&0&0&0\\0&0&0&0\end{bmatrix},$$

原方程组的同解方程组为

$$\begin{cases}x_1+x_2\quad +x_4=0,\\ \qquad\quad x_3+3x_4=0.\end{cases}$$

取 x_2，x_4 为自由未知量，即得

$$\begin{cases}x_1=-x_2-x_4,\\ x_3=-3x_4.\end{cases}(x_2,\ x_4\text{ 可任意取值})$$

令 $x_2=c_1$，$x_4=c_2$，将其写成向量形式为

$$\begin{bmatrix}x_1\\x_2\\x_3\\x_4\end{bmatrix}=c_1\begin{bmatrix}-1\\1\\0\\0\end{bmatrix}+c_2\begin{bmatrix}-1\\0\\-3\\1\end{bmatrix}(c_1,\ c_2\text{ 为任意实数}).$$

例 3.29 解线性方程组

$$\begin{cases}x_1+x_2+x_3+x_4+x_5=a,\\3x_1+2x_2+x_3+x_4-3x_5=0,\\x_2+2x_3+2x_4+6x_5=b,\\5x_1+4x_2+3x_3+3x_4-x_5=2.\end{cases}$$

解 对增广矩阵 $\widetilde{\boldsymbol{A}}$ 施行初等行变换

$$\widetilde{\boldsymbol{A}}=\begin{bmatrix}1&1&1&1&1&a\\3&2&1&1&-3&0\\0&1&2&2&6&b\\5&4&3&3&-1&2\end{bmatrix}\xrightarrow[r_4-5r_1]{r_2-3r_1}\begin{bmatrix}1&1&1&1&1&a\\0&-1&-2&-2&-6&-3a\\0&1&2&2&6&b\\0&-1&-2&-2&-6&2-5a\end{bmatrix}\rightarrow$$

$$\begin{bmatrix}1&0&-1&-1&-5&-2a\\0&1&2&2&6&3a\\0&0&0&0&0&b-3a\\0&0&0&0&0&2-2a\end{bmatrix}.$$

(1) 当 $b-3a=0$ 且 $2-2a=0$，即 $a=1$ 且 $b=3$ 时，$\mathrm{r}(\boldsymbol{A})=\mathrm{r}(\widetilde{\boldsymbol{A}})=2<5$，方程组有无穷多解；

(2) 当 $a\neq 1$ 或 $b\neq 3$ 时，$\mathrm{r}(\boldsymbol{A})\neq\mathrm{r}(\widetilde{\boldsymbol{A}})$，方程组无解.

当 $a=1$ 且 $b=3$ 时，方程组有解，由初等行变换的结果可得与原方程组同解的方程组

$$\begin{cases} x_1 = -2 + x_3 + x_4 + 5x_5, \\ x_2 = 3 - 2x_3 - 2x_4 - 6x_5. \end{cases}$$

故原方程组的全部解为

$$\begin{cases} x_1 = -2 + c_1 + c_2 + 5c_3, \\ x_2 = 3 - 2c_1 - 2c_2 - 6c_3, \\ x_3 = c_1, \\ x_4 = c_2, \\ x_5 = c_3. \end{cases} \quad (c_1,\ c_2,\ c_3 \text{ 为任意常数})$$

注 本题主要利用初等行变换法和解的判定来求解线性方程组,其中方程组含有待定参数,要通过讨论字母的取值来讨论解的情况.

例 3.30 λ 取何值时,方程组 $\begin{cases} 2x_1+\lambda x_2- x_3=1, \\ \lambda x_1- x_2+ x_3=2, \\ 4x_1+5x_2-5x_3=-1. \end{cases}$ 无解,有唯一解或有无穷多解? 并在无穷多解时写出方程组的通解.

解 对增广矩阵施行初等行变换

$$(\boldsymbol{A} \quad \boldsymbol{b}) = \begin{bmatrix} 2 & \lambda & -1 & 1 \\ \lambda & -1 & 1 & 2 \\ 4 & 5 & -5 & -1 \end{bmatrix} \xrightarrow[r_3-5r_1]{r_2+r_1} \begin{bmatrix} 2 & \lambda & -1 & 1 \\ \lambda+2 & \lambda-1 & 0 & 3 \\ -6 & -5\lambda+5 & 0 & -6 \end{bmatrix} \xrightarrow{r_3+5r_2}$$

$$\begin{bmatrix} 2 & \lambda & -1 & 1 \\ \lambda+2 & \lambda-1 & 0 & 3 \\ 5\lambda+4 & 0 & 0 & 9 \end{bmatrix},$$

则有:

(1) 当 $\lambda = -\dfrac{4}{5}$ 时, $\mathrm{r}(\boldsymbol{A}) = 2 < 3 = \mathrm{r}(\boldsymbol{A},\ \boldsymbol{b})$, 方程组无解;

(2) 当 $\lambda \neq -\dfrac{4}{5}$ 且 $\lambda \neq 1$ 时, $\mathrm{r}(\boldsymbol{A}) = \mathrm{r}(\boldsymbol{A},\ \boldsymbol{b}) = 3$, 方程组有唯一解;

(3) 当 $\lambda = 1$ 时, $\mathrm{r}(\boldsymbol{A}) = \mathrm{r}(\boldsymbol{A},\ \boldsymbol{b}) = 2$, 方程组有无穷多解,此时的同解方程组为

$$\begin{cases} 2x_1 + x_2 - x_3 = 1, \\ x_1 \qquad\qquad = 1. \end{cases}$$

其通解为 $x=\begin{bmatrix}1\\-1\\0\end{bmatrix}+k\begin{bmatrix}0\\1\\1\end{bmatrix}$，$k$ 为任意常数.

例 3.31 求解非齐次方程组 $\begin{cases}x_1-2x_2+3x_3-x_4=1,\\3x_1-x_2+5x_3-3x_4=2,\\2x_1+x_2+2x_3-2x_4=3.\end{cases}$

解 对增广矩阵 $\widetilde{\mathbf{A}}$ 施行初等行变换：

$$\widetilde{\mathbf{A}}=\begin{bmatrix}1&-2&3&-1&1\\3&-1&5&-3&2\\2&1&2&-2&3\end{bmatrix}\xrightarrow{r_3-r_2}\begin{bmatrix}1&-2&3&-1&1\\3&-1&5&-3&2\\-1&2&-3&1&1\end{bmatrix}\xrightarrow[r_3+r_1]{r_2-3r_1}$$

$$\begin{bmatrix}1&-2&3&-1&1\\0&5&-4&0&-1\\0&0&0&0&2\end{bmatrix},$$

显然，$\mathrm{r}(\mathbf{A})=2$，$\mathrm{r}(\widetilde{\mathbf{A}})=3$，故方程组无解.

例 3.32 求解非齐次方程组 $\begin{cases}x_1-x_2-x_3+x_4=0,\\x_1-x_2+x_3-3x_4=1,\\x_1-x_2-2x_3+3x_4=-1/2.\end{cases}$

解 对增广矩阵 $\widetilde{\mathbf{A}}$ 施行初等行变换：

$$\widetilde{\mathbf{A}}=\begin{bmatrix}1&-1&-1&1&0\\1&-1&1&-3&1\\1&-1&-2&3&-1/2\end{bmatrix}\to\begin{bmatrix}1&-1&-1&1&0\\0&0&2&-4&1\\0&0&-1&2&-1/2\end{bmatrix}\to$$

$$\begin{bmatrix}1&-1&0&-1&1/2\\0&0&1&-2&1/2\\0&0&0&0&0\end{bmatrix},$$

由 $\mathrm{r}(\mathbf{A})=\mathrm{r}(\widetilde{\mathbf{A}})=2$，故方程组有解，且 $\begin{cases}x_1=x_2+x_4+1/2,\\x_3=2x_4+1/2,\end{cases}$

故方程组的全部解为

$$\begin{bmatrix}x_1\\x_2\\x_3\\x_4\end{bmatrix}=c_1\begin{bmatrix}1\\1\\0\\0\end{bmatrix}+c_2\begin{bmatrix}1\\0\\2\\1\end{bmatrix}+\begin{bmatrix}1/2\\0\\1/2\\0\end{bmatrix}$$，其中 c_1，c_2 为任意常数.

例 3.33 a 取何值时,方程组 $\begin{cases} x_1+x_2+\ x_3=a \\ ax_1+x_2+\ x_3=1 \\ x_1+x_2+ax_3=1 \end{cases}$ 有解,并求其解.

解 $(\boldsymbol{A}\quad \boldsymbol{b})=\begin{bmatrix} 1 & 1 & 1 & a \\ a & 1 & 1 & 1 \\ 1 & 1 & a & 1 \end{bmatrix} \rightarrow \begin{bmatrix} 1 & 1 & 1 & a \\ 0 & 1-a & 1-a & 1-a^2 \\ 0 & 0 & a-1 & 1-a \end{bmatrix}$,

$a\neq 1$ 时, $\mathrm{r}(\boldsymbol{A})=\mathrm{r}(\boldsymbol{A}\quad \boldsymbol{b})=3$,

方程组有唯一解: $\begin{cases} x_1=-1, \\ x_2=a+1, \\ x_3=-1; \end{cases}$

$a=1$ 时, $\mathrm{r}(\boldsymbol{A}\quad \boldsymbol{b})=\mathrm{r}(\boldsymbol{A})=1<3$,

方程组有无穷多个解,设 $x_2=c_1$, $x_3=c_2$ (c_1, c_2 为任意常数),故方程组的全部解为

$$\begin{cases} x_1=1-c_1-c_2, \\ x_2=c_1, \\ x_3=c_2. \end{cases}$$

习 题 3-5

1. 讨论下列线性方程组是否有解,如果有解,利用高斯消元法求出它的所有解.

(1) $\begin{cases} 3x_1-\ x_2-\ x_3-2x_4=-4, \\ x_1+2x_2+3x_3-\ x_4=-4, \\ x_1+\ x_2+2x_3+3x_4=1, \\ 2x_1+3x_2-\ x_3-\ x_4=-6; \end{cases}$ (2) $\begin{cases} x_1-2x_2+\ x_3+3x_4=-1, \\ 2x_1-3x_2+4x_3+3x_4=-1, \\ -3x_1+4x_2-7x_3-3x_4=5; \end{cases}$

(3) $\begin{cases} x_1+2x_2+x_3+3x_4=1, \\ 2x_1+4x_2+x_3+8x_4=-1, \\ x_1+2x_2-x_3+\ x_4=1. \end{cases}$

2. 利用消元法解下列齐次线性方程组:

(1) $\begin{cases} x_1+2x_2-\ x_3=0, \\ 2x_1+4x_2+7x_3=0; \end{cases}$ (2) $\begin{cases} x_1+2x_2-3x_3=0, \\ 2x_1+5x_2+2x_3=0, \\ 3x_1-\ x_2-4x_3=0; \end{cases}$

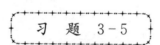

(3) $\begin{cases} x_1+x_2+2x_3-x_4=0, \\ 2x_1+x_2+x_3-x_4=0, \\ 2x_1+2x_2+x_3+2x_4=0; \end{cases}$　(4) $\begin{cases} x_1+2x_2+x_3-x_4=0, \\ 3x_1+6x_2-x_3-3x_4=0, \\ 5x_1+10x_2+x_3-5x_4=0. \end{cases}$

3. 利用消元法解下列非齐次线性方程组：

(1) $\begin{cases} 4x_1+2x_2-x_3=2, \\ 3x_1-x_2+2x_3=10, \\ 11x_1+3x_2=8; \end{cases}$　(2) $\begin{cases} 2x+3y+z=4, \\ x-2y+4z=-5, \\ 3x+8y-2z=13, \\ 4x-y+9z=-6; \end{cases}$

(3) $\begin{cases} 2x+y-z+w=1, \\ 4x+2y-2z+w=2, \\ 2x+y-z-w=1; \end{cases}$　(4) $\begin{cases} 2x+y-z+w=1, \\ 3x-2y+z-3w=4, \\ x+4y-3z+5w=-2. \end{cases}$

4. 确定 a 的值使齐次线性方程组 $\begin{cases} 2x_1-x_2+3x_3=0, \\ 3x_1-4x_2+7x_3=0, \\ x_1-2x_2+ax_3=0. \end{cases}$ 有非零解，并在有非零解时求其全部解.

5. 确定 a 的值使非齐次线性方程组 $\begin{cases} ax_1+x_2+x_3=1, \\ x_1+ax_2+x_3=a, \\ x_1+x_2+ax_3=a^2. \end{cases}$ 有解，并求其解.

6. λ 取何值时，非齐次线性方程组 $\begin{cases} -2x_1+x_2+x_3=-2, \\ x_1-2x_2+x_3=\lambda, \\ x_1+x_2-2x_3=\lambda^2. \end{cases}$ 有唯一解、无解或有无穷多解？并在有无穷多解时求出其解.

3.6　线性方程组解的结构

本节介绍齐次和非齐次线性方程组解的结构.

3.6.1　齐次线性方程组解的结构

设有齐次线性方程组

$$\begin{cases} a_{11}x_1+a_{12}x_2+\cdots+a_{1n}x_n=0, \\ a_{21}x_1+a_{22}x_2+\cdots+a_{2n}x_n=0, \\ \qquad\vdots \\ a_{m1}x_1+a_{m2}x_2+\cdots+a_{mn}x_n=0. \end{cases} \tag{3.5}$$

其矩阵形式为

$$\boldsymbol{A}\boldsymbol{x}=\boldsymbol{0}, \tag{3.6}$$

其中 $\boldsymbol{A}=(a_{ij})_{m\times n}$, $\boldsymbol{x}=\begin{bmatrix} x_1 \\ x_2 \\ \vdots \\ x_n \end{bmatrix}$.

称矩阵方程(3.6)的解 $\boldsymbol{x}=\begin{bmatrix} x_1 \\ x_2 \\ \vdots \\ x_n \end{bmatrix}$ 为方程组(3.5)的**解向量**.

齐次线性方程组解的性质:

性质 1 若 $\boldsymbol{\xi}_1$, $\boldsymbol{\xi}_2$ 为矩阵方程(3.6)的解,则 $\boldsymbol{\xi}_1+\boldsymbol{\xi}_2$ 也是该方程的解.

性质 2 若 $\boldsymbol{\xi}_1$ 为矩阵方程(3.6)的解,k 为实数,则 $k\boldsymbol{\xi}_1$ 也是该方程的解.

性质 3 若 $\boldsymbol{\xi}_1, \boldsymbol{\xi}_2, \cdots, \boldsymbol{\xi}_s$ 是矩阵方程的解,$c_1, c_2, \cdots, c_s$ 为任意常数,则其线性组合

$$c_1\boldsymbol{\xi}_1+c_2\boldsymbol{\xi}_2+\cdots+c_s\boldsymbol{\xi}_s$$

也是该方程的解.

由此可知,如果一个齐次线性方程组有非零解,则它就有无穷多解,这无穷多解就构成了一个 n 维向量组,如果我们能求出这个向量组的一个最大无关组,就能用它的线性组合来表示方程组的全部解.

定义 3.12 若齐次线性方程组 $\boldsymbol{A}\boldsymbol{x}=\boldsymbol{0}$ 有非零解,并且它的 k 个解向量 $\boldsymbol{\xi}_1$, $\boldsymbol{\xi}_2, \cdots, \boldsymbol{\xi}_k$ 满足:

(1) $\boldsymbol{\xi}_1, \boldsymbol{\xi}_2, \cdots, \boldsymbol{\xi}_k$ 线性无关;

(2) $\boldsymbol{A}\boldsymbol{x}=\boldsymbol{0}$ 的任一个解 $\boldsymbol{\xi}$ 都可由 $\boldsymbol{\xi}_1, \boldsymbol{\xi}_2, \cdots, \boldsymbol{\xi}_k$ 线性表示,即

$$\boldsymbol{\xi}=c_1\boldsymbol{\xi}_1+c_2\boldsymbol{\xi}_2+\cdots+c_k\boldsymbol{\xi}_k,$$

则称 $\boldsymbol{\xi}_1, \boldsymbol{\xi}_2, \cdots, \boldsymbol{\xi}_k$ 是方程组 $\boldsymbol{A}\boldsymbol{x}=\boldsymbol{0}$ 的**基础解系**,且当 $c_1, c_2, \cdots, c_k$ 为任意常数时,

$$\boldsymbol{\xi}=c_1\boldsymbol{\xi}_1+c_2\boldsymbol{\xi}_2+\cdots+c_k\boldsymbol{\xi}_k$$

为 $\boldsymbol{A}\boldsymbol{x}=\boldsymbol{0}$ 的**通解**.

显然,方程组 $\boldsymbol{A}\boldsymbol{x}=\boldsymbol{0}$ 的基础解系就是它的解的全体组成的向量组的极大无关组.

当一个齐次线性方程组只有零解时，该方程组没有基础解系，而当一个齐次线性方程组有非零解时，是否一定有基础解系呢？如果有的话，怎样去求它的基础解系？下面的定理回答了这两个问题.

定理 3.13 若 n 元齐次线性方程组 $\boldsymbol{Ax}=\boldsymbol{0}$ 的系数矩阵 $\boldsymbol{A}$ 的秩 $\mathrm{r}(\boldsymbol{A})=r<n$（未知量的个数），则 $\boldsymbol{Ax}=\boldsymbol{0}$ 的基础解系存在且恰含有 $n-r$ 个线性无关的解向量.

求基础解系的方法很多，且齐次线性方程组的基础解系不是唯一的. 实际上，方程组的任何 $n-r$ 个线性无关的解都可以作为方程组的基础解系.

综上所述，对齐次线性方程组，有

(1) 当 $\mathrm{r}(\boldsymbol{A})=n$ 时，齐次线性方程组只有零解，无基础解系；

(2) 当 $\mathrm{r}(\boldsymbol{A})=\mathrm{r}<n$ 时，齐次线性方程组有无穷多解，此时方程组的基础解系由 $n-r$ 个解向量 $\boldsymbol{\xi}_1, \boldsymbol{\xi}_2, \cdots, \boldsymbol{\xi}_{n-r}$ 组成，其通解可表示成

$$\boldsymbol{x}=k_1\boldsymbol{\xi}_1+k_2\boldsymbol{\xi}_2+\cdots+k_{n-r}\boldsymbol{\xi}_{n-r},$$

其中 $k_1, k_2, \cdots, k_{n-r}$ 为任意常数.

例 3.34 求齐次线性方程组

$$\begin{cases} x_1-x_2-x_3+x_4=0, \\ x_1-x_2+x_3-3x_4=0, \\ x_1-x_2-2x_3+3x_4=0, \end{cases}$$

的基础解系与通解.

解 对系数矩阵 $\boldsymbol{A}$ 作初等行变换，化为行最简形矩阵，有

$$\boldsymbol{A}=\begin{bmatrix} 1 & -1 & -1 & 1 \\ 1 & -1 & 1 & -3 \\ 1 & -1 & -2 & 3 \end{bmatrix} \xrightarrow[r_3-r_1]{r_2-r_1} \begin{bmatrix} 1 & -1 & -1 & 1 \\ 0 & 0 & 2 & -4 \\ 0 & 0 & -1 & 2 \end{bmatrix} \xrightarrow[r_3+r_2]{r_2\div 2}$$

$$\begin{bmatrix} 1 & -1 & -1 & 1 \\ 0 & 0 & 1 & -2 \\ 0 & 0 & 0 & 0 \end{bmatrix} \xrightarrow{r_1+r_2} \begin{bmatrix} 1 & -1 & 0 & -1 \\ 0 & 0 & 1 & -2 \\ 0 & 0 & 0 & 0 \end{bmatrix},$$

得

$$\begin{cases} x_1=x_2+x_4, \\ x_3=2x_4. \end{cases} \tag{$*$}$$

令

$$\begin{bmatrix} x_2 \\ x_4 \end{bmatrix}=\begin{bmatrix} 1 \\ 0 \end{bmatrix} 及 \begin{bmatrix} 0 \\ 1 \end{bmatrix},$$

则对应地,有

$$\begin{bmatrix} x_1 \\ x_3 \end{bmatrix} = \begin{bmatrix} 1 \\ 0 \end{bmatrix} \text{及} \begin{bmatrix} 1 \\ 2 \end{bmatrix},$$

即得基础解系

$$\boldsymbol{\xi}_1 = \begin{bmatrix} 1 \\ 1 \\ 0 \\ 0 \end{bmatrix}, \boldsymbol{\xi}_2 = \begin{bmatrix} 1 \\ 0 \\ 2 \\ 1 \end{bmatrix},$$

并由此写出通解

$$\begin{bmatrix} x_1 \\ x_2 \\ x_3 \\ x_4 \end{bmatrix} = c_1 \begin{bmatrix} 1 \\ 1 \\ 0 \\ 0 \end{bmatrix} + c_2 \begin{bmatrix} 1 \\ 0 \\ 2 \\ 1 \end{bmatrix}, (c_1, c_2 \in \mathbf{R}).$$

例 3.35 设矩阵 $\boldsymbol{A} = (a_{ij})_{m\times n}$, $\boldsymbol{B} = (b_{ij})_{n\times s}$ 满足 $\boldsymbol{AB} = \boldsymbol{0}$, 并且 $\mathrm{R}(\boldsymbol{A}) = r$, 试证: $\mathrm{R}(\boldsymbol{B}) \leqslant n - r$.

证 设矩阵 $\boldsymbol{B} = (\boldsymbol{\alpha}_1, \boldsymbol{\alpha}_2, \cdots, \boldsymbol{\alpha}_s)$, 其中 $\boldsymbol{\alpha}_j = (b_{1j}, b_{2j}, \cdots, b_{nj})^{\mathrm{T}} (j = 1, 2, \cdots, s)$,

则 $$\boldsymbol{AB} = \boldsymbol{A}(\boldsymbol{\alpha}_1, \boldsymbol{\alpha}_2, \cdots, \boldsymbol{\alpha}_s) = (\boldsymbol{A}\boldsymbol{\alpha}_1, \boldsymbol{A}\boldsymbol{\alpha}_2, \cdots, \boldsymbol{A}\boldsymbol{\alpha}_s),$$

由 $\boldsymbol{AB} = \boldsymbol{0}$, 可得

$$\boldsymbol{A}\boldsymbol{\alpha}_j = \boldsymbol{0} \quad (j = 1, 2, \cdots, s),$$

考虑齐次线性方程组 $\boldsymbol{Ax} = \boldsymbol{0}$, 其中

$$\boldsymbol{x} = (x_1, x_2, \cdots, x_n)^{\mathrm{T}},$$

不难看出,矩阵 $\boldsymbol{B}$ 的列向量 $\boldsymbol{\alpha}_1, \boldsymbol{\alpha}_2, \cdots, \boldsymbol{\alpha}_s$ 都是方程组 $\boldsymbol{Ax} = \boldsymbol{0}$ 的解向量.

因为 $\mathrm{R}(\boldsymbol{A}) = \mathrm{r}$, 所以方程组 $\boldsymbol{Ax} = \boldsymbol{0}$ 的任一基础解系所含向量个数为 $n - r$ 个, 由此可得

$$\mathrm{R}(\boldsymbol{B}) = \mathrm{R}(\boldsymbol{\alpha}_1, \boldsymbol{\alpha}_2, \cdots, \boldsymbol{\alpha}_s) \leqslant n - \mathrm{r}.$$

本例还可以叙述为:

若 $\boldsymbol{AB} = \boldsymbol{0}$, 则 $\mathrm{R}(\boldsymbol{A}) + \mathrm{R}(\boldsymbol{B}) \leqslant n$, 这一结论可作为定理使用.

例 3.36 确定参数 λ, 使矩阵 $\begin{bmatrix} 1 & 2 & -1 & -2 & 0 \\ 2 & -1 & -1 & 1 & 1 \\ 3 & 1 & -2 & -1 & \lambda \end{bmatrix}$ 的秩最小.

解 $\boldsymbol{A}=\begin{bmatrix}1&2&-1&-2&0\\2&-1&-1&1&1\\3&1&-2&-1&\lambda\end{bmatrix}\longrightarrow\begin{bmatrix}1&2&-1&-2&0\\0&-5&1&5&1\\0&-5&1&5&\lambda\end{bmatrix}\longrightarrow$

$$\begin{bmatrix}1&2&-1&-2&0\\0&-5&1&5&1\\0&0&0&0&\lambda-1\end{bmatrix},$$

当 $\lambda-1=0$ 时,有 $\mathrm{R}(\boldsymbol{A})=2$ 最小. 故 $\lambda=1$.

3.6.2 非齐次线性方程组解的结构

设有 n 元非齐次线性方程组

$$\begin{cases}a_{11}x_1+a_{12}x_2+\cdots+a_{1n}x_n=\boldsymbol{b}_1,\\a_{21}x_1+a_{22}x_2+\cdots+a_{2n}x_n=\boldsymbol{b}_2,\\\qquad\cdots\cdots\\a_{m1}x_1+a_{m2}x_2+\cdots+a_{mn}x_n=\boldsymbol{b}_m,\end{cases}\tag{3.7}$$

它也可写作向量方程

$$\boldsymbol{Ax}=\boldsymbol{b}.\tag{3.8}$$

称 $\boldsymbol{Ax}=\boldsymbol{0}$ 为 $\boldsymbol{Ax}=\boldsymbol{b}$ **对应的齐次线性方程组**(也称**导出组**).

非齐次线性方程(3.7)的解与它的导出组的解满足:

性质 4 设 $\boldsymbol{x}=\boldsymbol{\eta}_1$ 及 $\boldsymbol{x}=\boldsymbol{\eta}_2$ 都是式(3.8)的解,则 $\boldsymbol{x}=\boldsymbol{\eta}_1-\boldsymbol{\eta}_2$ 为对应的导出组 $\boldsymbol{Ax}=\boldsymbol{0}$ 的解.

性质 5 设 $\boldsymbol{x}=\boldsymbol{\eta}$ 是式(3.8)的解, $\boldsymbol{x}=\boldsymbol{\xi}$ 是 $\boldsymbol{Ax}=\boldsymbol{0}$ 的解,则 $\boldsymbol{x}=\boldsymbol{\xi}+\boldsymbol{\eta}$ 仍是(3.8)的解.

定理 3.14 设 $\boldsymbol{\eta}^*$ 是非齐次线性方程组(3.7)的一个解, $\boldsymbol{\xi}_1, \boldsymbol{\xi}_2, \cdots, \boldsymbol{\xi}_{n-r}$ 是对应的齐次线性方程组的基础解系,则式(3.7)的通解为

$$\boldsymbol{x}=k_1\boldsymbol{\xi}_1+k_2\boldsymbol{\xi}_2+\cdots+k_{n-r}\boldsymbol{\xi}_{n-r}+\boldsymbol{\eta}^*,$$

其中 $k_1, k_2, \cdots, k_{n-r}$ 为任意实数.

定理 3.14 表明,非齐次线性方程组 $\boldsymbol{Ax}=\boldsymbol{b}$ 的通解为其对应的齐次线性方程组 $\boldsymbol{Ax}=\boldsymbol{0}$ 的通解加上它本身的一个解所构成.

如果非齐次线性方程组的导出组仅有零解,则该非齐次线性方程组只有一个解,如果其导出组有无穷多个解,则它也有无穷多个解.

对非齐次线性方程组 $\boldsymbol{Ax}=\boldsymbol{b}$, 这里 $\boldsymbol{\alpha}_1, \boldsymbol{\alpha}_2, \cdots, \boldsymbol{\alpha}_n$ 是系数矩阵 $\boldsymbol{A}$ 的列向量组,下列四个命题等价:

(1) 非齐次线性方程组 $\boldsymbol{A}\boldsymbol{x}=\boldsymbol{b}$ 有解;

(2) 向量 b 能由向量组 $\boldsymbol{\alpha}_1, \boldsymbol{\alpha}_2, \cdots, \boldsymbol{\alpha}_n$ 线性表示;

(3) 向量组 $\boldsymbol{\alpha}_1, \boldsymbol{\alpha}_2, \cdots, \boldsymbol{\alpha}_n$ 与向量组 $\boldsymbol{\alpha}_1, \boldsymbol{\alpha}_2, \cdots, \boldsymbol{\alpha}_n, \boldsymbol{b}$ 等价;

(4) $\mathrm{r}(\boldsymbol{A})=\mathrm{r}(\boldsymbol{A}\quad \boldsymbol{b})$.

例 3.37 求下列方程组的通解:

$$\begin{cases} x_1+2x_2-2x_3+3x_4=2, \\ 2x_1+4x_2-3x_3+4x_4=5, \\ 5x_1+10x_2-8x_3+11x_4=12. \end{cases}$$

解 对增广矩阵施行初等行变换:

$$\widetilde{\boldsymbol{A}}=\begin{bmatrix} 1 & 2 & -2 & 3 & 2 \\ 2 & 4 & -3 & 4 & 5 \\ 5 & 10 & -8 & 11 & 12 \end{bmatrix} \rightarrow \begin{bmatrix} 1 & 2 & -2 & 3 & 2 \\ 0 & 0 & 1 & -2 & 1 \\ 0 & 0 & 2 & -4 & 2 \end{bmatrix} \rightarrow \begin{bmatrix} 1 & 2 & 0 & -1 & 4 \\ 0 & 0 & 1 & -2 & 1 \\ 0 & 0 & 0 & 0 & 0 \end{bmatrix},$$ 由

$\mathrm{r}(\boldsymbol{A})=\mathrm{r}(\widetilde{\boldsymbol{A}})=2<4$,知方程组有无穷多解,且原方程组等价于方程组

$$\begin{cases} x_1=-2x_2+x_4+4 \\ x_3=2x_4+1 \end{cases}, \text{令} \begin{bmatrix} x_2 \\ x_4 \end{bmatrix}=\begin{bmatrix} 1 \\ 0 \end{bmatrix}, \begin{bmatrix} 0 \\ 1 \end{bmatrix},$$

分别代入等价方程组对应的齐次方程组中求得基础解系:

$$\boldsymbol{\xi}_1=\begin{bmatrix} -2 \\ 1 \\ 0 \\ 0 \end{bmatrix}, \boldsymbol{\xi}_2=\begin{bmatrix} 1 \\ 0 \\ 2 \\ 1 \end{bmatrix},$$

求特解:令 $x_2=x_4=0$,得 $x_1=4$, $x_3=1$,即得非齐次线性方程组的一个特解

$$\boldsymbol{\eta}^*=\begin{bmatrix} 4 \\ 0 \\ 1 \\ 0 \end{bmatrix}, \text{故所求通解为}$$

$$\boldsymbol{x}=c_1\begin{bmatrix} -2 \\ 1 \\ 0 \\ 0 \end{bmatrix}+c_2\begin{bmatrix} 1 \\ 0 \\ 2 \\ 1 \end{bmatrix}+\begin{bmatrix} 4 \\ 0 \\ 1 \\ 0 \end{bmatrix}, \text{其中 } c_1, c_2 \text{ 为任意常数.}$$

例 3.38 设 $\boldsymbol{A}=(a_{ij})$ 为 4 阶方阵，$\boldsymbol{b}=(b_1, b_2, b_3, b_4)^{\mathrm{T}}$，已知 $\mathrm{r}(\boldsymbol{A})=3$，$\boldsymbol{\eta}_1$，$\boldsymbol{\eta}_2$，$\boldsymbol{\eta}_3$ 是非齐次线性方程组 $\boldsymbol{A}\boldsymbol{x}=\boldsymbol{b}$ 的三个解，且 $\boldsymbol{\eta}_1+\boldsymbol{\eta}_2=(1, 2, 2, 1)^{\mathrm{T}}$，$\boldsymbol{\eta}_3=(1, 2, 3, 4)^{\mathrm{T}}$，求 $\boldsymbol{A}\boldsymbol{x}=\boldsymbol{b}$ 的通解.

解 因为 $\mathrm{r}(\boldsymbol{A})=3<4$，所以 $\boldsymbol{A}\boldsymbol{x}=\boldsymbol{0}$ 的基础解系中含有一个解向量.

由于 $\boldsymbol{A}\boldsymbol{\eta}_i=\boldsymbol{b}$ $(i=1, 2, 3)$，故

$$\boldsymbol{A}(\boldsymbol{\eta}_1+\boldsymbol{\eta}_2-2\boldsymbol{\eta}_3)=\boldsymbol{A}\boldsymbol{\eta}_1+\boldsymbol{A}\boldsymbol{\eta}_2-2\boldsymbol{A}\boldsymbol{\eta}_3=\boldsymbol{b}+b-2b=0,$$

故

$$\boldsymbol{\xi}=\boldsymbol{\eta}_1+\boldsymbol{\eta}_2-2\boldsymbol{\eta}_3=(-1, -2, -4, -7)^{\mathrm{T}}$$

是 $\boldsymbol{A}\boldsymbol{x}=0$ 的解，也构成它的基础解系，又 $\boldsymbol{\eta}_3$ 是 $\boldsymbol{A}\boldsymbol{x}=\boldsymbol{b}$ 的一个解，故 $\boldsymbol{A}\boldsymbol{x}=\boldsymbol{b}$ 的通解为

$$\boldsymbol{x}=c\boldsymbol{\xi}+\boldsymbol{\eta}_3 (c\in\mathbf{R}).$$

习 题 3-6

1. 求下列齐次线性方程组的一个基础解系及通解：

(1) $\begin{cases} x_1+2x_2+x_3=0, \\ 2x_1-3x_2+x_3=0, \\ 4x_1+x_2-x_3=0; \end{cases}$ (2) $\begin{cases} x_1+2x_2+x_3-x_4=0, \\ 3x_1+6x_2-x_3-3x_4=0, \\ 5x_1+10x_2+x_3-5x_4=0; \end{cases}$

(3) $\begin{cases} 2x_1+8x_2+6x_3+5x_4=0, \\ x_1+3x_2+3x_3+2x_4=0, \\ x_1+4x_2+2x_3+3x_4=0, \\ x_1+3x_2+5x_3-x_4=0; \end{cases}$ (4) $\begin{cases} 2x_1+x_2-x_3-x_4+x_5=0, \\ x_1-x_2+x_3+x_4-2x_5=0, \\ 3x_1+3x_2-3x_3-3x_4+4x_5=0, \\ 4x_1+5x_2-5x_3-5x_4+7x_5=0. \end{cases}$

2. 问 λ 取何值时，齐次线性方程组 $\begin{cases} \lambda x_1+x_2+x_3=0, \\ 3x_1+2x_2+\lambda x_3=0, \\ (2\lambda+3)x_1+5x_2+(\lambda+4)x_3=0 \end{cases}$ 有非零解，并求其解.

3. 设 $\boldsymbol{\alpha}_1$，$\boldsymbol{\alpha}_2$ 是某个齐次线性方程组的基础解系，证明：$\boldsymbol{\alpha}_1+\boldsymbol{\alpha}_2$，$2\boldsymbol{\alpha}_1-\boldsymbol{\alpha}_2$ 是该线性方程组的基础解系.

4. 设 $\boldsymbol{A}=\begin{bmatrix} 2 & -2 & 1 & 3 \\ 9 & -5 & 2 & 8 \end{bmatrix}$，求一个 4×2 矩阵 $\boldsymbol{B}$，使 $\boldsymbol{A}\boldsymbol{B}=\boldsymbol{0}$，且 $\mathrm{r}(\boldsymbol{B})=2$.

5. 设 $\boldsymbol{A}=\begin{bmatrix}1&2&3\\2&4&6\\3&6&9\end{bmatrix}$，求一秩为 2 的方阵 $\boldsymbol{B}$，使 $\boldsymbol{AB}=\boldsymbol{0}$.

6. 设矩阵 $\boldsymbol{A}=\begin{bmatrix}1&2&1&2\\0&1&t&t\\1&t&0&1\end{bmatrix}$，齐次线性方程组 $\boldsymbol{Ax}=\boldsymbol{0}$ 的基础解系含有 2 个线性无关的解向量,求方程组 $\boldsymbol{Ax}=\boldsymbol{0}$ 的全部解.

7. 求解下列非齐次线性方程组:

(1) $\begin{cases}x_1-x_2+x_3=1,\\2x_1-x_2+5x_3=2,\\2x_1+x_2+12x_3=0;\end{cases}$ (2) $\begin{cases}2x+y-z=1,\\3x-2y+z=4,\\x+4y-3z=7,\\x+2y+z=4;\end{cases}$

(3) $\begin{cases}2x_1-x_2+x_3-2x_4=1,\\-x_1+x_2+2x_3+x_4=0,\\2x_1-2x_2-4x_3+x_4=-1;\end{cases}$ (4) $\begin{cases}x+2y+z-w=4,\\3x+6y-z-3w=8,\\5x+10y+z-5w=16.\end{cases}$

8. 问 λ 取何值时，下列方程组有唯一解、无解、无穷多解？并在有解时,求出其解.

(1) $\begin{cases}x_1+2x_2+\lambda x_3=1,\\2x_1+\lambda x_2+8x_3=3;\end{cases}$ (2) $\begin{cases}2x_1-x_2+3x_3=2,\\x_1-3x_2+4x_3=1,\\-x_1+2x_2+\lambda x_3=-3.\end{cases}$

9. 设 $\boldsymbol{\eta}_1,\boldsymbol{\eta}_2,\cdots,\boldsymbol{\eta}_s$ 是非齐次线性方程组 $\boldsymbol{Ax}=\boldsymbol{b}$ 的 s 个解，$k_1,k_2,\cdots,k_s$ 为实数,满足

$$k_1+k_2+\cdots+k_s=1,$$

证明　$\boldsymbol{x}=k_1\boldsymbol{\eta}_1+k_2\boldsymbol{\eta}_2+\cdots+k_s\boldsymbol{\eta}_s$ 也是它的解.

10. 设

$$\begin{cases}x_1-x_2=a_1\\x_2-x_3=a_2\\\cdots\cdots\\x_5-x_1=a_5\end{cases}$$

证明　该方程组有解的充分必要条件是 $\sum\limits_{i=1}^{5}a_i=0$.

本章小结

- 线性方程组
  - 线性相关性
    - 向量及其线性运算
    - 向量组的线性组合
    - 向量组间的线性表示
    - 线性相关与线性无关
    - 线性相关性的判定
  - 向量组的秩
    - 极大线性无关组
    - 向量组的秩
    - 矩阵与向量组秩的关系
    - 向量空间
    - 向量空间的基与维数
  - 线性方程组
    - 线性方程组的向量形式
    - 线性方程组解的判定定理
    - 齐次线性方程组解的结构
    - 非齐次线性方程组解的结构

习 题 3

1. 利用消元法解下列线性方程组：

(1) $\begin{cases} 2x_1-2x_2-x_3=1, \\ 2x_1+3x_2-7x_3=5, \\ x_2-x_3=1, \\ 2x_1+16x_2-14x_3=24; \end{cases}$　　(2) $\begin{cases} x_1+2x_2-4x_4=-3, \\ x_1-x_2-4x_3+9x_4=22, \\ 2x_1-3x_2+x_3+5x_4=-3, \\ 3x_1-2x_2-5x_3+x_4=3. \end{cases}$

2. 设 $3(\boldsymbol{\alpha}_1-\boldsymbol{\alpha})+2(\boldsymbol{\alpha}_2+\boldsymbol{\alpha})=5(\boldsymbol{\alpha}_3+\boldsymbol{\alpha})$，其中

$$\boldsymbol{\alpha}_1=(2,5,1,3)^{\mathrm{T}},\ \boldsymbol{\alpha}_2=(10,1,5,10)^{\mathrm{T}},\ \boldsymbol{\alpha}_3=(4,1,-1,1)^{\mathrm{T}},$$

求向量 $\boldsymbol{\alpha}$.

3. 已知向量组 $\boldsymbol{\alpha}_1=(1,1,2,1)^{\mathrm{T}}$，$\boldsymbol{\alpha}_2=(1,0,0,2)^{\mathrm{T}}$，$\boldsymbol{\alpha}_3=(-1,-4,-8,k)^{\mathrm{T}}$ 线性相关，求 k.

4. 设向量组 $\boldsymbol{\alpha}_1$，$\boldsymbol{\alpha}_2$，$\boldsymbol{\alpha}_3$ 线性无关，向量组

$$\boldsymbol{\beta}_1=\boldsymbol{\alpha}_1+\boldsymbol{\alpha}_2,$$
$$\boldsymbol{\beta}_2=\boldsymbol{\alpha}_1-\boldsymbol{\alpha}_2+\boldsymbol{\alpha}_3,$$
$$\boldsymbol{\beta}_3=\boldsymbol{\alpha}_1-2\boldsymbol{\alpha}_3.$$

判别向量组 $\boldsymbol{\beta}_1$，$\boldsymbol{\beta}_2$，$\boldsymbol{\beta}_3$ 的线性相关性.

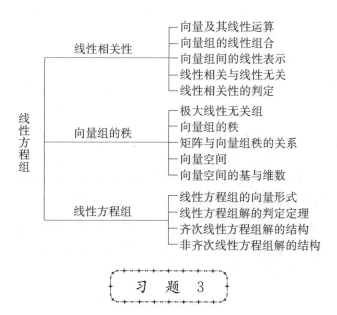

5. 判断下列向量组的线性相关性,并说明理由:

(1) $\boldsymbol{\alpha}_1=(1, 1, 1)^{\mathrm{T}}$, $\boldsymbol{\alpha}_2=(3, 4, 2)^{\mathrm{T}}$, $\boldsymbol{\alpha}_3=(1, 2, 7)^{\mathrm{T}}$,

$\boldsymbol{\alpha}_4=(5, -1, 0)^{\mathrm{T}}$;

(2) $\boldsymbol{\alpha}_1=(1, 0, 2)^{\mathrm{T}}$, $\boldsymbol{\alpha}_2=(2, 1, 3)^{\mathrm{T}}$, $\boldsymbol{\alpha}_3=(3, 1, 6)^{\mathrm{T}}$;

(3) $\boldsymbol{\alpha}_1=(1, 2, 3, 4)^{\mathrm{T}}$, $\boldsymbol{\alpha}_2=(2, 5, 7, 9)^{\mathrm{T}}$, $\boldsymbol{\alpha}_3=(2, 4, 5, 10)^{\mathrm{T}}$;

(4) $\boldsymbol{\alpha}_1=(1, 0, -1, 3)^{\mathrm{T}}$, $\boldsymbol{\alpha}_2=(2, 1, 5, 7)^{\mathrm{T}}$, $\boldsymbol{\alpha}_3=(2, 0, -2, 6)^{\mathrm{T}}$.

6. 已知向量组 $\boldsymbol{\alpha}_1=(1, 2, 3)^{\mathrm{T}}$, $\boldsymbol{\alpha}_2=(3, -1, 2)^{\mathrm{T}}$, $\boldsymbol{\alpha}_3=(2, 3, c)^{\mathrm{T}}$, 问 c 取何值时, $\boldsymbol{\alpha}_1$, $\boldsymbol{\alpha}_2$, $\boldsymbol{\alpha}_3$ 线性相关? c 取何值时, $\boldsymbol{\alpha}_1$, $\boldsymbol{\alpha}_2$, $\boldsymbol{\alpha}_3$ 线性无关?

7. 设向量组 $\boldsymbol{\alpha}_1$, $\boldsymbol{\alpha}_2$, $\boldsymbol{\alpha}_3$, $\boldsymbol{\alpha}_4$ 线性无关,判断向量组 $\boldsymbol{\alpha}_1+\boldsymbol{\alpha}_2$, $\boldsymbol{\alpha}_2+\boldsymbol{\alpha}_3$, $\boldsymbol{\alpha}_3+\boldsymbol{\alpha}_4$, $\boldsymbol{\alpha}_4+\boldsymbol{\alpha}_1$ 的线性相关性,并给出证明.

8. 求向量组 $\boldsymbol{\alpha}_1=(1, 1, 4, 2)^{\mathrm{T}}$, $\boldsymbol{\alpha}_2=(1, -1, -2, 4)^{\mathrm{T}}$, $\boldsymbol{\alpha}_3=(-3, 2, 3, -11)^{\mathrm{T}}$, $\boldsymbol{\alpha}_4=(1, 3, 10, 0)^{\mathrm{T}}$ 的一个极大线性无关组.

9. 判断下列命题是否正确:

(1) 当数 $k_1=k_2=\cdots=k_s=0$ 时,有 $k_1\boldsymbol{\alpha}_1+k_2\boldsymbol{\alpha}_2+\cdots+k_s\boldsymbol{\alpha}_s=0$, 则向量组 $\boldsymbol{\alpha}_1$, $\boldsymbol{\alpha}_2$, $\cdots$, $\boldsymbol{\alpha}_s$ 线性无关.

(2) 若 $\boldsymbol{\beta}$ 不能由 $\boldsymbol{\alpha}_1$, $\boldsymbol{\alpha}_2$, $\cdots$, $\boldsymbol{\alpha}_s$ 线性表示,则向量组 $\boldsymbol{\alpha}_1$, $\boldsymbol{\alpha}_2$, $\cdots$, $\boldsymbol{\alpha}_s$, $\boldsymbol{\beta}$ 线性无关.

(3) 若向量组 $\boldsymbol{\alpha}_1$, $\boldsymbol{\alpha}_2$, $\cdots$, $\boldsymbol{\alpha}_s$ 线性相关,则 $\boldsymbol{\alpha}_1$ 可由其余向量线性表示.

(4) 若向量组 $\boldsymbol{\alpha}_1$, $\boldsymbol{\alpha}_2$, $\cdots$, $\boldsymbol{\alpha}_s$ 线性无关且 $\boldsymbol{\alpha}_{s+1}$ 不能由 $\boldsymbol{\alpha}_1$, $\boldsymbol{\alpha}_2$, $\cdots$, $\boldsymbol{\alpha}_s$ 线性表示,则向量组 $\boldsymbol{\alpha}_1$, $\boldsymbol{\alpha}_2$, $\cdots$, $\boldsymbol{\alpha}_s$, $\boldsymbol{\alpha}_{s+1}$ 线性无关.

10. 求下列向量组的秩,并求出它的一个极大线性无关组:

(1) $\boldsymbol{\alpha}_1=(1, 1, 0)^{\mathrm{T}}$, $\boldsymbol{\alpha}_2=(0, 2, 2)^{\mathrm{T}}$, $\boldsymbol{\alpha}_3=(1, 3, 3)^{\mathrm{T}}$;

(2) $\boldsymbol{\alpha}_1=(1, -1, 2, 4)^{\mathrm{T}}$, $\boldsymbol{\alpha}_2=(0, 3, 1, 2)^{\mathrm{T}}$, $\boldsymbol{\alpha}_3=(3, 0, 7, 14)^{\mathrm{T}}$, $\boldsymbol{\alpha}_4=(1, -1, 2, 0)^{\mathrm{T}}$.

11. 求解下列线性方程组:

(1) $\begin{cases}3x_1+x_2-5x_3=0,\\ x_1+3x_2-13x_3=-6,\\ 2x_1-x_2+3x_3=3,\\ 4x_1-x_2+x_3=3;\end{cases}$ (2) $\begin{cases}x_1+x_2+x_3=3,\\ x_1+2x_2-3x_3=1,\\ 2x_1+3x_2-2x_3=-1;\end{cases}$

(3) $\begin{cases} x_1+3x_2-x_3-2x_4=1, \\ 2x_1-x_2+2x_3+3x_4=2, \\ x_1-4x_2+3x_3+5x_4=1, \\ 3x_1+2x_2+x_3+x_4=3. \end{cases}$

12. 求下列齐次线性方程组的基础解系及全部解：

(1) $\begin{cases} x_1+2x_2-x_3-2x_4=0, \\ 2x_1-x_2-x_3+x_4=0, \\ 3x_1+x_2-2x_3-x_4=0; \end{cases}$ (2) $\begin{cases} x_1-x_2+5x_3-x_4=0, \\ x_1+x_2-2x_3+3x_4=0, \\ 3x_1-x_2+8x_3+x_4=0, \\ x_1+3x_2-9x_3+7x_4=0; \end{cases}$

(3) $\begin{cases} 2x_1+x_2+2x_3+2x_4+x_5=0, \\ x_1+3x_2+4x_3+2x_4+2x_5=0, \\ x_1-2x_2-2x_3-x_5=0. \end{cases}$

13. 求下列非齐次线性方程组的全部解(用基础解系表示)：

(1) $\begin{cases} 3x_1+4x_2+x_3+2x_4=3, \\ 6x_1+8x_2+2x_3+5x_4=7, \\ 9x_1+12x_2+3x_3+7x_4=10; \end{cases}$

(2) $\begin{cases} x_1+x_2+x_3+x_4=1, \\ 3x_1+2x_2+x_3+x_4=4, \\ x_2+2x_3+2x_4=-1. \end{cases}$

14. p, q 取何值时，方程组

$$\begin{cases} x_1+x_2+x_3+x_4=0, \\ x_1+2x_3+2x_4=1, \\ -x_2+(p-3)x_3-2x_4=9, \\ 3x_1+2x_2+x_3+qx_4=-1 \end{cases}$$

有解？无解？在有无穷多解时，求出其解.

15. 设四元非齐次线性方程组的系数矩阵的秩为 3，已知 $\boldsymbol{\eta}_1$, $\boldsymbol{\eta}_2$, $\boldsymbol{\eta}_3$ 是它的三个解向量，且

$$\boldsymbol{\eta}_1=\begin{bmatrix}2\\3\\4\\5\end{bmatrix},\ \boldsymbol{\eta}_2+\boldsymbol{\eta}_3=\begin{bmatrix}1\\2\\3\\4\end{bmatrix},$$

求该方程组的通解.

4　矩阵的特征值与特征向量

4.1　向量的内积

在第 3 章，我们介绍了向量及向量空间的基本概念，研究了向量的线性运算，并讨论了向量之间的线性相关及线性无关的概念. 但未探讨向量的度量性质，即向量的长度或者“模”，它刻画了向量的大小.

在空间解析几何中，两向量的长度与夹角等度量性质可以通过数量积来表示，并且通过直角坐标系，数量积有非常直观的表达式. 本章将从数量积出发，推导 n 维线性空间中内积的概念，并利用内积刻画向量的度量性质.

4.1.1　内积及其性质

将三维向量的内积的坐标表达式推广到 n 维向量空间，可以得到如下 n 维向量内积的定义.

定义 4.1　设有 n 维向量

$$\boldsymbol{x}=\begin{bmatrix}x_1\\x_2\\\vdots\\x_n\end{bmatrix},\qquad \boldsymbol{y}=\begin{bmatrix}y_1\\y_2\\\vdots\\y_n\end{bmatrix}.$$

令
$$[\boldsymbol{x},\boldsymbol{y}]=x_1y_1+x_2y_2+\cdots+x_ny_n=\sum_{k=1}^{n}x_ky_k,$$

称 $[\boldsymbol{x},\boldsymbol{y}]$ 为向量 $\boldsymbol{x}$ 与 $\boldsymbol{y}$ 的**内积**或者**数量积**，内积有时也记作 $<\boldsymbol{x},\boldsymbol{y}>$.

内积是向量空间中两个向量的一种运算，运算结果是一个数，按矩阵的记法可表示为

$$[\boldsymbol{x},\boldsymbol{y}]=\boldsymbol{x}^{\mathrm{T}}\boldsymbol{y}.$$

内积的运算性质（其中 $\boldsymbol{x}$，$\boldsymbol{y}$，$\boldsymbol{z}$ 为 n 维列向量，$\lambda\in\mathbf{R}$）：

(1) $[\boldsymbol{x},\boldsymbol{y}]=[\boldsymbol{y},\boldsymbol{x}]$；

(2) $[\lambda\boldsymbol{x},\boldsymbol{y}]=\lambda[\boldsymbol{x},\boldsymbol{y}]$；

(3) $[\boldsymbol{x}+\boldsymbol{y}, \boldsymbol{z}]=[\boldsymbol{x}, \boldsymbol{z}]+[\boldsymbol{y}, \boldsymbol{z}]$;

(4) $[\boldsymbol{x}, \boldsymbol{x}] \geqslant 0$；当且仅当 $\boldsymbol{x}=0$ 时，$[\boldsymbol{x}, \boldsymbol{x}]=0$；

(5) $[\boldsymbol{x}, \boldsymbol{y}]^2 \leqslant [\boldsymbol{x}, \boldsymbol{x}][\boldsymbol{y}, \boldsymbol{y}]$，此不等式称为施瓦茨不等式.

例 4.1　设有 $\mathbf{R}^3$ 中的基 $\boldsymbol{\varepsilon}_1=(1, 0, 0)^{\mathrm{T}}$，$\boldsymbol{\varepsilon}_2=(0, 1, 0)^{\mathrm{T}}$，$\boldsymbol{\varepsilon}_3=(0, 0, 1)^{\mathrm{T}}$，试求 $\boldsymbol{\varepsilon}_i$ 与 $\boldsymbol{\varepsilon}_j (i, j=1, 2, 3)$ 的内积.

解　$[\boldsymbol{\varepsilon}_1, \boldsymbol{\varepsilon}_2]=1\times0+0\times1+0\times0=0$，$[\boldsymbol{\varepsilon}_2, \boldsymbol{\varepsilon}_3]=0\times0+1\times0+0\times1=0$，$[\boldsymbol{\varepsilon}_3, \boldsymbol{\varepsilon}_1]=0\times1+0\times0+1\times0=0$.

类似可得：$[\boldsymbol{\varepsilon}_i, \boldsymbol{\varepsilon}_i]=1. (i=1, 2, 3)$.

4.1.2　向量的长度

定义 4.2　令

$$\|\boldsymbol{x}\|=\sqrt{[\boldsymbol{x}, \boldsymbol{x}]}=\sqrt{x_1^2+x_2^2+\cdots+x_n^2},$$

称 $\|\boldsymbol{x}\|$ 为 n 维向量 $\boldsymbol{x}$ 的长度(或范数).

向量的长度具有下述性质：

(1) 非负性：$\|\boldsymbol{x}\| \geqslant 0$；当且仅当 $\boldsymbol{x}=\mathbf{0}$ 时，$\|\boldsymbol{x}\|=0$；

(2) 齐次性：$\|\lambda\boldsymbol{x}\|=|\lambda|\|\boldsymbol{x}\|$；

(3) 三角不等式：$\|\boldsymbol{x}+\boldsymbol{y}\| \leqslant \|\boldsymbol{x}\|+\|\boldsymbol{y}\|$；

(4) 对任意 n 维向量 $\boldsymbol{x}$，$\boldsymbol{y}$，有 $[\boldsymbol{x}, \boldsymbol{y}] \leqslant \|\boldsymbol{x}\| \cdot \|\boldsymbol{y}\|$. 此不等式称为柯西-涅可夫斯基不等式,它体现了 $\mathbf{R}^n$ 中任意两个向量的内积与它们长度之间的关系，注意对比与施瓦茨不等式的关系.

当 $\|\boldsymbol{x}\|=1$ 时，称 $\boldsymbol{x}$ 为单位向量.

对 $\mathbf{R}^n$ 中的任一非零向量 $\boldsymbol{\alpha}$，向量 $\dfrac{\boldsymbol{\alpha}}{\|\boldsymbol{\alpha}\|}$ 是一个单位向量,因为

$$\left\|\frac{\boldsymbol{\alpha}}{\|\boldsymbol{\alpha}\|}\right\|=\frac{1}{\|\boldsymbol{\alpha}\|}\|\boldsymbol{\alpha}\|=1.$$

这样用非零向量 $\boldsymbol{\alpha}$ 的长度去除向量 $\boldsymbol{\alpha}$，得到一个单位向量,称为向量 $\boldsymbol{\alpha}$ 的单位化.

当 $\|\boldsymbol{\alpha}\| \neq 0$，$\|\boldsymbol{\beta}\| \neq 0$ 时，定义

$$\theta=\arccos\frac{[\boldsymbol{\alpha}, \boldsymbol{\beta}]}{\|\boldsymbol{\alpha}\| \cdot \|\boldsymbol{\beta}\|} \quad (0 \leqslant \theta \leqslant \pi).$$

称 θ 为 n 维向量 $\boldsymbol{\alpha}$ 与 $\boldsymbol{\beta}$ 的夹角.

例 4.2　求 $\mathbf{R}^3$ 中向量 $\boldsymbol{\alpha}=(4, 0, 3)^{\mathrm{T}}$，$\boldsymbol{\beta}=(-\sqrt{3}, 3, 2)^{\mathrm{T}}$ 之间的夹角 θ.

解 由

$$\|\boldsymbol{\alpha}\| = \sqrt{4^2+0^2+3^2} = 5, \quad \|\boldsymbol{\beta}\| = \sqrt{(-\sqrt{3})^2+3^2+2^2} = 4,$$

$$[\boldsymbol{\alpha}, \boldsymbol{\beta}] = 4(-\sqrt{3}) + 0\times 3 + 3\times 2 = 6-4\sqrt{3},$$

所以

$$\cos\theta = \frac{[\boldsymbol{\alpha}, \boldsymbol{\beta}]}{\|\boldsymbol{\alpha}\|\cdot\|\boldsymbol{\beta}\|} = \frac{6-4\sqrt{3}}{5\times 4} = \frac{3-2\sqrt{3}}{10}, \qquad \theta = \arccos\frac{3-2\sqrt{3}}{10}.$$

例 4.3 求 $\mathbf{R}^5$ 中的向量 $\boldsymbol{\alpha}=(1, 0, -1, 0, 2)^{\mathrm{T}}$ 与 $\boldsymbol{\beta}=(0, 1, 2, 4, 1)^{\mathrm{T}}$ 的夹角 θ.

解 因为

$$[\boldsymbol{\alpha}, \boldsymbol{\beta}] = 1\times 0+0\times 1+(-1)\times 2+0\times 4+2\times 1=0,$$

$\cos\theta = \dfrac{[\boldsymbol{\alpha}, \boldsymbol{\beta}]}{\|\boldsymbol{\alpha}\|\cdot\|\boldsymbol{\beta}\|} = 0$, 所以 $\theta = 90°$.

4.1.3 正交向量组

定义 4.3 若两向量 $\boldsymbol{\alpha}$ 与 $\boldsymbol{\beta}$ 的内积等于零,即

$$[\boldsymbol{\alpha}, \boldsymbol{\beta}] = 0,$$

则称向量 $\boldsymbol{\alpha}$ 与 $\boldsymbol{\beta}$ 相互正交. 记作 $\boldsymbol{\alpha} \perp \boldsymbol{\beta}$.

显然,零向量与任何向量都正交.

定义 4.4 若 n 维向量 $\boldsymbol{\alpha}_1, \boldsymbol{\alpha}_2, \cdots, \boldsymbol{\alpha}_r$ 是一个非零向量组,且 $\boldsymbol{\alpha}_1, \boldsymbol{\alpha}_2, \cdots, \boldsymbol{\alpha}_r$ 中的向量两两正交,则称该向量组为正交向量组.

定理 4.1 若 n 维向量 $\boldsymbol{\alpha}_1, \boldsymbol{\alpha}_2, \cdots, \boldsymbol{\alpha}_r$ 是一组正交向量组,则 $\boldsymbol{\alpha}_1, \cdots, \boldsymbol{\alpha}_r$ 线性无关.

4.1.4 规范正交基

定义 4.5 设 $\mathbf{V} \subset \mathbf{R}^n$ 是一个向量空间,

(1) 若 $\boldsymbol{\alpha}_1, \boldsymbol{\alpha}_2, \cdots, \boldsymbol{\alpha}_r$ 是向量空间 $\mathbf{V}$ 的一个基,且是两两正交的向量组,则称 $\boldsymbol{\alpha}_1, \boldsymbol{\alpha}_2, \cdots, \boldsymbol{\alpha}_r$ 是向量空间 $\mathbf{V}$ 的**正交基**.

(2) 若 $\boldsymbol{e}_1, \boldsymbol{e}_2, \cdots, \boldsymbol{e}_r$ 是向量空间 $\mathbf{V}$ 的一个基, $\boldsymbol{e}_1, \cdots, \boldsymbol{e}_r$ 两两正交, 且都是单位向量, 则称 $\boldsymbol{e}_1, \cdots, \boldsymbol{e}_r$ 是向量空间 $\mathbf{V}$ 的一个**规范正交基(或标准正交基)**.

若 $\boldsymbol{e}_1, \cdots, \boldsymbol{e}_r$ 是 $\mathbf{V}$ 的一个规范正交基, 则 $\mathbf{V}$ 中任一向量 $\boldsymbol{\alpha}$ 能由 $\boldsymbol{e}_1, \cdots, \boldsymbol{e}_r$ 线性表示, 设表示式为

$$\boldsymbol{\alpha}=\lambda_1\boldsymbol{e}_1+\lambda_2\boldsymbol{e}_2+\cdots+\lambda_r\boldsymbol{e}_r,$$

为求其中的系数 λ_i $(i=1, 2, \cdots, r)$，可用 $\boldsymbol{e}_i^{\mathrm{T}}$ 左乘上式，有

$$\boldsymbol{e}_i^{\mathrm{T}}\boldsymbol{\alpha}=\lambda_i\boldsymbol{e}_i^{\mathrm{T}}\boldsymbol{e}_i=\lambda_i,$$

即

$$\lambda_i=\boldsymbol{e}_i^{\mathrm{T}}\boldsymbol{\alpha}=[\boldsymbol{\alpha}, \boldsymbol{e}_i].$$

利用这个公式能求得向量 $\boldsymbol{\alpha}$ 在规范正交基 $\boldsymbol{e}_1, \cdots, \boldsymbol{e}_r$ 下的坐标：$(\lambda_1, \lambda_2, \cdots, \lambda_r)$.

规范正交基的求法：

设 $\boldsymbol{\alpha}_1, \cdots, \boldsymbol{\alpha}_r$ 是向量空间 $\mathbf{V}$ 的一个基，要求 $\mathbf{V}$ 的一个规范正交基，即要找一组两两正交的单位向量 $\boldsymbol{e}_1, \cdots, \boldsymbol{e}_r$，使 $\boldsymbol{e}_1, \cdots, \boldsymbol{e}_r$ 与 $\boldsymbol{a}_1, \cdots, \boldsymbol{a}_r$ 等价. 称为 $\boldsymbol{\alpha}_1, \cdots, \boldsymbol{\alpha}_r$ 的基规范正交化，并且可按如下两个步骤进行.

(1) 正交化.

$$\boldsymbol{\beta}_1=\boldsymbol{\alpha}_1;$$

$$\boldsymbol{\beta}_2=\boldsymbol{\alpha}_2-\frac{[\boldsymbol{\beta}_1, \boldsymbol{\alpha}_2]}{[\boldsymbol{\beta}_1, \boldsymbol{\beta}_1]}\boldsymbol{\beta}_1;$$

$$\cdots\cdots$$

$$\boldsymbol{\beta}_r=\boldsymbol{\alpha}_r-\frac{[\boldsymbol{\beta}_1, \boldsymbol{\alpha}_r]}{[\boldsymbol{\beta}_1, \boldsymbol{\beta}_1]}\boldsymbol{\beta}_1-\frac{[\boldsymbol{\beta}_2, \boldsymbol{\alpha}_r]}{[\boldsymbol{\beta}_2, \boldsymbol{\beta}_2]}\boldsymbol{\beta}_2-\cdots-\frac{[\boldsymbol{\beta}_{r-1}, \boldsymbol{\alpha}_r]}{[\boldsymbol{\beta}_{r-1}, \boldsymbol{\beta}_{r-1}]}\boldsymbol{\beta}_{r-1}.$$

容易验证 $\boldsymbol{\beta}_1, \cdots, \boldsymbol{\beta}_r$ 两两正交，且 $\boldsymbol{\beta}_1, \cdots, \boldsymbol{\beta}_r$ 与 $\boldsymbol{\alpha}_1, \cdots, \boldsymbol{\alpha}_r$ 等价.

上述过程称为**施密特(Schmidt)正交化**过程. 并且对任何 k $(1\leqslant k\leqslant r)$，向量组 $\boldsymbol{\beta}_1, \cdots, \boldsymbol{\beta}_k$ 与 $\boldsymbol{\alpha}_1, \cdots, \boldsymbol{\alpha}_k$ 等价.

(2) 单位化.

取

$$\boldsymbol{e}_1=\frac{\boldsymbol{\beta}_1}{\|\boldsymbol{\beta}_1\|}, \boldsymbol{e}_2=\frac{\boldsymbol{\beta}_2}{\|\boldsymbol{\beta}_2\|}, \cdots, \boldsymbol{e}_r=\frac{\boldsymbol{\beta}_r}{\|\boldsymbol{\beta}_r\|},$$

则 $\boldsymbol{e}_1, \boldsymbol{e}_2, \cdots, \boldsymbol{e}_r$ 是 $\mathbf{V}$ 的一个规范正交基.

施密特(Schmidt)正交化过程可将 $\mathbf{R}^n$ 中的任一组线性无关的向量组 $\boldsymbol{\alpha}_1, \cdots, \boldsymbol{\alpha}_r$ 化为与之等价的正交组 $\boldsymbol{\beta}_1, \cdots, \boldsymbol{\beta}_r$；再经过单位化，得到一组与 $\boldsymbol{\alpha}_1, \cdots, \boldsymbol{\alpha}_r$ 等价的规范正交组 $\boldsymbol{e}_1, \boldsymbol{e}_2, \cdots, \boldsymbol{e}_r$.

例 4.4 已知 $\boldsymbol{a}_1=[1, 2, 1]^{\mathrm{T}}$, $\boldsymbol{a}_2=[2, 3, 3]^{\mathrm{T}}$, $\boldsymbol{a}_3=[3, 7, 1]^{\mathrm{T}}$，试把向量组 $\boldsymbol{a}_1, \boldsymbol{a}_2, \boldsymbol{a}_3$ 正交化并单位化.

解 利用施密特正交化方法.

令 $\boldsymbol{b}_1=\boldsymbol{a}_1=\begin{bmatrix}1\\2\\1\end{bmatrix}$，将 $\boldsymbol{b}_1$ 单位化,得 $\boldsymbol{b}_1=\dfrac{1}{\|\boldsymbol{a}_1\|}\boldsymbol{a}_1=\begin{bmatrix}\dfrac{1}{\sqrt{6}}\\\dfrac{2}{\sqrt{6}}\\\dfrac{1}{\sqrt{6}}\end{bmatrix}$；

$$\boldsymbol{b}_2=\boldsymbol{a}_2-\frac{[\boldsymbol{b}_1,\boldsymbol{a}_2]}{[\boldsymbol{b}_1,\boldsymbol{b}_1]}\boldsymbol{b}_1=\begin{bmatrix}2\\3\\3\end{bmatrix}-\frac{11}{6}\begin{bmatrix}1\\2\\1\end{bmatrix}=\begin{bmatrix}\dfrac{1}{6}\\-\dfrac{2}{3}\\\dfrac{7}{6}\end{bmatrix},$$

将 $\boldsymbol{b}_2$ 单位化,得 $\boldsymbol{b}_2=\dfrac{1}{\|\boldsymbol{b}_2\|}\boldsymbol{b}_2=\begin{bmatrix}\dfrac{1}{\sqrt{66}}\\\dfrac{-4}{\sqrt{66}}\\\dfrac{7}{\sqrt{66}}\end{bmatrix}$；

$$\boldsymbol{b}_3=\boldsymbol{a}_3-\frac{[\boldsymbol{b}_1,\boldsymbol{a}_3]}{[\boldsymbol{b}_1,\boldsymbol{b}_1]}\boldsymbol{b}_1-\frac{[\boldsymbol{b}_2,\boldsymbol{a}_3]}{[\boldsymbol{b}_2,\boldsymbol{b}_2]}\boldsymbol{b}_2=\begin{bmatrix}3\\7\\1\end{bmatrix}-\frac{18}{6}\begin{bmatrix}1\\2\\1\end{bmatrix}-\frac{-18}{6}\begin{bmatrix}\dfrac{1}{6}\\-\dfrac{2}{3}\\\dfrac{7}{6}\end{bmatrix}=\begin{bmatrix}\dfrac{3}{2}\\-\dfrac{1}{2}\\-\dfrac{1}{2}\end{bmatrix},$$

将 $\boldsymbol{b}_3$ 单位化,得 $\boldsymbol{b}_3=\dfrac{1}{\|\boldsymbol{b}_3\|}\boldsymbol{b}_3=\begin{bmatrix}\dfrac{3}{\sqrt{11}}\\-\dfrac{1}{\sqrt{11}}\\-\dfrac{1}{\sqrt{11}}\end{bmatrix}$.

4.1.5 正交矩阵

定义 4.6 若 n 阶方阵 $\boldsymbol{A}$ 满足

$$\boldsymbol{A}^{\mathrm{T}}\boldsymbol{A}=\boldsymbol{E}\ (\text{即 } \boldsymbol{A}^{-1}=\boldsymbol{A}^{\mathrm{T}}),$$

则称 $\boldsymbol{A}$ 为**正交矩阵**，简称正交阵.

定理 4.2 $\boldsymbol{A}$ 为正交矩阵的充分必要条件是 $\boldsymbol{A}$ 的列向量构成单位正交向量组.

注 由 $\boldsymbol{A}^{\mathrm{T}}\boldsymbol{A}=\boldsymbol{E}$ 与 $\boldsymbol{A}\boldsymbol{A}^{\mathrm{T}}=\boldsymbol{E}$ 等价，定理的结论对行向量也成立. 即 $\boldsymbol{A}$ 为正交矩阵的充分必要条件是 $\boldsymbol{A}$ 的行向量构成单位正交向量组.

定义 4.7 若 $\boldsymbol{P}$ 为正交矩阵，则线性变换 $\boldsymbol{y}=\boldsymbol{P}\boldsymbol{x}$ 称为正交变换.

正交变换的性质：正交变换保持向量的长度不变.

例 4.5 已知三维向量空间中两个向量 $\boldsymbol{\alpha}_1=\begin{bmatrix}1\\1\\1\end{bmatrix}$，$\boldsymbol{\alpha}_2=\begin{bmatrix}1\\-2\\1\end{bmatrix}$ 正交，试求 $\boldsymbol{\alpha}_3$ 使 $\boldsymbol{\alpha}_1$，$\boldsymbol{\alpha}_2$，$\boldsymbol{\alpha}_3$ 构成三维空间的一个正交基.

解 设 $\boldsymbol{\alpha}_3=(x_1,\ x_2,\ x_3)^{\mathrm{T}}\neq\boldsymbol{0}$，且分别与 $\boldsymbol{\alpha}_1$，$\boldsymbol{\alpha}_2$ 正交. 则 $[\boldsymbol{\alpha}_1,\ \boldsymbol{\alpha}_3]=[\boldsymbol{\alpha}_2,\ \boldsymbol{\alpha}_3]=0$，

即
$$\begin{cases}[\boldsymbol{\alpha}_1,\ \boldsymbol{\alpha}_3]=x_1+x_2+x_3=0,\\ [\boldsymbol{\alpha}_2,\ \boldsymbol{\alpha}_3]=x_1-2x_2+x_3=0.\end{cases}$$

解之得
$$x_1=-x_3,\quad x_2=0.$$

$$令\ x_3=1\Rightarrow\boldsymbol{\alpha}_3=\begin{bmatrix}x_1\\x_2\\x_3\end{bmatrix}=\begin{bmatrix}-1\\0\\1\end{bmatrix},$$

由上可知 $\boldsymbol{\alpha}_1$，$\boldsymbol{\alpha}_2$，$\boldsymbol{\alpha}_3$ 构成三维空间的一个正交基.

例 4.6 判别下列矩阵是不是正交阵.

$$\boldsymbol{A}=\begin{bmatrix}-1&1&1\\-1&-2&0\\1&-1&1\end{bmatrix},\qquad \boldsymbol{B}=\begin{bmatrix}-\frac{1}{\sqrt{3}}&\frac{1}{\sqrt{6}}&\frac{1}{\sqrt{2}}\\-\frac{1}{\sqrt{3}}&-\frac{2}{\sqrt{6}}&0\\\frac{1}{\sqrt{3}}&-\frac{1}{\sqrt{6}}&\frac{1}{\sqrt{2}}\end{bmatrix}.$$

解 $\boldsymbol{A}$ 矩阵的第一个行向量非单位向量，故不是正交阵. $\boldsymbol{B}$ 矩阵是方阵，且每一个行向量均是单位向量，且两两正交，故为正交阵.

习 题 4－1

1. 在 $\mathbf{R}^3$ 中求与向量 $\boldsymbol{\alpha}=(1,\ 1,\ 1)^{\mathrm{T}}$ 正交的向量的全体，并说明几何意义.

2. 设 $\boldsymbol{\alpha}_1, \boldsymbol{\alpha}_2, \boldsymbol{\alpha}_3$ 是一个规范正交组,求 $\| 4\boldsymbol{\alpha}_1 - 7\boldsymbol{\alpha}_2 + 4\boldsymbol{\alpha}_3 \|$.

3. 求与向量 $\boldsymbol{\alpha}_1 = (1, 1, -1, 1)^{\mathrm{T}}$, $\boldsymbol{\alpha}_2 = (1, -1, 1, 1)^{\mathrm{T}}$, $\boldsymbol{\alpha}_3 = (1, 1, 1, 1)^{\mathrm{T}}$ 都正交的单位向量.

4. 判断下列矩阵是否为正交阵:

(1) $\begin{bmatrix} 1 & -\frac{1}{2} & \frac{1}{3} \\ -\frac{1}{2} & 1 & \frac{1}{2} \\ \frac{1}{3} & \frac{1}{2} & -1 \end{bmatrix}$; (2) $\begin{bmatrix} \frac{1}{9} & -\frac{8}{9} & -\frac{4}{9} \\ -\frac{8}{9} & \frac{1}{9} & -\frac{4}{9} \\ -\frac{4}{9} & -\frac{4}{9} & \frac{7}{9} \end{bmatrix}$.

5. 利用施密特方法将下列矩阵的列向量组正交规范化:

(1) $(\boldsymbol{\alpha}_1, \boldsymbol{\alpha}_2, \boldsymbol{\alpha}_3) = \begin{bmatrix} 1 & 1 & 1 \\ 0 & 1 & 1 \\ 0 & 0 & 1 \end{bmatrix}$; (2) $(\boldsymbol{\alpha}_1, \boldsymbol{\alpha}_2, \boldsymbol{\alpha}_3) = \begin{bmatrix} 1 & -1 & 1 \\ 2 & 3 & 0 \\ -1 & 1 & 1 \end{bmatrix}$.

6. 将下列向量组正交化规范化:

(1) $\boldsymbol{\alpha}_1 = \begin{bmatrix} 1 \\ 1 \\ 1 \end{bmatrix}$, $\boldsymbol{\alpha}_2 = \begin{bmatrix} 0 \\ 1 \\ 1 \end{bmatrix}$, $\boldsymbol{\alpha}_3 = \begin{bmatrix} 0 \\ 0 \\ 1 \end{bmatrix}$; (2) $\boldsymbol{\alpha}_1 = \begin{bmatrix} 1 \\ 1 \\ 0 \\ 0 \end{bmatrix}$, $\boldsymbol{\alpha}_2 = \begin{bmatrix} 0 \\ 1 \\ 1 \\ 0 \end{bmatrix}$, $\boldsymbol{\alpha}_3 = \begin{bmatrix} 1 \\ 0 \\ 1 \\ 1 \end{bmatrix}$.

7. 设 $\boldsymbol{A}$ 与 $\boldsymbol{B}$ 都是 n 阶正交矩阵,证明 $\boldsymbol{AB}$ 也是正交矩阵.

8. 如果满足关系式 $\boldsymbol{A}^2 + 6\boldsymbol{A} + 8\boldsymbol{E} = \boldsymbol{0}$, 且 $\boldsymbol{A}^{\mathrm{T}} = \boldsymbol{A}$, 证明: $\boldsymbol{A} + 3\boldsymbol{E}$ 是正交阵.

4.2 矩阵的特征值与特征向量

4.2.1 特征值与特征向量

定义 4.8 设 $\boldsymbol{A}$ 是数域 $\boldsymbol{P}$ 上的一个 n 阶方阵, 若存在一个数 $\lambda \in \boldsymbol{P}$ 以及一个非零 n 维列向量 $\boldsymbol{x} \in \boldsymbol{P}_n$, 使得

$$\boldsymbol{A}\boldsymbol{x} = \lambda \boldsymbol{x},$$

则称 λ 是矩阵 $\boldsymbol{A}$ 的一个**特征值**, 向量 $\boldsymbol{x}$ 称为矩阵 $\boldsymbol{A}$ 关于特征值 λ 的**特征向量**,也称为 $\boldsymbol{A}$ 的属于特征值 λ 的特征向量.

实际上, n 阶方阵 $\boldsymbol{A}$ 的特征值 λ, 就是使齐次线性方程组 $(\lambda\boldsymbol{E} - \boldsymbol{A})\boldsymbol{x} = \boldsymbol{0}$ 有非零解的值, 即满足方程 $|\lambda\boldsymbol{E} - \boldsymbol{A}| = 0$ 的 λ 都是矩阵 $\boldsymbol{A}$ 的特征值. 此处

$$|\lambda \boldsymbol{E}-\boldsymbol{A}|=\begin{vmatrix}\lambda-a_{11} & -a_{12} & \cdots & -a_{1n}\\ -a_{21} & \lambda-a_{22} & \cdots & -a_{2n}\\ \vdots & \vdots & \ddots & \vdots\\ -a_{n1} & -a_{n2} & \cdots & \lambda-a_{nn}\end{vmatrix},$$

称关于 λ 的一元 n 次方程 $|\lambda \boldsymbol{E}-\boldsymbol{A}|=0$ 为矩阵 $\boldsymbol{A}$ 的**特征方程**,称 λ 的一元 n 次多项式

$$f(\lambda)=|\lambda \boldsymbol{E}-\boldsymbol{A}|$$

为矩阵 $\boldsymbol{A}$ 的**特征多项式**.

特征向量的求解步骤:

(1) 求出 $\boldsymbol{A}$ 的特征多项式 $|\lambda \boldsymbol{E}-\boldsymbol{A}|$ 在数域 $\boldsymbol{P}$ 中全部的根,即 n 阶方阵 $\boldsymbol{A}$ 的特征值.

(2) 若 $\lambda=\lambda_i$ 为方阵 $\boldsymbol{A}$ 的一个特征值,则由齐次线性方程组 $(\lambda_i\boldsymbol{E}-\boldsymbol{A})\boldsymbol{x}=\boldsymbol{0}$ 可求得非零解 $\boldsymbol{p}_i$,那么 $\boldsymbol{p}_i$ 就是 $\boldsymbol{A}$ 的对应于特征值 λ_i 的特征向量,且 $\boldsymbol{A}$ 的对应于特征值 λ_i 的特征向量全体是方程组 $(\lambda_i\boldsymbol{E}-\boldsymbol{A})\boldsymbol{X}=\boldsymbol{0}$ 的全体非零解. 即设 $\boldsymbol{p}_1$, $\boldsymbol{p}_2$, $\cdots$, $\boldsymbol{p}_s$ 为 $(\lambda_i\boldsymbol{E}-\boldsymbol{A})\boldsymbol{X}=\boldsymbol{0}$ 的基础解系,则 $\boldsymbol{A}$ 的对应于特征值 λ_i 的特征向量全体是 $\boldsymbol{p}=k_1\boldsymbol{p}_1+k_2\boldsymbol{p}_2+\cdots+k_s\boldsymbol{p}_s$($k_1$, $\cdots$, k_s 不同时为 0).

例 4.7 设线性变换 $\boldsymbol{A}$ 在基 $\boldsymbol{\xi}_1$, $\boldsymbol{\xi}_2$, $\boldsymbol{\xi}_3$ 下的矩阵是

$$\boldsymbol{A}=\begin{bmatrix}1 & 2 & 2\\ 2 & 1 & 2\\ 2 & 2 & 1\end{bmatrix},$$

求 $\boldsymbol{A}$ 的特征值与特征向量.

解 因为特征多项式为

$$|\lambda \boldsymbol{E}-\boldsymbol{A}|=\begin{vmatrix}\lambda-1 & -2 & -2\\ -2 & \lambda-1 & -2\\ -2 & -2 & \lambda-1\end{vmatrix}=(\lambda+1)^2(\lambda-5),$$

所以特征值为 -1(二重)和 5.

把特征值 -1 代入齐次方程组

$$\begin{cases}(\lambda-1)x_1-2x_2-2x_3=0,\\ -2x_1+(\lambda-1)x_2-2x_3=0,\\ -2x_1-2x_2+(\lambda-1)2x_3=0,\end{cases}$$

得到

$$\begin{cases}-2x_1-2x_2-2x_3=0,\\-2x_1-2x_2-2x_3=0,\\-2x_1-2x_2-2x_3=0.\end{cases}$$

它的基础解系是

$$\begin{bmatrix}1\\0\\-1\end{bmatrix},\ \begin{bmatrix}0\\1\\-1\end{bmatrix},$$

因此,属于-1的两个线性无关的特征向量就是

$$\boldsymbol{\zeta}_1=\boldsymbol{\xi}_1-\boldsymbol{\xi}_3,$$
$$\boldsymbol{\zeta}_2=\boldsymbol{\xi}_2-\boldsymbol{\xi}_3.$$

而属于-1的全部特征向量就是$k_1\boldsymbol{\zeta}_1+k_2\boldsymbol{\zeta}_2$, k_1, k_2取遍数域$\boldsymbol{P}$中不全为零的全部数对. 再用特征值5代入，得到

$$\begin{cases}4x_1-2x_2-2x_3=0,\\-2x_1+4x_2-2x_3=0,\\-2x_1-2x_2+4x_3=0.\end{cases}$$

它的基础解系是

$$\begin{bmatrix}1\\1\\1\end{bmatrix},$$

因此，属于5的一个线性无关的特征向量就是

$$\boldsymbol{\zeta}_3=\boldsymbol{\xi}_1+\boldsymbol{\xi}_2+\boldsymbol{\xi}_3,$$

而属于5的全部特征向量就是$k\boldsymbol{\zeta}_3$, k是数域$\boldsymbol{P}$中任意不为零的数.

例 4.8 已知$\boldsymbol{a}=\begin{bmatrix}1\\1\\1\end{bmatrix}$是$\boldsymbol{A}=\begin{bmatrix}a&1&1\\2&0&1\\-1&2&2\end{bmatrix}$的对应于特征值$\lambda$的特征向量，求$a$和$\lambda$.

解 由题意 $$(\boldsymbol{A}-\lambda\boldsymbol{E})\boldsymbol{a}=\boldsymbol{0},$$

即

$$\begin{bmatrix} a-\lambda & 1 & 1 \\ 2 & -\lambda & 1 \\ -1 & 2 & 2-\lambda \end{bmatrix}\begin{bmatrix} 1 \\ 1 \\ 1 \end{bmatrix}=\mathbf{0},$$

$$\begin{cases} a-\lambda+1+1=0 \\ 2-\lambda+1=0 \\ -1+2+2-\lambda=0 \end{cases} \Rightarrow a=1,\ \lambda=3.$$

例 4.9 求矩阵 $\begin{bmatrix} 1 & 0 & 0 & 0 \\ 0 & 0 & 0 & 0 \\ 0 & 0 & 0 & 0 \\ 0 & 0 & 0 & 1 \end{bmatrix}$ 的特征值和特征向量.

解 $|\boldsymbol{A}-\lambda\boldsymbol{E}|=\begin{vmatrix} 1-\lambda & 0 & 0 & 0 \\ 0 & -\lambda & 0 & 0 \\ 0 & 0 & -\lambda & 0 \\ 0 & 0 & 0 & 1-\lambda \end{vmatrix}=(\lambda-1)^2\lambda^2,$

故 $\boldsymbol{A}$ 的特征值为 $\lambda_1=\lambda_2=1,\ \lambda_3=\lambda_4=0.$

对于特征值 $\lambda_1=\lambda_2=1$，由

$$\boldsymbol{A}-\boldsymbol{E}=\begin{bmatrix} 0 & 0 & 0 & 0 \\ 0 & -1 & 0 & 0 \\ 0 & 0 & -1 & 0 \\ 0 & 0 & 0 & 0 \end{bmatrix}$$

得方程 $(\boldsymbol{A}-\boldsymbol{E})\boldsymbol{x}=\mathbf{0}$ 的解为 $\boldsymbol{p}_1=k_1(1,0,0,0)^{\mathrm{T}}+k_2(0,0,0,1)^{\mathrm{T}}$，此为对应于特征值 1 的全部特征向量，其中 (k_1,k_2) 为任意不全为零的数对.

对于特征值 $\lambda_3=\lambda_4=0$，由

$$\boldsymbol{A}+0\boldsymbol{E}=\boldsymbol{A},$$

得方程 $(\boldsymbol{A}+0\boldsymbol{E})\boldsymbol{x}=\mathbf{0}$ 的解为 $\boldsymbol{p}_3=k_3(0,1,0,0)^{\mathrm{T}}+k_4(0,0,1,0)^{\mathrm{T}}$，此为对应于特征值 0 的全部特征向量，其中$(k_3,k_4)$ 为任意不全为零的数对.

4.2.2 特征值与特征向量的性质

性质 1 n 阶矩阵 $\boldsymbol{A}$ 与它的转置矩阵 $\boldsymbol{A}^{\mathrm{T}}$ 有相同的特征值.

性质 2 设 $\boldsymbol{A}=(a_{ij})$ 是 n 阶矩阵，则

$$f(\lambda)=|\lambda \boldsymbol{E}-\boldsymbol{A}|=\begin{vmatrix}\lambda-a_{11} & -a_{12} & \cdots & -a_{1n}\\ -a_{21} & \lambda-a_{22} & \cdots & -a_{2n}\\ \vdots & \vdots & \ddots & \vdots\\ -a_{n1} & -a_{n2} & \cdots & \lambda-a_{nn}\end{vmatrix}$$

$$=\lambda^n-\left(\sum_{i=1}^{n}a_{ii}\right)\lambda^{n-1}+\cdots+(-1)^k S_k\lambda^{n-k}+\cdots+(-1)^n|\boldsymbol{A}|$$

式中 S_k 是 $\boldsymbol{A}$ 的全体 k 阶主子式的和. 设 $\lambda_1, \lambda_2, \cdots, \lambda_n$ 是 $\boldsymbol{A}$ 的 n 个特征值,则由 n 次代数方程的根与系数的关系知

(1) $\lambda_1+\lambda_2+\cdots+\lambda_n=a_{11}+a_{22}+\cdots+a_{nn}$;

(2) $\lambda_1\lambda_2\cdots\lambda_n=|\boldsymbol{A}|$.

其中 $\boldsymbol{A}$ 的全体特征值的和 $(a_{11}+a_{22}+\cdots+a_{nn})$ 称为矩阵 $\boldsymbol{A}$ 的**迹**, 记为 $\mathrm{tr}(\boldsymbol{A})$.

性质 3 设 $\boldsymbol{A}=(a_{ij})$ 是 n 阶矩阵,如果

(1) $\sum_{j=1}^{n}|a_{ij}|<1\ (i=1, 2, \cdots, n)$

或

(2) $\sum_{i=1}^{n}|a_{ij}|<1\ (j=1, 2, \cdots, n)$

有一个成立, 则矩阵 $\boldsymbol{A}$ 的所有特征值 λ_i 的模小于 1, 即 $|\lambda_i|<1\ (i=1, 2, \cdots, n)$

定理 4.3 n 阶矩阵 $\boldsymbol{A}$ 的互不相等的特征值 $\lambda_1, \cdots, \lambda_m$ 对应的特征向量 $\boldsymbol{p}_1, \boldsymbol{p}_2, \cdots, \boldsymbol{p}_m$ 线性无关. 且:

(1) 属于不同特征值的特征向量是线性无关的;

(2) 属于同一特征值的特征向量的非零线性组合仍是这个特征值的特征向量;

(3) 矩阵的特征向量总是相对于矩阵的特征值而言的, 一个特征值具有的特征向量不唯一;一个特征向量不能属于不同的特征值. 即特征向量决定特征值,但特征值不能决定特征向量.

例 4.10 求 n 阶数量矩阵 $\boldsymbol{A}=\begin{bmatrix}a & 0 & \cdots & 0\\ 0 & a & \cdots & 0\\ \vdots & \vdots & \ddots & \vdots\\ 0 & 0 & \cdots & a\end{bmatrix}$ 的特征值与特征向量.

解 $|\lambda \boldsymbol{E}-\boldsymbol{A}|=\begin{vmatrix}\lambda-a & 0 & \cdots & 0\\ 0 & \lambda-a & \cdots & 0\\ \vdots & \vdots & \ddots & \vdots\\ 0 & 0 & \cdots & \lambda-a\end{vmatrix}=(\lambda-a)^n=0,$

故 $\boldsymbol{A}$ 的特征值为 $\lambda_1=\lambda_2=\cdots=\lambda_n=a$.

把 $\lambda=a$ 代入 $(\lambda\boldsymbol{E}-\boldsymbol{A})\boldsymbol{x}=\boldsymbol{0}$ 得 $\boldsymbol{0}\cdot\boldsymbol{x}=\boldsymbol{0}$, $\boldsymbol{0}\cdot\boldsymbol{x}=\boldsymbol{0}$, $\cdots$, $\boldsymbol{0}\cdot\boldsymbol{x}=\boldsymbol{0}$. 这个方程组的系数矩阵是零矩阵,所以任意 n 个线性无关的向量都是它的基础解系,取单位向量组

$$\boldsymbol{\varepsilon}_1=\begin{bmatrix}1\\0\\\vdots\\0\end{bmatrix},\ \boldsymbol{\varepsilon}_n=\begin{bmatrix}0\\1\\\vdots\\0\end{bmatrix},\ \cdots,\ \boldsymbol{\varepsilon}_n=\begin{bmatrix}0\\0\\\vdots\\1\end{bmatrix}$$

作为基础解系,于是,$\boldsymbol{A}$ 的全部特征向量为

$$c_1\boldsymbol{\varepsilon}_1+c_2\boldsymbol{\varepsilon}_2+\cdots+c_n\boldsymbol{\varepsilon}_n\quad(c_1,\ c_2,\ \cdots,\ c_n\text{ 不全为零}).$$

例 4.11 试求上三角矩阵 $\boldsymbol{A}$ 的特征值:$\boldsymbol{A}=\begin{bmatrix}a_{11}&a_{12}&\cdots&a_{1n}\\0&a_{22}&\cdots&a_{2n}\\\vdots&\vdots&\ddots&\vdots\\0&0&\cdots&a_{nn}\end{bmatrix}$.

解

$$|\lambda\boldsymbol{E}-\boldsymbol{A}|=\begin{vmatrix}\lambda-a_{11}&-a_{12}&\cdots&-a_{1m}\\0&\lambda-a_{22}&\cdots&-a_{2n}\\\vdots&\vdots&\ddots&\vdots\\0&0&\cdots&\lambda-a_{nn}\end{vmatrix},$$

这是一个上三角行列式,得

$$|\lambda\boldsymbol{E}-\boldsymbol{A}|=(\lambda-a_{11})(\lambda-a_{22})\cdots(\lambda-a_{nn}).$$

因此 $\boldsymbol{A}$ 的特征值等于 a_{11}, a_{22}, $\cdots$, a_{nn}.

例 4.12 试证:n 阶矩阵 $\boldsymbol{A}$ 是奇异矩阵的充分必要条件是 $\boldsymbol{A}$ 有一个特征值为零.

证 必要性 若 $\boldsymbol{A}$ 是奇异矩阵,则 $|\boldsymbol{A}|=0$. 于是

$$|\boldsymbol{0}\boldsymbol{E}-\boldsymbol{A}|=|-\boldsymbol{A}|=(-1)^n|\boldsymbol{A}|=0,$$

即 0 是 $\boldsymbol{A}$ 的一个特征值.

充分性 设 $\boldsymbol{A}$ 有一个特征值为 0,对应的特征向量为 $\boldsymbol{p}$,由特征值的定义,有

$$\boldsymbol{A}\boldsymbol{p}=\boldsymbol{0}\boldsymbol{p}=\boldsymbol{0}\quad(\boldsymbol{p}\neq\boldsymbol{0}),$$

所以齐次线性方程组 $\boldsymbol{A}\boldsymbol{x}=\boldsymbol{0}$ 有非零解 $\boldsymbol{p}$.

由此可知 $|\boldsymbol{A}|=0$,即 $\boldsymbol{A}$ 为奇异矩阵.

此例也可以叙述为:n 阶矩阵 $\boldsymbol{A}$ 可逆$\Leftrightarrow$它的任一特征值不为零.

例 4.13 设 λ 是方阵 $\boldsymbol{A}$ 的特征值,证明:

(1) λ^2 是 $\boldsymbol{A}^2$ 的特征值; (2) 当 $\boldsymbol{A}$ 可逆时,$\dfrac{1}{\lambda}$ 是 $\boldsymbol{A}^{-1}$ 的特征值.

证 因 λ 是 $\boldsymbol{A}$ 的特征值,故有 $\boldsymbol{p}\neq\boldsymbol{0}$ 使 $\boldsymbol{A}\boldsymbol{p}=\lambda\boldsymbol{p}$. 于是

(1) $\boldsymbol{A}^2\boldsymbol{p}=\boldsymbol{A}(\boldsymbol{A}\boldsymbol{p})=\boldsymbol{A}(\lambda\boldsymbol{p})=\lambda(\boldsymbol{A}\boldsymbol{p})=\lambda^2\boldsymbol{p}$,

所以 λ^2 是 $\boldsymbol{A}^2$ 的特征值.

(2) 当 $\boldsymbol{A}$ 可逆时,由 $\boldsymbol{A}\boldsymbol{p}=\lambda\boldsymbol{p}$,有 $\boldsymbol{p}=\lambda\boldsymbol{A}^{-1}\boldsymbol{p}$,因 $\boldsymbol{p}\neq\boldsymbol{0}$,知 $\lambda\neq0$,故

$$\boldsymbol{A}^{-1}\boldsymbol{p}=\frac{1}{\lambda}\boldsymbol{p},$$

所以 $\dfrac{1}{\lambda}$ 是 $\boldsymbol{A}^{-1}$ 的特征值. 证毕.

例 4.14 设 $\boldsymbol{A}^2=\boldsymbol{A}$,证明 $\boldsymbol{A}$ 的特征值只能取 0 或 1.

证 因为 $\boldsymbol{A}^2=\boldsymbol{A}$,所以 $\boldsymbol{A}(\boldsymbol{A}-\boldsymbol{E})=\boldsymbol{0}$,$|\boldsymbol{A}(\boldsymbol{A}-\boldsymbol{E})|=|\boldsymbol{A}||\boldsymbol{A}-\boldsymbol{E}|=0$,

即
$$|\boldsymbol{A}|=|\boldsymbol{A}-0\boldsymbol{E}|=0 \text{ 或 } |\boldsymbol{A}-\boldsymbol{E}|=0,$$

所以 0 或 1 是 $\boldsymbol{A}$ 的特征值. 易证 $\boldsymbol{A}$ 特征值只能是 0 或 1.

习 题 4-2

1. 求下列矩阵的特征值与一组特征向量:

(1) $\begin{bmatrix}1&1&1&1\\1&1&-1&-1\\1&-1&1&-1\\1&-1&-1&1\end{bmatrix}$; (2) $\begin{bmatrix}1&-1\\2&4\end{bmatrix}$;

(3) $\begin{bmatrix}1&2&3\\2&1&3\\3&3&6\end{bmatrix}$; (4) $\begin{bmatrix}0&0&0&1\\0&0&1&0\\0&1&0&0\\1&0&0&0\end{bmatrix}$.

2. 设 $\boldsymbol{A}=\begin{bmatrix}-1&2&2\\2&-1&-2\\2&-2&-1\end{bmatrix}$,

(1) 求 $\boldsymbol{A}$ 的特征值；

(2) 进一步求矩阵 $\boldsymbol{I}+\boldsymbol{A}^{-1}$ 的特征值.

3. 已知三阶矩阵 $\boldsymbol{A}$ 的特征值为 1，-2，3，求：

(1) $2\boldsymbol{A}$ 特征值；　　(2) $\boldsymbol{A}^{-1}$ 特征值.

4. 已知三阶矩阵 $\boldsymbol{A}$ 的特征值为 1，-1，2，设矩阵 $\boldsymbol{B}=\boldsymbol{A}^3-5\boldsymbol{A}^2$，求 $\boldsymbol{B}$ 的特征值及行列式 $|\boldsymbol{B}|$ 与 $|\boldsymbol{A}-5\boldsymbol{I}|$.

5. 设 $\boldsymbol{A}^2=\boldsymbol{I}$，证明 $\boldsymbol{A}$ 的特征值只能是 ± 1.

6. 设 $\boldsymbol{A}^2-3\boldsymbol{A}+2\boldsymbol{E}=\boldsymbol{0}$，证明 $\boldsymbol{A}$ 的特征值只能是 1 或 2.

7. 已知 0 是矩阵 $\boldsymbol{A}=\begin{bmatrix}1&0&1\\0&2&0\\1&0&a\end{bmatrix}$ 的特征值，求 $\boldsymbol{A}$ 的特征值和特征向量.

8. 设 1，1，-1 是三阶实对称矩阵 $\boldsymbol{A}$ 的三个特征值，$\boldsymbol{\alpha}_1=\begin{bmatrix}1\\1\\1\end{bmatrix}$，$\boldsymbol{\alpha}_2=\begin{bmatrix}2\\2\\1\end{bmatrix}$ 是 $\boldsymbol{A}$ 的属于特征值 1 的特征向量，求 $\boldsymbol{A}$ 的属于特征值 -1 的特征向量.

9. 设 $\boldsymbol{\alpha}$ 是 $\boldsymbol{A}$ 的对应于特征值 λ_0 的特征向量，证明：

(1) $\boldsymbol{\alpha}$ 是 $\boldsymbol{A}^m$ 的对应于特征值 λ_0^m 的特征向量.

(2) 对多项式 $f(x)$，$\boldsymbol{\alpha}$ 是 $f(\boldsymbol{A})$ 的对应于 $f(\lambda_0)$ 的特征向量.

10. 已知三阶矩阵 $\boldsymbol{A}$ 的特征值为 1，2，3，求 $|\boldsymbol{A}^3-5\boldsymbol{A}^2+7\boldsymbol{A}|$.

11. 已知三阶矩阵 $\boldsymbol{A}$ 的特征值为 1，2，-3，求 $|\boldsymbol{A}^*-3\boldsymbol{A}+2\boldsymbol{E}|$.

12. 已知向量 $\boldsymbol{\alpha}=\begin{bmatrix}1\\k\\1\end{bmatrix}$ 是矩阵 $\boldsymbol{A}=\begin{bmatrix}2&1&1\\1&2&1\\1&1&2\end{bmatrix}$ 的逆矩阵 $\boldsymbol{A}^{-1}$ 的特征向量，求常数 k 的值及 $\boldsymbol{\alpha}$ 所对应的特征值 λ.

4.3 相 似 矩 阵

4.3.1 相似矩阵的概念

定义 4.9 设 $\boldsymbol{A}$，$\boldsymbol{B}$ 都是 n 阶矩阵，若存在可逆矩阵 $\boldsymbol{P}$，使

$$\boldsymbol{P}^{-1}\boldsymbol{A}\boldsymbol{P}=\boldsymbol{B},$$

则称 $\boldsymbol{B}$ 是 $\boldsymbol{A}$ 的相似矩阵，并称矩阵 $\boldsymbol{A}$ 与 $\boldsymbol{B}$ **相似**. 记为 $\boldsymbol{A}\sim\boldsymbol{B}$.

$\boldsymbol{P}^{-1}\boldsymbol{A}\boldsymbol{P}$ 称为对 $\boldsymbol{A}$ 进行**相似变换**，可逆矩阵 $\boldsymbol{P}$ 称为**相似变换矩阵**.

矩阵的相似关系是一种等价关系,满足:

(1) 反身性: 对任意 n 阶矩阵 $\boldsymbol{A}$, 有 $\boldsymbol{A}$ 与 $\boldsymbol{A}$ 相似,即 $\boldsymbol{A} \sim \boldsymbol{A}$;

(2) 对称性: 若 $\boldsymbol{A}$ 与 $\boldsymbol{B}$ 相似, 则 $\boldsymbol{B}$ 与 $\boldsymbol{A}$ 相似,即若 $\boldsymbol{A} \sim \boldsymbol{B}$, 则 $\boldsymbol{B} \sim \boldsymbol{A}$;

(3) 传递性: 若 $\boldsymbol{A}$ 与 $\boldsymbol{B}$ 相似, $\boldsymbol{B}$ 与 $\boldsymbol{C}$ 相似, 则 $\boldsymbol{A}$ 与 $\boldsymbol{C}$ 相似;若 $\boldsymbol{A} \sim \boldsymbol{B}$, $\boldsymbol{B} \sim \boldsymbol{C}$, 则 $\boldsymbol{A} \sim \boldsymbol{C}$.

4.3.2 相似矩阵的性质

定理 4.4 若 n 阶矩阵 $\boldsymbol{A}$ 与 $\boldsymbol{B}$ 相似,则 $\boldsymbol{A}$ 与 $\boldsymbol{B}$ 有相同的特征多项式和特征值.

相似矩阵的其他特性:

(1) 相似矩阵有相同的秩;

(2) 相似矩阵的行列式相等;

(3) 相似矩阵具有相同的可逆性,即同时可逆或不可逆. 当它们可逆时,则它们的逆矩阵也相似.

(4) 若 $\boldsymbol{A} \sim \boldsymbol{B}$ 则 $\boldsymbol{A}^k \sim \boldsymbol{B}^k (k \in \mathbf{N})$, $\boldsymbol{A}^{\mathrm{T}} \sim \boldsymbol{B}^{\mathrm{T}}$、$\boldsymbol{A}^{-1} \sim \boldsymbol{B}^{-1}$(若 $\boldsymbol{A}$, $\boldsymbol{B}$ 均可逆)且有 $\lambda \boldsymbol{E} - \boldsymbol{A} = \lambda \boldsymbol{E} - \boldsymbol{B}$, 从而 $\boldsymbol{A}$ 与 $\boldsymbol{B}$ 有相同的特征值.

4.3.3 矩阵的对角化

定理 4.5 n 阶矩阵 $\boldsymbol{A}$ 与对角矩阵 $\boldsymbol{\Lambda} = \begin{bmatrix} \lambda_1 & & & \\ & \lambda_2 & & \\ & & \ddots & \\ & & & \lambda_n \end{bmatrix}$ 相似的充分必要条件为矩阵 $\boldsymbol{A}$ 有 n 个线性无关的特征向量.

推论 4.1 若 n 阶矩阵 $\boldsymbol{A}$ 有 n 个相异的特征值 λ_1, λ_2, $\cdots$, λ_n, 则 $\boldsymbol{A}$ 与对角矩阵

$$\boldsymbol{\Lambda} = \begin{bmatrix} \lambda_1 & & & \\ & \lambda_2 & & \\ & & \ddots & \\ & & & \lambda_n \end{bmatrix}$$

相似.

对于 n 阶方阵 $\boldsymbol{A}$,若存在可逆矩阵 $\boldsymbol{P}$, 使 $\boldsymbol{P}^{-1}\boldsymbol{A}\boldsymbol{P} = \boldsymbol{\Lambda}$ 为对角阵, 则称方阵 $\boldsymbol{A}$ **可对角化**.

定理 4.6 n 阶矩阵 $\boldsymbol{A}$ 可对角化的充要条件是对应于 $\boldsymbol{A}$ 的每个特征值的线性

无关的特征向量的个数恰好等于该特征值的重数. 即设 $\boldsymbol{\lambda}_i$ 是矩阵 $\boldsymbol{A}$ 的 n_i 重特征值，则

$$\boldsymbol{A} 与 \boldsymbol{\Lambda} 相似 \Leftrightarrow \mathrm{r}(\boldsymbol{A}-\lambda_i\boldsymbol{E})=n-n_i(i=1, 2, \cdots, n).$$

矩阵对角化的步骤

若矩阵可对角化,则可按下列步骤来实现：

(1) 求出 $\boldsymbol{A}$ 的全部特征值 $\lambda_1, \lambda_2, \cdots, \lambda_s$；

(2) 对每一个特征值 λ_i，设其重数为 n_i，则对应齐次方程组

$$(\lambda_i\boldsymbol{E}-\boldsymbol{A})\boldsymbol{x}=\boldsymbol{0}$$

的基础解系由 n_i 个向量 $\xi_{i1}, \xi_{i2}\cdots, \xi_{in_i}$ 构成，即 $\xi_{i1}, \xi_{i2}\cdots, \xi_{in_i}$ 为 λ_i 对应的线性无关的特征向量；

(3) 上面求出的特征向量

$$\xi_{11}, \xi_{12}, \cdots, \xi_{1n_1}, \xi_{21}, \xi_{22}, \cdots, \xi_{2n_2}, \cdots, \xi_{s1}, \xi_{s2}, \cdots, \xi_{sn_s}$$

恰好为矩阵 $\boldsymbol{A}$ 的 n 个线性无关的特征向量；

(4) 令 $\boldsymbol{P}=(\xi_{11}, \xi_{12}, \cdots, \xi_{1n_1}, \xi_{21}, \xi_{22}, \cdots, \xi_{2n_2}, \cdots, \xi_{s1}, \xi_{s2}, \cdots, \xi_{sn_s})$，则

$$\boldsymbol{P}^{-1}\boldsymbol{A}\boldsymbol{P}=\boldsymbol{\Lambda}=\begin{bmatrix}\lambda_1 & & & & & & & & \\ & \ddots & & & & & & & \\ & & \lambda_1 & & & & & & \\ & & & \lambda_2 & & & & & \\ & & & & \ddots & & & & \\ & & & & & \lambda_2 & & & \\ & & & & & & \ddots & & \\ & & & & & & & \lambda_s & \\ & & & & & & & & \ddots & \\ & & & & & & & & & \lambda_s\end{bmatrix}.$$

定理 4.7 设 $f(\lambda)$ 是矩阵 $\boldsymbol{A}$ 的特征多项式,则 $f(\boldsymbol{A})=0$.

例 4.15 设有矩阵 $\boldsymbol{A}=\begin{bmatrix}3 & 1\\ 5 & -1\end{bmatrix}$，$\boldsymbol{B}=\begin{bmatrix}4 & 0\\ 0 & -2\end{bmatrix}$，试验证存在可逆矩阵 $\boldsymbol{P}=\begin{bmatrix}1 & 1\\ 1 & -5\end{bmatrix}$，使得 $\boldsymbol{A}$ 与 $\boldsymbol{B}$ 相似.

证 易见 $\boldsymbol{P}$ 可逆，且 $\boldsymbol{P}^{-1}=\begin{bmatrix}5/6 & 1/6\\ 1/6 & -1/6\end{bmatrix}$，有

$$P^{-1}AP=\begin{bmatrix}5/6 & 1/6\\1/6 & -1/6\end{bmatrix}\begin{bmatrix}3 & 1\\5 & -1\end{bmatrix}\begin{bmatrix}1 & 1\\1 & -5\end{bmatrix}=\begin{bmatrix}4 & 0\\0 & -2\end{bmatrix}=B,$$

故 A 与 B 相似.

例 4.16 设矩阵 $A=\begin{bmatrix}2 & 0 & 1\\3 & 1 & x\\4 & 0 & 5\end{bmatrix}$ 可相似对角化，求 x.

解 由

$$|A-\lambda E|=\begin{vmatrix}2-\lambda & 0 & 1\\3 & 1-\lambda & x\\4 & 0 & 5-\lambda\end{vmatrix}=-(\lambda-1)^2(\lambda-6),$$

得 A 的特征值为 $\lambda_1=6$，$\lambda_2=\lambda_3=1$.

因为 A 可相似对角化，所以对于 $\lambda_2=\lambda_3=1$，齐次线性方程组 $(A-E)x=0$ 有两个线性无关的解,因此 $R(A-E)=1$. 由

$$(A-E)=\begin{bmatrix}1 & 0 & 1\\3 & 0 & x\\4 & 0 & 4\end{bmatrix}\longrightarrow\begin{bmatrix}1 & 0 & 1\\0 & 0 & x-3\\0 & 0 & 0\end{bmatrix}$$

知当 $x=3$ 时 $R(A-E)=1$，即 $x=3$ 为所求.

例 4.17 设方阵 $A=\begin{bmatrix}1 & -2 & -4\\-2 & x & -2\\-4 & -2 & 1\end{bmatrix}$ 与 $\Lambda=\begin{bmatrix}5 & 0 & 0\\0 & y & 0\\0 & 0 & -4\end{bmatrix}$ 相似,求 x，y.

解 方阵 A 与 Λ 相似,则 A 与 Λ 的特征多项式相同,即

$$|A-\lambda E|=|\Lambda-\lambda E|\Rightarrow\begin{vmatrix}1-\lambda & -2 & -4\\-2 & x-\lambda & -2\\-4 & -2 & 1-\lambda\end{vmatrix}=\begin{vmatrix}5-\lambda & 0 & 0\\0 & y-\lambda & 0\\0 & 0 & -4-\lambda\end{vmatrix}$$

$$\Rightarrow\begin{cases}x=4,\\y=5.\end{cases}$$

例 4.18 判断矩阵 $A=\begin{bmatrix}1 & -2 & 2\\-2 & -2 & 4\\2 & 4 & -2\end{bmatrix}$ 能否化为对角矩阵.

解 只须判断矩阵特征多项式的特征向量的个数是否等于矩阵的行数.

$$|\boldsymbol{A}-\lambda\boldsymbol{E}|=\begin{vmatrix}1-\lambda & -2 & 2\\ -2 & -2-\lambda & 4\\ 2 & 4 & -2-\lambda\end{vmatrix}=-(\lambda-2)^2(\lambda+7)=0$$

$$\Rightarrow\lambda_1=\lambda_2=2,\ \lambda_3=-7.$$

将 $\lambda_1=\lambda_2=2$ 代入 $(\boldsymbol{A}-\lambda\boldsymbol{E})\boldsymbol{x}=\boldsymbol{0}$，得方程组

$$\begin{cases}-x_1-2x_2+2x_3=0\\ -2x_1-4x_2+4x_3=0\\ 2x_1+4x_2-4x_3=0\end{cases}\Rightarrow \text{基础解系 } \boldsymbol{p}_1=\begin{bmatrix}2\\0\\1\end{bmatrix},\ \boldsymbol{p}_2=\begin{bmatrix}0\\1\\1\end{bmatrix}.$$

同理，对 $\lambda_3=-7$，由 $(\boldsymbol{A}-\lambda_3\boldsymbol{E})\boldsymbol{x}=\boldsymbol{0}$ $\Rightarrow$ 基础解系 $\boldsymbol{p}_3=(1,\ 2,\ -2)^{\mathrm{T}}$.

由于 $\begin{vmatrix}2 & 0 & 1\\ 0 & 1 & 2\\ 1 & 1 & -2\end{vmatrix}\neq 0$，所以 $\boldsymbol{p}_1$，$\boldsymbol{p}_2$，$\boldsymbol{p}_3$ 线性无关. 即 $\boldsymbol{A}$ 有 3 个线性无关的特征向量，因而 $\boldsymbol{A}$ 可对角化.

例 4.19 求一个正交的相似变换矩阵，将矩阵 $\begin{bmatrix}2 & -2 & 0\\ -2 & 1 & -2\\ 0 & -2 & 0\end{bmatrix}$ 化为对角阵.

解 将所给矩阵记为 $\boldsymbol{A}$. 由

$$|\boldsymbol{A}-\lambda\boldsymbol{E}|=\begin{vmatrix}2-\lambda & -2 & 0\\ -2 & 1-\lambda & -2\\ 0 & -2 & -\lambda\end{vmatrix}=(1-\lambda)(\lambda-4)(\lambda+2)$$

得矩阵 $\boldsymbol{A}$ 的特征值为 $\lambda_1=-2$，$\lambda_2=1$，$\lambda_3=4$.

对于 $\lambda_1=-2$，解方程 $(\boldsymbol{A}+2\boldsymbol{E})\boldsymbol{x}=\boldsymbol{0}$，即

$$\begin{bmatrix}4 & -2 & 0\\ -2 & 3 & -2\\ 0 & -2 & 2\end{bmatrix}\begin{bmatrix}x_1\\x_2\\x_3\end{bmatrix}=\boldsymbol{0},$$

得特征向量 $(1,\ 2,\ 2)^{\mathrm{T}}$，单位化得 $\boldsymbol{p}_1=\left(\frac{1}{3},\ \frac{2}{3},\ \frac{2}{3}\right)^{\mathrm{T}}$.

对于 $\lambda_2=1$，解方程 $(\boldsymbol{A}-\boldsymbol{E})\boldsymbol{x}=\boldsymbol{0}$，即

$$\begin{bmatrix}1 & -2 & 0\\ -2 & 0 & -2\\ 0 & -2 & -1\end{bmatrix}\begin{bmatrix}x_1\\x_2\\x_3\end{bmatrix}=\boldsymbol{0},$$

得特征向量$(2, 1, -2)^T$，单位化得 $\boldsymbol{p}_2=\left(\frac{2}{3}, \frac{1}{3}, -\frac{2}{3}\right)^T$.

对于$\lambda_3=4$，解方程$(\boldsymbol{A}-4\boldsymbol{E})\boldsymbol{x}=\boldsymbol{0}$，即

$$\begin{bmatrix}-2 & -2 & 0\\ -2 & -3 & -2\\ 0 & -2 & -4\end{bmatrix}\begin{bmatrix}x_1\\ x_2\\ x_3\end{bmatrix}=\boldsymbol{0},$$

得特征向量$(2, -2, 1)^T$，单位化得 $\boldsymbol{p}_3=\left(\frac{2}{3}, -\frac{2}{3}, \frac{1}{3}\right)^T$.

于是有正交阵 $\boldsymbol{P}=(\boldsymbol{p}_1, \boldsymbol{p}_2, \boldsymbol{p}_3)$，使 $\boldsymbol{P}^{-1}\boldsymbol{AP}=\mathrm{diag}(-2, 1, 4)$.

4.3.4 约当形矩阵的概念

定义 4.10 在 n 阶矩阵 $\boldsymbol{A}$ 中，形如 $\boldsymbol{J}=\begin{bmatrix}\lambda & 1 & & & \\ & \lambda & 1 & & \\ & & \ddots & \ddots & \\ & & & \lambda & 1\\ & & & & \lambda\end{bmatrix}$ 的矩阵称为约当块.

若一个分块矩阵的所有子块都是约当块，即

$$\boldsymbol{J}=\begin{bmatrix}\boldsymbol{J}_1 & & & \\ & \boldsymbol{J}_2 & & \\ & & \ddots & \\ & & & \boldsymbol{J}_s\end{bmatrix}$$

中 $\boldsymbol{J}_i\,(i=1, 2, \cdots, s)$ 都是约当块，则称 $\boldsymbol{J}$ 为约当矩阵，或约当标准形.

定理 4.8 对任意一个 n 阶矩阵 $\boldsymbol{A}$，都存在 n 阶可逆矩阵 $\boldsymbol{T}$ 使得

$$\boldsymbol{T}^{-1}\boldsymbol{AT}=\boldsymbol{J},$$

即任一 n 阶矩阵 $\boldsymbol{A}$ 都与 n 阶约当矩阵 $\boldsymbol{J}$ 相似.

例 4.20 判断下列矩阵是不是约当矩阵(虚线是为了更清楚地表示分块情况而加上去的).

(1) $\left[\begin{array}{c:cc}1 & 0 & 0\\ \hdashline 0 & 2 & 1\\ 0 & 0 & 2\end{array}\right]$；　(2) $\begin{bmatrix}1 & 1 & 0\\ 0 & 1 & 1\\ 0 & 0 & -1\end{bmatrix}$；　(3) $\left[\begin{array}{c:cc}1 & 0 & 0\\ \hdashline 0 & 0 & 1\\ 0 & 0 & -1\end{array}\right]$；

(4) $\left[\begin{array}{cc:cc} 1 & 1 & 0 & 0 \\ 0 & 1 & 0 & 0 \\ \hdashline 0 & 0 & 2 & -6 \\ 0 & 0 & 0 & 2 \end{array}\right]$；

(5) $\left[\begin{array}{c:cc:ccc} 0 & 0 & 0 & 0 & 0 & 0 \\ \hdashline 0 & 1 & 1 & 0 & 0 & 0 \\ 0 & 0 & 1 & 0 & 0 & 0 \\ \hdashline 0 & 0 & 0 & \sqrt{2} & 1 & 0 \\ 0 & 0 & 0 & 0 & \sqrt{2} & 1 \\ 0 & 0 & 0 & 0 & 0 & \sqrt{2} \end{array}\right]$；

(6) $\left[\begin{array}{cc:cc} \sqrt{2} & 1 & 0 & 0 \\ 0 & \sqrt{2} & 0 & 0 \\ \hdashline 0 & 0 & 1 & 1 \\ 0 & 0 & 0 & 1 \end{array}\right]$.

解

(1)(6)是由两个约当块组成的约当形矩阵，其中(1)有一个 1 阶的约当块，(6)由两个 2 阶的约当块组成.

(2)的主对角线上元素不相同，不是约当块.

(3)的右下方一块主对角线上元素不相同，故不是约当块.

(4)的右下方一块主对角线上方的元素是-6 而不是 1，不是约当块.

(5)是由 3 个约当块组成的约当形矩阵，其中左上角一块是一个零阶矩阵，它也是一个约当块.

习 题 4-3

1. 已知阶方阵 $\boldsymbol{A}$，$\boldsymbol{B}$ 相似，其中

$$\boldsymbol{A}=\begin{bmatrix} 2 & -2 & 0 \\ -2 & 1 & -2 \\ 0 & -2 & x \end{bmatrix},\ \boldsymbol{B}=\begin{bmatrix} 1 & 0 & 0 \\ 0 & 4 & 0 \\ 0 & 0 & -2 \end{bmatrix},$$

求 x.

2. 若阶方阵 $\boldsymbol{A}$ 与 $\boldsymbol{B}$ 相似，证明：

(1) $\mathrm{r}(\boldsymbol{A})=\mathrm{r}(\boldsymbol{B})$；　　(2) $|\boldsymbol{A}|=|\boldsymbol{B}|$.

3. 设 $\boldsymbol{A}$，$\boldsymbol{B}$ 都是阶方阵，且 $|\boldsymbol{A}|\neq 0$，证明 $\boldsymbol{AB}$ 与 $B\boldsymbol{A}$ 相似.

4. 设矩阵 $\boldsymbol{A}=\begin{bmatrix} 2 & 0 & 1 \\ 3 & 1 & 3 \\ x & 0 & 5 \end{bmatrix}$ 可相似对角化，求 x.

5. 设$A=\begin{bmatrix}1&0&0&0\\a&1&0&0\\2&b&2&0\\2&3&c&2\end{bmatrix}$，求 a，b，c 取何值时，A 与对角矩阵相似.

6. 已知矩阵$A=\begin{bmatrix}1&a&-3\\-1&4&-3\\1&-2&5\end{bmatrix}$的特征根有重根，判断 A 能否对角化，说明理由.

7. 已知向量$p=\begin{bmatrix}1\\1\\-1\end{bmatrix}$是矩阵$A=\begin{bmatrix}2&-1&2\\5&a&3\\-1&b&-2\end{bmatrix}$的一个特征向量，

(1) 确定参数 a，b 及 p 所对应的特征值；

(2) A 能不能相似对角化，并说明理由.

8. 设$A=\begin{bmatrix}-1&1&0\\-2&2&0\\4&-2&1\end{bmatrix}$，求$A^{100}$.

9. 设三阶方阵 A 的特征值是 1，0，−1，对应特征向量依次为

$$p_1=\begin{bmatrix}1\\2\\2\end{bmatrix},\ p_2=\begin{bmatrix}2\\-2\\1\end{bmatrix},\ p_3=\begin{bmatrix}-2\\-1\\2\end{bmatrix},$$

求 A.

10. 设矩阵$A=\begin{bmatrix}3&2&-2\\-k&-1&k\\4&2&-3\end{bmatrix}$，问 k 为何值时，存在可逆矩阵 P，使 $P^{-1}AP$ 为对角阵？并求出相应的对角阵.

11. 设 A，B，C，D 为 n 阶矩阵，且 A 与 B 相似，C 与 D 相似，证明：$\begin{bmatrix}A&0\\0&C\end{bmatrix}$与$\begin{bmatrix}B&0\\0&D\end{bmatrix}$相似.

12. 设方阵 A 与 B 相似，证明：对任何正整数 k，A^k 与 B^k 相似.

4.4 实对称矩阵的对角化

一般而言，对于任意给定的一个矩阵，并不一定能将它对角化，从上一节知道，

矩阵能够进行对角化的充要条件是：矩阵有 n 个线性无关的特征向量. 下面介绍的实对称矩阵，与一般矩阵相比，具有更好的性质，它一定能够对角化.

设方阵 $\boldsymbol{A}$ 是实对称矩阵，则有：

1) $\boldsymbol{A}$ 的所有特征值均是实数；

2) $\boldsymbol{A}$ 的不同特征值对应的特征向量不仅线性无关，而且相互正交.

定理 4.9　设 $\boldsymbol{A}$ 为 n 阶实对称矩阵，则必有正交矩阵 $\boldsymbol{P}$，使

$$\boldsymbol{P}^{-1}\boldsymbol{A}\boldsymbol{P}=\boldsymbol{\Lambda}=\mathrm{diag}(\lambda_1, \lambda_2, \cdots, \lambda_n),$$

其中 $\lambda_1, \lambda_2, \cdots, \lambda_n$ 为 $\boldsymbol{A}$ 的特征值.

定理 4.10　设 $\boldsymbol{A}$ 为 n 阶实对称矩阵，λ 是 $\boldsymbol{A}$ 的特征方程的 k 重根，则矩阵 $\boldsymbol{A}-\lambda\boldsymbol{E}$ 的秩 $r(\boldsymbol{A}-\lambda\boldsymbol{E})=n-k$，从而对应特征值 λ 恰有 k 个线性无关的特征向量.

定理 4.11　设 $\boldsymbol{A}$ 为 n 阶实对称矩阵，则必有正交矩阵 $\boldsymbol{P}$，使

$$\boldsymbol{P}^{-1}\boldsymbol{A}\boldsymbol{P}=\boldsymbol{\Lambda},$$

其中 $\boldsymbol{\Lambda}$ 是以 $\boldsymbol{A}$ 的 n 个特征值为对角元素的对角矩阵.

与将一般矩阵对角化的方法类似，求正交变换矩阵 $\boldsymbol{P}$ 将实对称矩阵 $\boldsymbol{A}$ 对角化的步骤如下：

(1) 求出 $\boldsymbol{A}$ 的全部特征值 $\lambda_1, \lambda_2, \cdots, \lambda_s$；

(2) 对每一个特征值 λ_i，由 $(\lambda_i\boldsymbol{E}-\boldsymbol{A})\boldsymbol{x}=\boldsymbol{0}$ 求出基础解系(特征向量)；

(3) 将基础解系(特征向量)正交化；再单位化；

(4) 以这些单位向量作为列向量构成一个正交矩阵 $\boldsymbol{P}$，使

$$\boldsymbol{P}^{-1}\boldsymbol{A}\boldsymbol{P}=\boldsymbol{\Lambda}.$$

特别注意，$\boldsymbol{P}$ 中列向量的次序与矩阵 $\boldsymbol{\Lambda}$ 对角线上的特征值的次序相对应.

例 4.21　设 $\boldsymbol{A}=\begin{bmatrix}4&0&0\\0&3&1\\0&1&3\end{bmatrix}$，求一个正交矩阵 $\boldsymbol{P}$，使 $\boldsymbol{P}^{-1}\boldsymbol{A}\boldsymbol{P}=\boldsymbol{\Lambda}$.

解

$$|\lambda\boldsymbol{I}-\boldsymbol{A}|=\begin{vmatrix}\lambda-4&0&0\\0&\lambda-3&-1\\0&-1&\lambda-3\end{vmatrix}=(\lambda-2)(\lambda-4)^2,$$

由此得 $\boldsymbol{A}$ 的特征值为　　$\lambda_1=2, \lambda_2=\lambda_3=4.$

当 $\lambda_1=2$ 时，解方程组 $(2\boldsymbol{I}-\boldsymbol{A})\boldsymbol{x}=\boldsymbol{0}$ 得一个基础解系 $\boldsymbol{\eta}_1=(0, 1, -1)^{\mathrm{T}}$，将

其规范化得

$$\boldsymbol{p}_1=\left(0,\ \frac{1}{\sqrt{2}},\ -\frac{1}{\sqrt{2}}\right)^{\mathrm{T}},$$

当 $\lambda_2=\lambda_3=4$ 时，解方程组 $(4\boldsymbol{I}-\boldsymbol{A})\boldsymbol{x}=\boldsymbol{0}$ 得一个基础解系

$$\boldsymbol{\eta}_2=(1,\ 0,\ 0)^{\mathrm{T}},\ \boldsymbol{\eta}_3=(0,\ 1,\ 1)^{\mathrm{T}}.$$

由于 $\boldsymbol{\eta}_2$，$\boldsymbol{\eta}_3$ 恰好正交，所以只要规范化为

$$\boldsymbol{p}_2=(1,\ 0,\ 0)^{\mathrm{T}},\ \boldsymbol{p}_3=\left(0,\ \frac{1}{\sqrt{2}},\ \frac{1}{\sqrt{2}}\right)^{\mathrm{T}}.$$

因此

$$\boldsymbol{P}=(\boldsymbol{p}_1,\ \boldsymbol{p}_2,\ \boldsymbol{p}_3)=\begin{bmatrix}0 & 1 & 0\\ \frac{1}{\sqrt{2}} & 0 & \frac{1}{\sqrt{2}}\\ -\frac{1}{\sqrt{2}} & 0 & \frac{1}{\sqrt{2}}\end{bmatrix},$$

并且

$$\boldsymbol{P}^{-1}\boldsymbol{A}\boldsymbol{P}=\mathrm{diag}(2,\ 4,\ 4).$$

例 4.22　求一个正交的相似变换矩阵，将对称矩阵 $\begin{bmatrix}2 & 2 & -2\\ 2 & 5 & -4\\ -2 & -4 & 5\end{bmatrix}$ 化为对角矩阵.

解　$$|\boldsymbol{A}-\lambda\boldsymbol{E}|=\begin{bmatrix}2-\lambda & 2 & -2\\ 2 & 5-\lambda & -4\\ -2 & -4 & 5-\lambda\end{bmatrix}=-(\lambda-1)^2(\lambda-10),$$

故得特征值为 $\lambda_1=\lambda_2=1$，$\lambda_3=10$.

当 $\lambda_1=\lambda_2=1$ 时，由 $\begin{bmatrix}1 & 2 & -2\\ 2 & 4 & -4\\ -2 & -4 & 4\end{bmatrix}\begin{bmatrix}x_1\\ x_2\\ x_3\end{bmatrix}=\begin{bmatrix}0\\ 0\\ 0\end{bmatrix}$,

得

$$\begin{bmatrix}x_1\\ x_2\\ x_3\end{bmatrix}=k_1\begin{bmatrix}-2\\ 1\\ 0\end{bmatrix}+k_2\begin{bmatrix}2\\ 0\\ 1\end{bmatrix}.$$

此两个向量正交，单位化后，得两个单位正交的特征向量

$$\boldsymbol{P}_1=\frac{1}{\sqrt{5}}\begin{bmatrix}-2\\1\\0\end{bmatrix},\ \boldsymbol{P}_2^*=\begin{bmatrix}2\\0\\1\end{bmatrix}-\frac{-4}{5}\begin{bmatrix}-2\\1\\0\end{bmatrix}=\begin{bmatrix}\frac{2}{5}\\\frac{4}{5}\\1\end{bmatrix},$$

单位化得 $\boldsymbol{P}_2=\frac{\sqrt{5}}{3}\begin{bmatrix}\frac{2}{5}\\\frac{4}{5}\\1\end{bmatrix}$.

当 $\lambda_3=10$ 时，由 $\begin{bmatrix}-8&2&-2\\2&-5&-4\\-2&-4&-5\end{bmatrix}\begin{bmatrix}x_1\\x_2\\x_3\end{bmatrix}=\begin{bmatrix}0\\0\\0\end{bmatrix}$，解得 $\begin{bmatrix}x_1\\x_2\\x_3\end{bmatrix}=k_3\begin{bmatrix}-1\\-2\\2\end{bmatrix}$,

单位化为

$$\boldsymbol{P}_3=\frac{1}{3}\begin{bmatrix}-1\\-2\\2\end{bmatrix}.$$

故得正交阵 $(\boldsymbol{P}_1,\boldsymbol{P}_2,\boldsymbol{P}_3)=\begin{bmatrix}-\frac{2}{\sqrt{5}}&\frac{2\sqrt{5}}{15}&-\frac{1}{3}\\\frac{1}{\sqrt{5}}&\frac{4\sqrt{5}}{15}&-\frac{2}{3}\\0&\frac{\sqrt{5}}{3}&\frac{2}{3}\end{bmatrix}$，且 $\boldsymbol{P}^{-1}\boldsymbol{A}\boldsymbol{P}=\begin{bmatrix}1&0&0\\0&1&0\\0&0&1\end{bmatrix}$.

例 4.23 设 $\boldsymbol{A}=\begin{bmatrix}2&1&0\\1&3&1\\0&1&2\end{bmatrix}$，问方阵 $\boldsymbol{A}$ 是否可以化为对角形，若可以，求出其对角化后的方阵.

解 $(\lambda\boldsymbol{I}-\boldsymbol{A}\mid\boldsymbol{E})=\begin{bmatrix}\lambda-2&-1&0&1&0&0\\-1&\lambda-3&-1&0&1&0\\0&-1&\lambda-2&0&0&1\end{bmatrix}\xrightarrow{\text{第一行与第二行互换}}$

$$\begin{bmatrix}-1&\lambda-3&-1&0&1&0\\\lambda-2&-1&0&1&0&0\\0&-1&\lambda-2&0&0&1\end{bmatrix}\xrightarrow{(\lambda-2)\text{ 乘以第一行再加到第二行上}}$$

$$\begin{bmatrix} -1 & \lambda-3 & -1 & 0 & 1 & 0 \\ 0 & \lambda^2-5\lambda+5 & -\lambda+2 & 1 & \lambda-2 & 0 \\ 0 & -1 & \lambda-2 & 0 & 0 & 1 \end{bmatrix} \xrightarrow{\text{第二行与第三行互换}}$$

$$\begin{bmatrix} -1 & \lambda-3 & -1 & 0 & 1 & 0 \\ 0 & -1 & \lambda-2 & 0 & 0 & 1 \\ 0 & \lambda^2-5\lambda+5 & -\lambda+2 & 1 & \lambda-2 & 0 \end{bmatrix} \xrightarrow[\text{再加到第三行上}]{(\lambda^2-5\lambda+5)\text{乘以第二行}}$$

$$\begin{bmatrix} -1 & \lambda-3 & -1 & 0 & 1 & 0 \\ 0 & -1 & \lambda-2 & 0 & 0 & 1 \\ 0 & 0 & (\lambda-1)(\lambda-2)(\lambda-4) & 1 & \lambda-2 & \lambda^2-5\lambda+5 \end{bmatrix} = (\boldsymbol{B}(\lambda) \mid \boldsymbol{Q}(\lambda)).$$

由题意知 $(\lambda-1)(\lambda-2)(\lambda-4)=0 \Rightarrow \lambda_1=1,\ \lambda_2=2,\ \lambda_3=4$，此时方阵 $\boldsymbol{A}$ 有 3 个特征单根，故方阵 $\boldsymbol{A}$ 可以化为对角形.

将 $\lambda_1=1$ 代入 $\boldsymbol{B}(\lambda)$ 和 $\boldsymbol{Q}(\lambda)$ 中知 $\boldsymbol{B}(\lambda)$ 的第三行为零，因此 $\boldsymbol{Q}(\lambda)$ 的第三行向量 $(1,\ -1,\ 1)$ 即为属于 λ_1 的特征向量，同理可知 $(1,\ 0,\ -1)$，$(1,\ 2,\ 1)$ 分别为属于 λ_2 和 λ_3 的特征向量. 于是可得 $\boldsymbol{T}=\begin{bmatrix} 1 & 1 & 1 \\ -1 & 0 & 2 \\ 1 & -1 & 1 \end{bmatrix}$，使得 $\boldsymbol{T}^{-1}\boldsymbol{A}\boldsymbol{T}=\begin{bmatrix} 1 & & \\ & 2 & \\ & & 4 \end{bmatrix}$.

例 4.24 设 $\boldsymbol{A}=\begin{bmatrix} 3 & -2 \\ -2 & 3 \end{bmatrix}$，求 $\phi(\boldsymbol{A})=\boldsymbol{A}^{10}-5\boldsymbol{A}^9$.

解 由于 $\boldsymbol{A}=\begin{bmatrix} 3 & 2 \\ -2 & 3 \end{bmatrix}$ 是实对称矩阵，

故可找到正交相似变换矩阵 $\boldsymbol{P}=\begin{bmatrix} \frac{1}{\sqrt{2}} & -\frac{1}{\sqrt{2}} \\ \frac{1}{\sqrt{2}} & \frac{1}{\sqrt{2}} \end{bmatrix}$，使得 $\boldsymbol{P}^{-1}\boldsymbol{A}\boldsymbol{P}=\begin{bmatrix} 1 & 0 \\ 0 & 5 \end{bmatrix}=\boldsymbol{\Lambda}$，

从而
$$\boldsymbol{A}=\boldsymbol{P}\boldsymbol{\Lambda}\boldsymbol{P}^{-1},\ \boldsymbol{A}^k=\boldsymbol{P}\boldsymbol{\Lambda}^k\boldsymbol{P}^{-1}.$$

因此 $\phi(\boldsymbol{A})=\boldsymbol{A}^{10}-5\boldsymbol{A}^9=\boldsymbol{P}\boldsymbol{\Lambda}^{10}\boldsymbol{P}^{-1}-5\boldsymbol{P}\boldsymbol{\Lambda}^9\boldsymbol{P}^{-1}$

$$=\boldsymbol{P}\begin{bmatrix} 1 & 0 \\ 0 & 5^{10} \end{bmatrix}\boldsymbol{P}^{-1}-\boldsymbol{P}\begin{bmatrix} 5 & 0 \\ 0 & 5^{10} \end{bmatrix}\boldsymbol{P}^{-1}=\boldsymbol{P}\begin{bmatrix} -4 & 0 \\ 0 & 0 \end{bmatrix}\boldsymbol{P}^{-1}$$

$$=\frac{1}{\sqrt{2}}\begin{bmatrix}1 & -1\\1 & 1\end{bmatrix}\begin{bmatrix}-4 & 0\\0 & 0\end{bmatrix}\frac{1}{\sqrt{2}}\begin{bmatrix}1 & 1\\-1 & 1\end{bmatrix}=\begin{bmatrix}-2 & -2\\-2 & -2\end{bmatrix}=-2\begin{bmatrix}1 & 1\\1 & 1\end{bmatrix}.$$

例 4.25 设 $\boldsymbol{A}=\begin{bmatrix}2 & -1\\-1 & 2\end{bmatrix}$，求 $\boldsymbol{A}^n$.

解 因 $\boldsymbol{A}$ 对称，故 $\boldsymbol{A}$ 可对角化，即有可逆矩阵 $\boldsymbol{P}$ 及对角阵 $\boldsymbol{\Lambda}$，使 $\boldsymbol{P}^{-1}\boldsymbol{A}\boldsymbol{P}=\boldsymbol{\Lambda}$. 于是

$$\boldsymbol{A}=\boldsymbol{P}\boldsymbol{\Lambda}\boldsymbol{P}^{-1} \qquad \Rightarrow \boldsymbol{A}^n=\boldsymbol{P}\boldsymbol{\Lambda}^n\boldsymbol{P}^{-1}.$$

由 $|\boldsymbol{A}-\lambda\boldsymbol{E}|=\begin{vmatrix}2-\lambda & -1\\-1 & 2-\lambda\end{vmatrix}=\lambda^2-4\lambda+3=(\lambda-1)(\lambda-3)$，得 $\boldsymbol{A}$ 的特征值 $\lambda_1=1$, $\lambda_2=3$. 于是

$$\boldsymbol{\Lambda}=\begin{bmatrix}1 & 0\\0 & 3\end{bmatrix}, \qquad \boldsymbol{\Lambda}^n=\begin{bmatrix}1 & 0\\0 & 3^n\end{bmatrix}.$$

对应 $\lambda_1=1$，由 $(\boldsymbol{A}-\boldsymbol{E})x=0$，解得对应特征向量 $\boldsymbol{P}_1=\begin{bmatrix}1\\1\end{bmatrix}$；

对应 $\lambda_2=3$，由 $(\boldsymbol{A}-3\boldsymbol{E})x=0$，解得对应特征向量 $\boldsymbol{P}_2=\begin{bmatrix}1\\-1\end{bmatrix}$.

令 $\boldsymbol{P}=(\boldsymbol{p}_1, \boldsymbol{p}_2)=\begin{bmatrix}1 & 1\\1 & -1\end{bmatrix}$，求出 $\boldsymbol{P}^{-1}=\frac{1}{2}\begin{bmatrix}1 & 1\\1 & -1\end{bmatrix}$. 于是

$$\boldsymbol{A}^n=\boldsymbol{P}\boldsymbol{\Lambda}^n\boldsymbol{P}^{-1}=\frac{1}{2}\begin{bmatrix}1 & 1\\1 & -1\end{bmatrix}\begin{bmatrix}1 & 0\\0 & 3^n\end{bmatrix}\begin{bmatrix}1 & 1\\1 & -1\end{bmatrix}=\frac{1}{2}\begin{bmatrix}1+3^n & 1-3^n\\1-3^n & 1+3^n\end{bmatrix}.$$

习 题 4-4

1. 求一个正交相似变换矩阵，将下列实对称矩阵化为对角阵：

$$\begin{bmatrix}1 & 0 & -1\\0 & -1 & 0\\-1 & 0 & 1\end{bmatrix}.$$

2. 将矩阵 $\boldsymbol{A}=\begin{bmatrix}-1 & 0 & 2\\0 & 1 & 2\\2 & 2 & 0\end{bmatrix}$ 用两种方法对角化：

(1) 求可逆阵 $\boldsymbol{P}$，使 $\boldsymbol{P}^{-1}\boldsymbol{A}\boldsymbol{P}=\boldsymbol{\Lambda}$；　(2) 求正交阵 $\boldsymbol{Q}$，使 $\boldsymbol{Q}^{-1}\boldsymbol{A}\boldsymbol{Q}=\boldsymbol{\Lambda}$.

3. 设实对称矩阵 $\boldsymbol{A}=\begin{bmatrix}1&-2&2\\-2&-2&4\\2&4&-2\end{bmatrix}$，求一个正交矩阵 $\boldsymbol{P}$，使 $\boldsymbol{P}^{-1}\boldsymbol{A}\boldsymbol{P}$ 成为对角矩阵.

4. 将矩阵 $\begin{bmatrix}2&-2&0\\-2&1&-2\\0&-2&0\end{bmatrix}$ 化为对角矩阵.

5. 设矩阵 $\boldsymbol{A}=\begin{bmatrix}1&1&a\\1&a&1\\a&1&1\end{bmatrix}$，$\boldsymbol{\beta}=\begin{bmatrix}1\\1\\-2\end{bmatrix}$，已知线性方程组 $\boldsymbol{A}\boldsymbol{x}=\boldsymbol{\beta}$ 有解但不唯一，求：

(1) a 的值；　(2) 正交矩阵 $\boldsymbol{Q}$，使 $\boldsymbol{Q}^{\mathrm{T}}\boldsymbol{A}\boldsymbol{Q}$ 为对角形.

6. 设 $\boldsymbol{A}$ 是三阶实对称矩阵，$\boldsymbol{A}$ 的特征值是 $\lambda_1=1$，$\lambda_2=2$，$\lambda_3=-1$，且

$$\boldsymbol{\alpha}_1=\begin{bmatrix}1\\a+1\\2\end{bmatrix},\ \boldsymbol{\alpha}_2=\begin{bmatrix}a-1\\-a\\1\end{bmatrix}$$

分别是 λ_1，λ_2 对应的特征向量. $\boldsymbol{A}$ 的伴随矩阵 $\boldsymbol{A}^*$ 有特征值 λ_0，λ_0 所对应的特征向量是 $\boldsymbol{\beta}_0=\begin{bmatrix}2\\-5a\\2a+1\end{bmatrix}$，求 a 及 λ_0 的值.

7. 设三阶实对称矩阵 $\boldsymbol{A}$ 的特征值为 $\lambda_1=-2$，$\lambda_2=\lambda_3=2$，$\boldsymbol{\alpha}_1=\begin{bmatrix}1\\1\\1\end{bmatrix}$ 是对应于特征值 -2 的特征向量，求矩阵 $\boldsymbol{A}$.

8. 设 $\boldsymbol{A}=\begin{bmatrix}2&1&2\\1&2&2\\2&2&1\end{bmatrix}$，求 $f(\boldsymbol{A})=\boldsymbol{A}^{10}-6\boldsymbol{A}^9+5\boldsymbol{A}^8$.

9. 设三阶对称阵 $\boldsymbol{A}$ 的特征值为 6，3，3，特征值 6 对应的特征向量为 $\boldsymbol{P}=(1,1,1)^{\mathrm{T}}$，求 $\boldsymbol{A}$.

本章小结

- 矩阵的特性
  - 正交矩阵
    - 内积的定义与性质
    - 向量的长度
    - 正交向量组
    - 向量空间的正交基
    - 求规范正交基的方法
    - 正交矩阵
  - 相似矩阵
    - 相似矩阵的概念
    - 相似矩阵的性质
    - 特征值与特征向量的基本概念
    - 特征值与特征向量的基本性质
    - 特征向量组的线性无关性
  - 矩阵对角化
    - 矩阵与对角矩阵相似的条件
    - 矩阵可化为对角矩阵的条件
    - 实对称矩阵的性质
    - 对称矩阵对角化的方法

习 题 4

1. 已知 $\boldsymbol{\alpha}_1=\begin{bmatrix}1\\1\\2\\3\end{bmatrix}$，$\boldsymbol{\alpha}_2=\begin{bmatrix}-1\\1\\4\\-1\end{bmatrix}$，求与 $\boldsymbol{\alpha}_1$，$\boldsymbol{\alpha}_2$ 都正交的向量.

2. 设 $\boldsymbol{x}$ 为 n 维列向量，$\boldsymbol{x}^{\mathrm{T}}\boldsymbol{x}=1$，令 $\boldsymbol{H}=\boldsymbol{E}-2\boldsymbol{x}\boldsymbol{x}^{\mathrm{T}}$，证明 $\boldsymbol{H}$ 是对称的正交矩阵.

3. 若 $\boldsymbol{\alpha}_1$，…，$\boldsymbol{\alpha}_n$ 是 $\mathbf{R}^n$ 的一组标准正交基，$\boldsymbol{A}$ 是 n 阶正交矩阵，证明：$\boldsymbol{A}\boldsymbol{\alpha}_1$，$\boldsymbol{A}\boldsymbol{\alpha}_2$，…，$\boldsymbol{A}\boldsymbol{\alpha}_n$ 是 $\mathbf{R}^n$ 的一组标准正交基.

4. 设 $\boldsymbol{A}$ 为三阶方阵，其特征值为 -1，0，4，又已知 $\boldsymbol{A}+\boldsymbol{B}=2\boldsymbol{E}$，求 $\boldsymbol{B}$ 的特征值.

5. 设矩阵

$$\boldsymbol{A}=\begin{bmatrix}1&-1&1\\1&3&-1\\1&1&1\end{bmatrix},$$

证明向量 $\boldsymbol{\alpha}=(-1,\ 1,\ 1)^{\mathrm{T}}$ 为矩阵 $\boldsymbol{A}$ 的属于特征值 $\lambda=1$ 的特征向量.

6. 若 λ_0 是矩阵 $\boldsymbol{A}$ 的一个特征值，证明：$\lambda_0^2+\lambda_0-2$ 是 $\boldsymbol{A}^2+\boldsymbol{A}-2\boldsymbol{E}$ 的特征值.

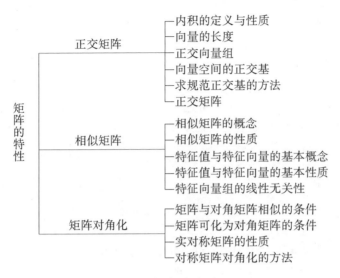

7. 若 $\boldsymbol{B}=\boldsymbol{C}^{-1}\boldsymbol{AC}$，$\boldsymbol{\alpha}$ 是矩阵 $\boldsymbol{A}$ 的属于特征值 λ_0 的特征向量，证明 $\boldsymbol{C}^{-1}\boldsymbol{\alpha}$ 是矩阵 $\boldsymbol{B}$ 的属于 λ_0 的特征向量.

8. 设 $\boldsymbol{A}$ 为三阶矩阵，满足 $|\boldsymbol{E}-\boldsymbol{A}|=0$，$|\boldsymbol{E}+\boldsymbol{A}|=0$，$|3\boldsymbol{E}-2\boldsymbol{A}|=0$，求 $\boldsymbol{A}$ 的特征值和 $\boldsymbol{A}$ 的行列式.

9. 设矩阵 $\boldsymbol{A}=\begin{bmatrix}1 & -1 & 1\\ 2 & 4 & -2\\ -3 & -3 & a\end{bmatrix}$，$\boldsymbol{B}=\begin{bmatrix}2 & 0 & 0\\ 0 & 2 & 0\\ 0 & 0 & b\end{bmatrix}$ 相似，

(1) 求 a，b 的值； (2) 求可逆矩阵 $\boldsymbol{P}$，使 $\boldsymbol{P}^{-1}\boldsymbol{AP}=\boldsymbol{B}$.

10. 求下列矩阵的特征值与特征向量：

(1) $\boldsymbol{A}=\begin{bmatrix}-3 & 2\\ -2 & 2\end{bmatrix}$； (2) $\boldsymbol{A}=\begin{bmatrix}2 & 1\\ -1 & 4\end{bmatrix}$；

(3) $\boldsymbol{A}=\begin{bmatrix}1 & 1 & 1\\ 1 & 1 & 1\\ 1 & 1 & 1\end{bmatrix}$； (4) $\boldsymbol{A}=\begin{bmatrix}-1 & 4 & -2\\ -3 & 4 & 0\\ -3 & 1 & 3\end{bmatrix}$.

11. 设 $\boldsymbol{A}$ 满足 $\boldsymbol{A}^2-5\boldsymbol{A}+6\boldsymbol{E}=\boldsymbol{0}$，其中 $\boldsymbol{E}$ 为单位矩阵，求 $\boldsymbol{A}$ 的特征值.

12. 设 $\boldsymbol{A}$ 是三阶实对称矩阵，特征值为 1，−1，0，其中对应于特征值 1，0 的特征向量分别为 $(1, a, 1)^{\mathrm{T}}$，$(a, a+1, 1)^{\mathrm{T}}$，求矩阵 $\boldsymbol{A}$.

13. 设三阶实对称矩阵 $\boldsymbol{A}$ 的特征值为 −1，1，1，其中对应于特征值 −1 的特征向量是 $(0, 1, 1)^{\mathrm{T}}$，求对应于特征值 1 的特征向量及矩阵 $\boldsymbol{A}$.

14. 已知矩阵 $\boldsymbol{A}=\begin{bmatrix}7 & 4 & -1\\ 4 & 7 & -1\\ -4 & -4 & x\end{bmatrix}$ 的特征值为 $\lambda_1=\lambda_2=3$，$\lambda_3=12$，求 x 的值，并求矩阵 $\boldsymbol{A}$ 的特征向量.

15. 设三阶矩阵 $\boldsymbol{A}$ 的特征值是 −2，−1，3，矩阵 $\boldsymbol{B}=\boldsymbol{A}^2-5\boldsymbol{A}+3\boldsymbol{E}$，求矩阵 $\boldsymbol{B}$ 的行列式 $|\boldsymbol{B}|$.

16. 判断下列矩阵 $\boldsymbol{A}$ 是否可以对角化？若可以对角化，求出可逆矩阵，使为对角矩阵.

(1) $\begin{bmatrix}1 & 4\\ 2 & -1\end{bmatrix}$； (2) $\begin{bmatrix}2 & 1\\ -1 & 4\end{bmatrix}$；

(3) $\begin{bmatrix}2 & 0 & 0\\ 0 & 0 & 1\\ 0 & 1 & 0\end{bmatrix}$； (4) $\begin{bmatrix}3 & -1 & 1\\ 2 & 0 & 1\\ 1 & -1 & 2\end{bmatrix}$.

17. 设 $\boldsymbol{A}$ 为三阶对称方阵，其特征值为 1，−1，0，又已知对应于 1，−1 的特征向量依次为 $(1, 2, 2)^{\mathrm{T}}$，$(2, 1, -2)^{\mathrm{T}}$，求 $\boldsymbol{A}$.

18. 设 $\boldsymbol{A}$ 为二阶矩阵，$\boldsymbol{\alpha}_1$，$\boldsymbol{\alpha}_2$ 是线性无关的二维向量，$\boldsymbol{A}\boldsymbol{\alpha}_1=\boldsymbol{0}$，$\boldsymbol{A}\boldsymbol{\alpha}_2=2\boldsymbol{\alpha}_1+\boldsymbol{\alpha}_2$，求 $\boldsymbol{A}$ 的非零特征值.

19. 设矩阵 $\boldsymbol{A}=\begin{bmatrix}1 & -1 & 1\\ x & 4 & y\\ -3 & -3 & 5\end{bmatrix}$ 有三个线性无关的特征向量，2 是它的一个二重特征值，求可逆矩阵 $\boldsymbol{P}$，使 $\boldsymbol{P}^{-1}\boldsymbol{A}\boldsymbol{P}$ 为对角形.

20. 设矩阵 $\boldsymbol{A}=\begin{bmatrix}1 & 2 & -3\\ -1 & 4 & -3\\ 1 & a & 5\end{bmatrix}$ 的特征方程有一个二重根，求 a 的值，并讨论 $\boldsymbol{A}$ 是否可相似对角化.

21. 设矩阵 $\boldsymbol{A}=\begin{bmatrix}a & -1 & c\\ 5 & b & 3\\ 1-c & 0 & -a\end{bmatrix}$，且 $|\boldsymbol{A}|=-1$，又 $\boldsymbol{A}$ 的伴随矩阵 $\boldsymbol{A}^*$ 有一个特征值 λ_0，属于 λ_0 的一个特征向量为 $\boldsymbol{\alpha}=(-1,\ -1,\ 1)^{\mathrm{T}}$，求 a，b，c 和 λ_0 的值.

22. 设三阶矩阵 $\boldsymbol{A}$ 的特征值为 $\lambda_1=-2$，$\lambda_2=1$，$\lambda_3=2$，对应的特征向量依次为 $\boldsymbol{\alpha}_1=(1,\ 1,\ 1)^{\mathrm{T}}$，$\boldsymbol{\alpha}_2=(1,\ 1,\ 0)^{\mathrm{T}}$，$\boldsymbol{\alpha}_3=(0,\ 1,\ 1)^{\mathrm{T}}$，求矩阵 $\boldsymbol{A}$.

23. 设矩阵 $\boldsymbol{A}=\begin{bmatrix}a & -2 & 0\\ b & 0 & -2\\ c & -2 & 0\end{bmatrix}$ 有特征值 $\lambda_1=-2$，$\lambda_2=1$ 和 λ_3，求 a，b，c 和 λ_3 的值.

24. 若 $\boldsymbol{A}$ 为奇数阶正交矩阵，且 $|\boldsymbol{A}|=1$，证明：1 是 $\boldsymbol{A}$ 的一个特征值.

25. 若 $\boldsymbol{A}$ 为 n 阶正交矩阵，且 $|\boldsymbol{A}|=-1$，证明：-1 是 $\boldsymbol{A}$ 的一个特征值.

5 二 次 型

二次型理论起源于解析几何,它在数学和物理学中都有重要应用.例如,当平面上的有心二次曲线的中心与坐标原点重合时,它的方程为

$$ax^2+bxy+cy^2=d.$$

为了研究该二次曲线的几何性质,可以选择适当的坐标旋转变换

$$\begin{cases}x=x'\cos\theta-y'\sin\theta,\\ y=x'\sin\theta+y'\cos\theta,\end{cases}$$

将方程化为标准形式

$$mx'^2+cy'^2=l,$$

式中 l 为实数.这类问题具有普遍性,本章将把这类问题一般化,讨论 n 个变量的二次齐次多项式的化简问题,介绍二次型的基本理论和典型应用.

5.1 二次型与矩阵

5.1.1 二次型的概念

定义 5.1 称含有 n 个变量 $x_1, x_2, \cdots, x_n$ 的二次齐次多项式函数

$$\begin{aligned}f(x_1, x_2, \cdots, x_n)=&a_{11}x_1^2+a_{22}x_2^2+\cdots+a_{nn}x_n^2+\\ &2a_{12}x_1x_2+\cdots+2a_{1n}x_1x_n+\\ &2a_{23}x_2x_3+\cdots+2a_{2n}x_2x_n+\\ &\cdots+2a_{n-1,n}x_{n-1}x_n\end{aligned}$$

为**二次型**.当 a_{ij} 为复数时,f 称为复二次型;当 a_{ij} 为实数时,f 称为实二次型.在本章中只讨论实二次型.

5.1.2 二次型的矩阵

令 $a_{ij}=a_{ji}$,则 $2a_{ij}x_ix_j=a_{ij}x_ix_j+a_{ji}x_jx_i$,再令矩阵 $\boldsymbol{A}=(a_{ij})_{n\times n}$,$\boldsymbol{x}=(x_1, x_2, \cdots, x_n)^{\mathrm{T}}$,则 $\boldsymbol{A}$ 为实对称矩阵,且可将二次型写成

$$f(x_1, x_2, \cdots x_n)=\sum_{i=1}^{n}\sum_{j=1}^{n}a_{ij}x_i x_j=(x_1, x_2, \cdots x_n)\begin{bmatrix}a_{11} & a_{12} & \cdots & a_{1n}\\ a_{21} & a_{22} & \cdots & a_{2n}\\ \vdots & \vdots & & \vdots\\ a_{n1} & a_{n2} & \cdots & a_{nn}\end{bmatrix}\begin{bmatrix}x_1\\ x_2\\ \vdots\\ x_n\end{bmatrix}$$

或

$$f(\boldsymbol{x})=\boldsymbol{x}^{\mathrm{T}}\boldsymbol{A}\boldsymbol{x}.$$

称此式右端为二次型的矩阵表达式，称实对称矩阵 $\boldsymbol{A}$ 为二次型 f 的矩阵，并称 $\boldsymbol{A}$ 的秩为二次型 f 的秩.

显然，二次型 $f(\boldsymbol{x})=\boldsymbol{x}^{\mathrm{T}}\boldsymbol{A}\boldsymbol{x}$ 与实对称矩阵 $\boldsymbol{A}$ 是相互对应的，不难推出以下三点：

(1) 二次型矩阵是对称矩阵，即 $\boldsymbol{A}^{\mathrm{T}}=\boldsymbol{A}$.

(2) 二次型与其矩阵是相互唯一确定的. 即若 $\boldsymbol{X}^{\mathrm{T}}\boldsymbol{A}\boldsymbol{X}=\boldsymbol{X}^{\mathrm{T}}\boldsymbol{B}\boldsymbol{X}$ 且 $\boldsymbol{A}^{\mathrm{T}}=\boldsymbol{A}$，$\boldsymbol{B}^{\mathrm{T}}=\boldsymbol{B}$ 则 $\boldsymbol{A}=\boldsymbol{B}$.

(3) 对任意的 $x_1, x_2, \cdots, x_n$，二次型 $f(x_1, x_2, \cdots, x_n)=\boldsymbol{X}^{\mathrm{T}}\boldsymbol{A}\boldsymbol{X}$ 完全是由对称矩阵 $\boldsymbol{A}$ 决定.

例 5.1 (1) $f(x, y)=x^2+3xy+y^2$ 是一个含有 2 个变量的实二次型.

(2) $f(x, y, z)=3x^2+2xy+\sqrt{2}xz-y^2-4yz+5z^2$ 是一个含有 3 个变量的实二次型.

(3) $f(x_1, x_2, x_3, x_4)=x_1x_2+2x_1x_3-4x_1x_4+3x_2x_4$ 是一个含有 4 个变量的实二次型.

(4) $f(x_1, x_2, x_3)=x_1^3+x_1x_2+x_1x_3$ 不是一个实二次型，因为它含有 3 次项 x_1^3.

(5) $f(x, y)=x^2+\mathrm{i}y^2$ $(\mathrm{i}=\sqrt{-1})$ 不是一个实二次型，因为 i 是虚数，但它是一个复二次型.

例 5.2 写出下列二次型的矩阵：

(1) $f(x_1, x_2, x_3, x_4)=x_1^2+3x_2^2-x_3^2+2x_1x_2+2x_1x_3-3x_2x_3$；

(2) $f(x_1, x_2, x_3)=(x_1, x_2, x_3)\begin{bmatrix}1 & 2 & 3\\ 4 & 5 & 6\\ 7 & 8 & 9\end{bmatrix}\begin{bmatrix}x_1\\ x_2\\ x_3\end{bmatrix}$.

解 (1) 应注意由 $f(x_1, x_2, x_3, x_4)$ 可知右端的二次型为 4 元二次型，虽二次型右边表达式中没有含 x_4 的项，但其对应矩阵必须补零组成 4 阶矩阵：

$$A=\begin{bmatrix}1 & 1 & 1 & 0\\ 1 & 3 & -\frac{3}{2} & 0\\ 1 & -\frac{3}{2} & -1 & 0\\ 0 & 0 & 0 & 0\end{bmatrix}$$

(2) 尽管题中二次型写成了矩阵形式,但所给的矩阵不是对称矩阵,因此需要先展开二次型,再写二次型矩阵

$$\begin{aligned}f(x_1, x_2, x_3)&=(x_1, x_2, x_3)\begin{bmatrix}1 & 2 & 3\\ 4 & 5 & 6\\ 7 & 8 & 9\end{bmatrix}\begin{bmatrix}x_1\\ x_2\\ x_3\end{bmatrix}\\ &=x_1^2+5x_2^2+9x_3^3+6x_1x_2+10x_1x_3+14x_2x_3,\end{aligned}$$

故二次型矩阵为

$$A=\begin{bmatrix}1 & 3 & 5\\ 3 & 5 & 7\\ 5 & 7 & 9\end{bmatrix}.$$

5.1.3 矩阵的合同

定义 5.2 设 $x_1, \cdots, x_n$; $y_1, \cdots, y_n$ 是两组文字,系数在数域 $\boldsymbol{p}$ 中的一组关系式

$$\begin{cases}x_1=c_{11}y_1+c_{12}y_2+\cdots+c_{1n}y_n,\\ x_2=c_{21}y_1+c_{22}y_2+\cdots+c_{2n}y_n,\\ \quad\vdots\\ x_n=c_{n1}y_1+c_{n2}y_2+\cdots+c_{nn}y_n\end{cases}$$

称为由 $x_1, \cdots, x_n$ 到 $y_1, \cdots, y_n$ 的一个**线性替换**,或简称线性替换. 如果系数行列式

$$|c_{ij}|\neq 0,$$

那么称此线性替换为**非退化的**.

对于一般二次型 $f(\boldsymbol{X})=\boldsymbol{X}^{\mathrm{T}}\boldsymbol{A}\boldsymbol{X}$, 我们的问题是: 如何寻求可逆的线性变换 $\boldsymbol{X}=\boldsymbol{C}\boldsymbol{Y}$ 将二次型化为标准型,即将其代入得

$$f(\boldsymbol{X})=\boldsymbol{X}^{\mathrm{T}}\boldsymbol{A}\boldsymbol{X}=(\boldsymbol{C}\boldsymbol{Y})^{\mathrm{T}}\boldsymbol{A}(\boldsymbol{C}\boldsymbol{Y})=\boldsymbol{Y}^{\mathrm{T}}(\boldsymbol{C}^{\mathrm{T}}\boldsymbol{A}\boldsymbol{C})\boldsymbol{Y},$$

这里,$\boldsymbol{Y}^{\mathrm{T}}(\boldsymbol{C}^{\mathrm{T}}\boldsymbol{A}\boldsymbol{C})\boldsymbol{Y}$ 为关于 $y_1,\ y_2,\ \cdots,\ y_n$ 的二次型,对应的矩阵为 $\boldsymbol{C}^{\mathrm{T}}\boldsymbol{A}\boldsymbol{C}$.

定义 5.3 对于 n 阶方矩阵 $\boldsymbol{A},\boldsymbol{B}$,如果存在 n 阶可逆方阵 $\boldsymbol{C}$,使得 $\boldsymbol{C}^{\mathrm{T}}\boldsymbol{A}\boldsymbol{C}=\boldsymbol{B}$,则称矩阵 $\boldsymbol{A}$ 合同于矩阵 $\boldsymbol{B}$,或 $\boldsymbol{A}$ 与 $\boldsymbol{B}$ 合同,记为 $\boldsymbol{A}\cong\boldsymbol{B}$. 并称由 $\boldsymbol{A}$ 到 $\boldsymbol{C}^{\mathrm{T}}\boldsymbol{A}\boldsymbol{C}=\boldsymbol{B}$ 的变换为合同变换.

易见,二次型 $f(x_1,\ x_2,\ \cdots,\ x_n)=\boldsymbol{X}^{\mathrm{T}}\boldsymbol{A}\boldsymbol{X}$ 的矩阵 $\boldsymbol{A}$ 与经过非退化线性变换 $\boldsymbol{X}=\boldsymbol{C}\boldsymbol{Y}$ 得到的二次型的矩阵 $\boldsymbol{B}=\boldsymbol{C}^{\mathrm{T}}\boldsymbol{A}\boldsymbol{C}$ 是合同的.

矩阵的合同关系基本性质:

(1) 反身性 对任意方阵 $\boldsymbol{A}$, $\boldsymbol{A}\cong\boldsymbol{A}$;(因为 $\boldsymbol{E}^{\mathrm{T}}\boldsymbol{A}\boldsymbol{E}=\boldsymbol{A}$);

(2) 对称性 若 $\boldsymbol{A}\cong\boldsymbol{B}$, 则 $\boldsymbol{B}\cong\boldsymbol{A}$;

(3) 传递性 若 $\boldsymbol{A}\cong\boldsymbol{B}$, $\boldsymbol{B}\cong\boldsymbol{C}$, 则 $\boldsymbol{A}\cong\boldsymbol{C}$.

例 5.3 求二次型 $f(x_1,\ x_2,\ x_3)=x_1^2-4x_1x_2+2x_1x_3-2x_2^2+6x_3^2$ 的秩.

解 先求二次型的矩阵:

$$f(x_1,\ x_2,\ x_3)=x_1^2-2x_1x_2+x_1x_3-2x_2x_1-2x_2^2+0x_2x_3+x_3x_1+0x_3x_2+6x_3^2$$

所以

$$\boldsymbol{A}=\begin{bmatrix}1&-2&1\\-2&-2&0\\1&0&6\end{bmatrix}.$$

对 $\boldsymbol{A}$ 做初等变换

$$\boldsymbol{A}\longrightarrow\begin{bmatrix}1&-2&1\\0&-6&2\\0&2&5\end{bmatrix}\longrightarrow\begin{bmatrix}1&-2&1\\0&2&5\\0&0&17\end{bmatrix},$$

即 $r(\boldsymbol{A})=3$, 所以二次型的秩为 3.

习 题 5-1

1. 用矩阵记号表示下列二次型:

(1) $f=x_1x_2+x_3x_1-x_2x_3$;

(2) $f=3x_1^2+2x_1x_2-8x_1x_4+x_2^2-4x_2x_3+2x_2x_4+2x_3^2-2x_3x_4-x_4^2$;

(3) $f=x^2+4xy+4y^2+2xz+z^2+4yz$;

(4) $f=x^2+y^2-7z^2-2xy-4xz-4yz$;

(5) $f=x_1^2+x_2^2+x_3^2+x_4^2-2x_1x_2+4x_1x_3-2x_1x_4+6x_2x_3-4x_2x_4$;

(6) $f=x^2-4xy+xz-2y^2+3z^2$;

(7) $f=x_1^2-2x_2^2-3x_3^2+2x_1x_2+2x_2x_3$;

(8) $f=2x_1x_2+2x_1x_3+2x_1x_4+2x_2x_4+2x_3x_4$.

2. 写出二次型 $f(\boldsymbol{x})=\boldsymbol{x}^{\mathrm{T}}\begin{bmatrix}1&2&4\\2&1&6\\2&2&1\end{bmatrix}\boldsymbol{x}$ 的矩阵.

3. 写出下列实对称矩阵所对应的二次型:

(1) $\begin{bmatrix}0&1\\1&0\end{bmatrix}$;　　(2) $\begin{bmatrix}1&1&0\\1&-1&2\\0&2&0\end{bmatrix}$.

4. 写出二次型 $f(\boldsymbol{x})=\boldsymbol{x}^{\mathrm{T}}\begin{bmatrix}2&6&6\\8&4&6\\2&8&10\end{bmatrix}\boldsymbol{x}$ 的对称矩阵.

5. 对于下列对称矩阵 $\boldsymbol{A}$ 与 $\boldsymbol{B}$,求出非奇异矩阵 $\boldsymbol{C}$,使 $\boldsymbol{C}^{\mathrm{T}}\boldsymbol{A}\boldsymbol{C}=\boldsymbol{B}$.

$$\boldsymbol{A}=\begin{bmatrix}0&1&1\\1&2&1\\1&1&0\end{bmatrix},\ \boldsymbol{B}=\begin{bmatrix}2&1&1\\1&0&1\\1&1&0\end{bmatrix}.$$

6. 求二次型 $f(x_1,x_2,x_3)=\boldsymbol{x}^{\mathrm{T}}\begin{bmatrix}1&2&1\\0&1&0\\1&1&1\end{bmatrix}\boldsymbol{x}$ 的秩.

7. 已知 $f(x_1,x_2,x_3)=\boldsymbol{x}^{\mathrm{T}}\boldsymbol{B}\boldsymbol{x}$,其中

$$\boldsymbol{B}=\begin{bmatrix}1&3&5\\2&4&6\\7&8&5\end{bmatrix},\ \boldsymbol{x}=\begin{bmatrix}x_1\\x_2\\x_3\end{bmatrix}$$

问上式是否为关于 $\boldsymbol{x}$ 的二次型?是否为二次型的矩阵?写出的矩阵表达式.

5.2 二次型的标准化

本节将依次介绍三种将二次型化为标准形的方法:拉格朗日配方法、矩阵的初等变换法和正交变换法.最后介绍二次型与对称矩阵的规范形以及惯性定理.

5.2.1 用配方法化二次型为标准形

定义 5.4 如果对二次型 $f(\boldsymbol{x})=\boldsymbol{x}^{\mathrm{T}}\boldsymbol{A}\boldsymbol{x}$ 做可逆线性变换 $\boldsymbol{x}=\boldsymbol{C}\boldsymbol{y}$,将 f 化成只含变量的平方项而不含变量的交叉乘积项的形式

$$d_1y_1^2+d_2y_2^2+\cdots+d_ny_n^2,$$

则称此式为二次型 f 的**标准形**,如果该式中的 $d_1,\ d_2,\ \cdots,\ d_n$ 只取$\{1,\ -1,\ 0\}$中的数,则称上式为二次型 f 的**规范形**.

定理 5.1 任一二次型都可以通过可逆线性变换化为标准形.

拉格朗日配方法的步骤:

(1) 若二次型含有 x_i 的平方项,应先把含有 x_i 的乘积项集中,然后配方,再对其余的变量进行同样过程直到所有变量都配成平方项,经过可逆线性变换,就得到标准形;

(2) 若二次型中不含有平方项,但是 $a_{ij}\neq 0\ (i\neq j)$,则先作可逆变换

$$\begin{cases}x_i=y_i-y_j,\\ x_j=y_i+y_j, & (k=1,\ 2,\ \cdots,\ n\ 且\ k\neq i,\ j)\\ x_k=y_k,\end{cases}$$

化二次型为含有平方项的二次型,然后再按(1)中方法配方.

配方法是一种可逆线性变换,且平方项的系数与 $\boldsymbol{A}$ 的特征值无关.

因为二次型 f 与它的对称矩阵 $\boldsymbol{A}$ 有一一对应的关系,由定理 5.1 即得:

定理 5.2 对任一实对称矩阵 $\boldsymbol{A}$,存在非奇异矩阵 $\boldsymbol{C}$,使 $\boldsymbol{B}=\boldsymbol{C}^{\mathrm{T}}\boldsymbol{A}\boldsymbol{C}$ 为对角矩阵. 所有的实对称矩阵都与一个对角矩阵合同.

例 5.4 把二次型 $f[x_1,\ x_2,\ x_3]=x_1^2+4x_1x_2+2x_1x_3-4x_2x_3+4x_3^2$ 用配方法化标准形,同时作可逆线性变换 $\boldsymbol{X}=\boldsymbol{P}\boldsymbol{Y}$.

解

$$\begin{aligned}f(x_1,\ x_2,\ x_3)&=x_1^2+4x_1x_2+2x_1x_3-4x_2x_3+4x_3^2\\ &=(x_1^2+4x_1x_2+2x_1x_3)-4x_2x_3+4x_3^2\\ &=(x_1+2x_2+x_3)^2-4x_2^2-x_3^2-4x_2x_3-4x_2x_3+4x_3^2\\ &=(x_1+2x_2+x_3)^2-4x_2^2-8x_2x_3+3x_3^2\\ &=(x_1+2x_2+x_3)^2-4(x_2^2+2x_2x_3)+3x_3^2\\ &=(x_1+2x_2+x_3)^2-4(x_2+x_3)^2+7x_3^2.\end{aligned}$$

令 $\begin{cases}y_1=x_1+2x_2+x_3,\\ y_2=\qquad\ x_2+x_3,\\ y_3=\qquad\qquad\ x_3;\end{cases}$ 或 $\begin{cases}x_1=y_1-2y_2,\\ x_2=y_2-y_3,\\ x_3=\qquad y_3.\end{cases}$

经过线性变换

$$X=CY=\begin{bmatrix}1 & -2 & 0\\0 & 1 & -1\\0 & 0 & 1\end{bmatrix}\begin{bmatrix}y_1\\y_2\\y_3\end{bmatrix},$$

原二次型化标准形为

$$f=y_1^2-4y_2^2+7y_3^2,$$

通过经过线性变换：

$$\begin{cases}z_1=y_1,\\z_2=2y_2,\\z_1=\dfrac{1}{\sqrt{7}}y_3,\end{cases}$$

原二次型化为 $$f=z_1^2-z_2^2+z_3^2.$$

例 5.5 化二次型 $f=2x_1x_2+2x_1x_3-6x_2x_3$ 成标准形，并求所用的变换矩阵.

解 由于所给二次型中无平方项，所以

令 $\begin{cases}x_1=y_1+y_2\\x_2=y_1-y_2,\\x_3=y_3\end{cases}$ 即 $\begin{bmatrix}x_1\\x_2\\x_3\end{bmatrix}=\begin{bmatrix}1 & 1 & 0\\1 & -1 & 0\\0 & 0 & 1\end{bmatrix}\begin{bmatrix}y_1\\y_2\\y_3\end{bmatrix}$,

代入原二次型得 $f=2y_1^2-2y_2^2-4y_1y_3+8y_2y_3$. 再配方得 $f=2(y_1-y_3)^2-2(y_2-2y_3)^2+6y_3^2$.

令 $\begin{cases}z_1=y_1-y_3,\\z_2=y_2-2y_3,\\z_3=y_3,\end{cases}$ $\Rightarrow$ $\begin{cases}y_1=z_1+z_3,\\y_2=z_2+2z_3,\\y_3=z_3,\end{cases}$

即 $$\begin{bmatrix}y_1\\y_2\\y_3\end{bmatrix}=\begin{bmatrix}1 & 0 & 1\\0 & 1 & 2\\0 & 0 & 1\end{bmatrix}\begin{bmatrix}z_1\\z_2\\z_3\end{bmatrix},$$

代入原二次型得标准形 $f=2z_1^2-2z_2^2+6z_3^2$. 所用变换矩阵为

$$C=\begin{bmatrix}1 & 1 & 0\\1 & -1 & 0\\0 & 0 & 1\end{bmatrix}\begin{bmatrix}1 & 0 & 1\\0 & 1 & 2\\0 & 0 & 1\end{bmatrix}=\begin{bmatrix}1 & 1 & 3\\1 & -1 & -1\\0 & 0 & 1\end{bmatrix}\quad (|C|=-2\neq 0).$$

5.2.2 用初等变换化二次型为标准形

设有可逆线性变换为 $\boldsymbol{X}=\boldsymbol{C}\boldsymbol{Y}$，它把二次型 $\boldsymbol{X}^{\mathrm{T}}\boldsymbol{A}\boldsymbol{X}$ 化为标准形 $\boldsymbol{Y}^{\mathrm{T}}\boldsymbol{B}\boldsymbol{Y}$，则 $\boldsymbol{C}^{\mathrm{T}}\boldsymbol{A}\boldsymbol{C}=\boldsymbol{B}$. 已知任一非奇异矩阵均可表示为若干个初等矩阵的乘积，故存在初等矩阵 $\boldsymbol{P}_1$，$\boldsymbol{P}_2$，…，$\boldsymbol{P}_s$，使 $\boldsymbol{C}=\boldsymbol{P}_1\boldsymbol{P}_2\cdots\boldsymbol{P}_s$，于是

$$\boldsymbol{C}^{\mathrm{T}}\boldsymbol{A}\boldsymbol{C}=\boldsymbol{P}_s^{\mathrm{T}}\cdots\boldsymbol{P}_2^{\mathrm{T}}\boldsymbol{P}_1^{\mathrm{T}}\boldsymbol{A}\boldsymbol{P}_1\boldsymbol{P}_2\cdots\boldsymbol{P}_s=\boldsymbol{\Lambda}.$$

由此可见，对 $2n\times n$ 矩阵 $\begin{bmatrix}\boldsymbol{A}\\\boldsymbol{E}\end{bmatrix}$ 施以相应于右乘 $\boldsymbol{P}_1\boldsymbol{P}_2\cdots\boldsymbol{P}_s$ 的初等列变换，再对 $\boldsymbol{A}$ 施以相应于左乘 $\boldsymbol{P}_1^{\mathrm{T}}$，$\boldsymbol{P}_2^{\mathrm{T}}$，…，$\boldsymbol{P}_s^{\mathrm{T}}$ 的初等行变换，则矩阵 $\boldsymbol{A}$ 变为对角矩阵 $\boldsymbol{B}$，而单位矩阵 $\boldsymbol{E}$ 就变为所要求的可逆矩阵 $\boldsymbol{C}$.

例 5.6 求一可逆线性变换化 $2x_1x_2+2x_1x_3-4x_2x_3$ 为标准形.

解 此二次型对应的矩阵为 $\boldsymbol{A}=\begin{bmatrix}0&1&1\\1&0&-2\\1&-2&0\end{bmatrix}$，

$$\begin{bmatrix}\boldsymbol{A}\\\boldsymbol{E}\end{bmatrix}=\begin{bmatrix}0&1&1\\1&0&-2\\1&-2&0\\1&0&0\\0&1&0\\0&0&1\end{bmatrix}\xrightarrow{\boldsymbol{C}_1+\boldsymbol{C}_2}\begin{bmatrix}1&1&1\\1&0&-2\\-1&-2&0\\1&0&0\\1&1&0\\0&0&1\end{bmatrix}\xrightarrow{r_1+r_2}\begin{bmatrix}2&1&-1\\1&0&-2\\-1&-2&0\\1&0&0\\1&1&0\\0&0&1\end{bmatrix}\longrightarrow$$

$$\begin{bmatrix}2&0&0\\1&-1/2&-3/2\\-1&-3/2&-1/2\\-1&-1/2&1/2\\1&1/2&1/2\\0&0&1\end{bmatrix}\longrightarrow\begin{bmatrix}2&0&0\\0&-1/2&-3/2\\0&-3/2&-1/2\\1&-1/2&1/2\\1&1/2&1/2\\0&0&1\end{bmatrix}\longrightarrow$$

$$\begin{bmatrix}2&0&0\\0&-1/2&0\\0&-3/2&4\\1&-1/2&2\\1&1/2&-1\\0&0&1\end{bmatrix}\longrightarrow\begin{bmatrix}2&0&0\\0&-1/2&0\\0&0&4\\1&-1/2&2\\1&1/2&-1\\0&0&1\end{bmatrix},$$

所以 $\boldsymbol{C}=\begin{bmatrix}1&-1/2&2\\1&1/2&-1\\0&0&1\end{bmatrix}$，$|\boldsymbol{C}|=1\neq 0$. 令 $\begin{cases}x_1=z_1-(1/2)z_2+2z_3,\\x_2=z_1+(1/2)z_2-z_3,\\x_3=z_3,\end{cases}$

代入原二次型可得标准形 $2z_1^2-(1/2)z_2^2+4z_3^2$.

5.2.3 用正交变换化二次型为标准形

定理 5.3 任给二次型 $f(\boldsymbol{x})=\boldsymbol{x}^{\mathrm{T}}\boldsymbol{A}\boldsymbol{x}$，总有正交变换 $\boldsymbol{P}$，$\boldsymbol{x}=\boldsymbol{P}y$ (其中 $\boldsymbol{P}$ 为正交矩阵)，使 f 化成标准形

$$f=\lambda_1 y_1^2+\lambda_2 y_2^2+\cdots+\lambda_n y_n^2,$$

其中 $\lambda_1, \lambda_2, \cdots, \lambda_n$ 为 $\boldsymbol{A}$ 的全部特征值.

注意对比正交变换法与配方法化二次型为标准型的结果的异同.

定理 5.4 若 $\boldsymbol{A}$ 为对称矩阵，$\boldsymbol{C}$ 为任一可逆矩阵，令 $\boldsymbol{B}=\boldsymbol{C}^{\mathrm{T}}\boldsymbol{A}\boldsymbol{C}$，则 $\boldsymbol{B}$ 也为对称矩阵，且 $\mathrm{r}(\boldsymbol{B})=\mathrm{r}(\boldsymbol{A})$.

求一个正交变换 $\boldsymbol{x}=\boldsymbol{P}\boldsymbol{y}$ ($\boldsymbol{P}$ 为正交矩阵)，化二次型 $f(x)=\boldsymbol{x}^{\mathrm{T}}\boldsymbol{A}\boldsymbol{x}$ 为标准形的一般步骤如下：

第 1 步：写出 f 的矩阵 $\boldsymbol{A}$；

第 2 步：求一个正交矩阵 $\boldsymbol{P}$，使得

$$\boldsymbol{P}^{\mathrm{T}}\boldsymbol{A}\boldsymbol{P}=\boldsymbol{P}^{-1}\boldsymbol{A}\boldsymbol{P}=\begin{bmatrix}\lambda_1 & & & \\ & \lambda_2 & & \\ & & \ddots & \\ & & & \lambda_n\end{bmatrix}$$

成对角矩阵，即将 $\boldsymbol{A}$ 正交相似对角化；

第 3 步：写出所用正交变换

$$\begin{bmatrix}x_1\\x_2\\\vdots\\x_n\end{bmatrix}=\boldsymbol{P}\begin{bmatrix}y_1\\y_2\\\vdots\\y_n\end{bmatrix}$$

及 f 在此正交变换下化成的标准形

$$f=\lambda_1 y_1^2+\lambda_2 y_2^2+\cdots+\lambda_n y_n^2.$$

可见，正交变换化二次型 $f(\boldsymbol{x})=\boldsymbol{x}^{\mathrm{T}}\boldsymbol{A}\boldsymbol{x}$ 为标准形的本质是实对称矩阵的正交相似对角化.

例 5.7 将 $f[x_1, x_2, x_3]=x_1^2+x_2^2+x_3^2+4x_1x_2+4x_1x_3+4x_2x_3$ 用正交变换法化标准形，并写出正交变换 $\boldsymbol{X}=\boldsymbol{P}\boldsymbol{Y}$ 与二次型的标准形.

解 二次型的矩阵为

$$A=\begin{bmatrix}1&2&2\\2&1&2\\2&2&1\end{bmatrix}.$$

求 A 的特征根

$$|\lambda E-A|=\begin{vmatrix}\lambda-1&-2&-2\\-2&\lambda-1&-2\\-2&-2&\lambda-1\end{vmatrix}=(\lambda+1)^2(\lambda-5),$$

所以，A 的特征根为 $\lambda_{1,2}=-1$，$\lambda_3=5$.

求 A 的 $\lambda_{1,2}=-1$ 的特征向量，解方程 $(-E-A)X=0$，

$$\begin{bmatrix}-2&-2&-2\\-2&-2&-2\\-2&-2&-2\end{bmatrix}\to\begin{bmatrix}1&1&1\\0&0&0\\0&0&0\end{bmatrix},$$

得基础解系：

$$\xi_{11}=\begin{bmatrix}-1\\1\\0\end{bmatrix},\ \xi_{12}=\begin{bmatrix}-1\\0\\1\end{bmatrix},$$

使 ξ_{11}，ξ_{12} 正交化，令

$$a_1=\xi_{11}=\begin{bmatrix}-1\\1\\0\end{bmatrix};$$

$$a_2=\xi_{12}-\frac{[\xi_{12},\ a_1]}{[a_1,\ a_1]}a_1=\begin{bmatrix}-1\\0\\1\end{bmatrix}-\frac{1}{2}\begin{bmatrix}-1\\1\\0\end{bmatrix}=\frac{1}{2}\begin{bmatrix}-1\\-1\\2\end{bmatrix}.$$

把 a_1，a_2 单位化

$$\eta_1=\frac{1}{\|a_1\|}a_1=\begin{bmatrix}-\frac{1}{\sqrt{2}}\\\frac{1}{\sqrt{2}}\\0\end{bmatrix},\ \eta_2=\frac{1}{\|a_2\|}a_2=\begin{bmatrix}-\frac{1}{\sqrt{6}}\\-\frac{1}{\sqrt{6}}\\\frac{2}{\sqrt{6}}\end{bmatrix}.$$

当 $\lambda_3=5$，解方程组 $(\boldsymbol{A}-5\boldsymbol{E})\boldsymbol{X}=\boldsymbol{0}$，

$$5\boldsymbol{E}-\boldsymbol{A}=\begin{bmatrix}4&-2&-2\\-2&4&-2\\-2&-2&4\end{bmatrix}\longrightarrow\frac{1}{2}\begin{bmatrix}1&0&-1\\0&1&-1\\0&0&0\end{bmatrix},$$

得基础解系：

$$\boldsymbol{\xi}_3=\begin{bmatrix}1\\1\\1\end{bmatrix},$$

单位化

$$\boldsymbol{\eta}_3=\begin{bmatrix}\frac{1}{\sqrt{3}}\\\frac{1}{\sqrt{3}}\\\frac{1}{\sqrt{3}}\end{bmatrix}.$$

令正交矩阵

$$\boldsymbol{U}=[\boldsymbol{\eta}_1\quad\boldsymbol{\eta}_2\quad\boldsymbol{\eta}_3]=\begin{bmatrix}-\frac{1}{\sqrt{2}}&-\frac{1}{\sqrt{6}}&\frac{1}{\sqrt{3}}\\\frac{1}{\sqrt{2}}&-\frac{1}{\sqrt{6}}&\frac{1}{\sqrt{3}}\\0&\frac{2}{\sqrt{6}}&\frac{1}{\sqrt{3}}\end{bmatrix},$$

经过正交变换 $\boldsymbol{X}=\boldsymbol{U}\boldsymbol{Y}$. 则二次型在正交变换下的标准形为

$$f=-y_1^2-y_2^2+5y_3^2.$$

5.2.4 二次型的规范形

将二次型化为平方项之代数和形式后，可重新排序(相当于作一次可逆线性变换)，使这个标准形为

$$d_1x_1^2+\cdots+d_px_p^2-d_{p+1}x_{p+1}^2-\cdots-d_rx_r^2,$$

其中 $d_i>0\ (i=1,2,\cdots,r)$.

定理 5.5 任何二次型都可通过可逆线性变换化为规范形. 且规范形是由二次型本身决定的唯一形式，与所作的可逆线性变换无关.

这里把规范形中的正项个数 p 称为二次型的**正惯性指数**，负项个数 $r-p$ 称为二次型的**负惯性指数**，r 是二次型的秩.

例 5.8 将标准型 $2y_1^2-2y_2^2-\dfrac{1}{2}y_3^2$ 规范化.

解 $2y_1^2-2y_2^2-\dfrac{1}{2}y_3^2=(\sqrt{2}\,y_1)^2-(\sqrt{2}\,y_2)^2-\left[\dfrac{1}{\sqrt{2}}y_3\right]^2$，假如做如下变换：

$\begin{cases} w_1=\sqrt{2}\,y_1, \\ w_2=\sqrt{2}\,y_2, \\ w_3=\dfrac{1}{\sqrt{2}}y_3, \end{cases}$ 则原二次型就成为 $w_1^2-w_2^2-w_3^2$ 就是一个规范标准形.

例 5.9 化二次型 $f=2x_1x_2+2x_1x_3-6x_2x_3$ 为规范形，并求其正惯性指数.

解 由于 f 经线性变换

$$\begin{cases} x_1=z_1+z_2+3z_3, \\ x_2=z_1-z_2-z_3, \\ x_3=z_3, \end{cases}$$

化为标准形 $f=2z_1^2-2z_2^2+6z_3^2$，

令 $\begin{cases} w_1=\sqrt{2}\,z_1, \\ w_3=\sqrt{2}\,z_2, \\ w_2=\sqrt{6}\,z_3, \end{cases}$ 即 $\begin{cases} z_1=\dfrac{1}{\sqrt{2}}w_1, \\ z_2=\dfrac{1}{\sqrt{2}}w_3, \\ z_3=\dfrac{1}{\sqrt{6}}w_2, \end{cases}$

就把 f 化成规范形 $f=w_1^2+w_2^2-w_3^2$，且 f 的正惯性指数为 2.

习 题 5-2

1. 利用正交变换化下列二次型为标准型：

(1) $f=2x_1x_2+2x_1x_3+2x_2x_3$；

(2) $f=2x_1x_2+2x_1x_3+2x_1x_4+2x_2x_3+2x_2x_4+2x_3x_4$；

(3) $f=2x_1^2+3x_2^2+3x_3^2+4x_2x_3$;

(4) $f=x_1^2+x_2^2+x_3^2+x_4^2+2x_1x_2-2x_1x_4-2x_2x_3+2x_3x_4$.

2. 已知二次型 $f=5x_1^2+5x_2^2+cx_3^2-2x_1x_2+6x_1x_3-6x_2x_3$ 的秩为 2,求 c,并用正交变换化为二次型的标准形.

3. 用配方法化下列二次型为标准形,并写出所用变换的矩阵:

(1) $f=x_1^2+2x_3^2+2x_1x_3-2x_2x_3$;

(2) $f=-4x_1x_2+2x_1x_3+2x_2x_3$.

4. 用初等变换法将下列二次型化为标准形,并求出所用的非奇异线性变换:

(1) $f=2x_1x_2+2x_1x_3-2x_1x_4-2x_2x_3+2x_2x_4+2x_3x_4$;

(2) $f=2x_1x_2+2x_1x_3-6x_2x_3$.

5. 设实二次型 $f=x_1^2+x_2^2+x_3^2+2ax_1x_2+2bx_2x_3+2x_1x_3$ 经正交变换 $\boldsymbol{x}=\boldsymbol{P}\boldsymbol{y}$ 化成标准型 $f=y_2^2+2y_3^2$,其中 $x=(x_1,x_2,x_3)^{\mathrm{T}}$,$y=(y_1,y_2,y_3)^{\mathrm{T}}$,求 a,b.

6. 将下列二次型化为规范形,并指出它们的正惯性指数及秩:

(1) $x_1^2+2x_2^2+2x_1x_2-2x_1x_3$;

(2) $2x_1x_2+2x_2x_3+2x_3x_4+2x_1x_4$;

(3) $x_1^2+x_2^2-x_4^2-2x_1x_4$.

7. 求出矩阵 $\boldsymbol{C}$ 使 $\boldsymbol{B}=\boldsymbol{C}^{\mathrm{T}}\boldsymbol{A}\boldsymbol{C}$,其中

$$\boldsymbol{A}=\begin{bmatrix}1&0&0\\0&-1&0\\0&0&1\end{bmatrix},\ \boldsymbol{B}=\begin{bmatrix}4&0&0\\0&1&0\\0&0&-4\end{bmatrix}.$$

8. 设二次型 $f=2x_1^2+x_2^2-4x_1x_2-4x_2x_3$,分别作下列可逆矩阵变换,求出新的二次型:

(1) $\boldsymbol{x}=\begin{bmatrix}1&2&-2\\0&2&-2\\0&0&1\end{bmatrix}\boldsymbol{y}$;　　(2) $\boldsymbol{x}=\begin{bmatrix}1/2&1&-1\\0&1&-1\\0&0&1/2\end{bmatrix}\boldsymbol{y}$.

5.3 二次型的正定性

上一节介绍了三种化二次型为标准形的方法,如果使用的可逆线性变换不同,则化成的标准形一般也不同.但标准形中所含的非零项数是相同的,其中的正项个数也是相同的(这里我们限定变换为实线性变换),此即惯性定理.

下面介绍二次型正定性的概念，并给出判定一个二次型是否为正定二次型的方法.

5.3.1 二次型的定性概念

定义 5.5 设有 n 元二次型 $f(\boldsymbol{x})=\boldsymbol{x}^{\mathrm{T}}\boldsymbol{A}\boldsymbol{x}$ ($\boldsymbol{A}$ 为实对称矩阵)如果对于任意 n 维非零向量 $\boldsymbol{x}$，都有

(1) $f(\boldsymbol{x})>0$，则称 f 为正定二次型，并称实对称矩阵 $\boldsymbol{A}$ 为**正定矩阵**；

(2) $f(\boldsymbol{x})\geqslant 0$，且 $\boldsymbol{x}\neq 0$，使 $f(\boldsymbol{x})=0$，则称 f 为半正定二次型，并称实对称矩阵 $\boldsymbol{A}$ 为**半正定矩阵**；

(3) $f(\boldsymbol{x})<0$，则称 f 为负定二次型，并称实对称矩阵 $\boldsymbol{A}$ 为**负定矩阵**；

(4) $f(\boldsymbol{x})\leqslant 0$，则称 f 为半负定二次型，并称实对称矩阵 $\boldsymbol{A}$ 为**半负定矩阵**.

如果既不正定也不负定，则 f 为不定二次型，并称实对称矩阵 $\boldsymbol{A}$ 是**不定的**.

二次型的正定(负定)、半正定(半负定)统称为二次型及其矩阵的**有定性**. 不具备有定性的二次型及其矩阵称为不定的.

5.3.2 正定矩阵的判别法

由于二次型与其矩阵一一对应，且二次型的正定性与矩阵的正定性相同，因此对二次型正定性的判别归结为对矩阵的正定性的判别.

对于矩阵正定性的判别，有以下定理：

定理 5.6 设 $\boldsymbol{A}$ 为正定矩阵，若 $\boldsymbol{A}\cong\boldsymbol{B}$ ($\boldsymbol{A}$ 与 $\boldsymbol{B}$ 合同)，则 $\boldsymbol{B}$ 也是正定矩阵.

定理 5.7 对角矩阵 $\boldsymbol{D}=\mathrm{diag}(d_1, d_2, \cdots, d_n)$ 正定的充分必要条件是 $d_i>0$ $(i=1, 2, \cdots, n)$.

定理 5.8 对称矩阵 $\boldsymbol{A}$ 为正定的充分必要条件是它的特征值全大于零.

定理 5.9 $\boldsymbol{A}$ 为正定矩阵的充分必要条件是 $\boldsymbol{A}$ 的正惯性指数 $p=n$.

定理 5.10 矩阵 $\boldsymbol{A}$ 为正定矩阵的充分必要条件是：存在非奇异矩阵 $\boldsymbol{C}$，使 $\boldsymbol{A}=\boldsymbol{C}^{\mathrm{T}}\boldsymbol{C}$. 即 $\boldsymbol{A}$ 与 $\boldsymbol{E}$ 合同.

推论 5.1 若 $\boldsymbol{A}$ 为正定矩阵，则 $|\boldsymbol{A}|>0$.

定理 5.11 秩为 r 的 n 元实二次型 $f=\boldsymbol{X}^{\mathrm{T}}\boldsymbol{A}\boldsymbol{X}$，设其规范形为

$$z_1^2+z_2^2+\cdots+z_p^2-z_{p+1}^2-\cdots-z_r^2$$

则

(1) f 负定的充分必要条件是 $p=0$，且 $r=n$. (即负定二次型，其规范形为 $f=-z_1^2-z_2^2-\cdots-z_n^2$)；

(2) f 半正定的充分必要条件是 $p=r<n$. (即半正定二次型的规范形为

$f=z_1^2+z_2^2+\cdots+z_r^2,\ r<n$)；

(3) f 半负定的充分必要条件是 $p=0,\ r<n$.（即 $f=-z_1^2-z_2^2-\cdots-z_r^2,\ r<n$)；

(4) f 不定的充分必要条件是 $0<p<r\leqslant n$.（即 $f=z_1^2+z_2^2+\cdots+z_p^2-z_{p+1}^2-\cdots-z_r^2$).

定义 5.6　n 阶矩阵 $\boldsymbol{A}=(a_{ij})$ 的 k 个行标和列标相同的子式

$$\begin{vmatrix} a_{i_1i_1} & a_{i_1i_2} & \cdots & a_{i_1i_k} \\ a_{i_2i_1} & a_{i_2i_2} & \cdots & a_{i_2i_k} \\ \vdots & \vdots & \ddots & \vdots \\ a_{i_ki_1} & a_{i_ki_2} & \cdots & a_{i_ki_k} \end{vmatrix} \quad (1\leqslant i_1<i_2<\cdots<i_k\leqslant n)$$

称为 $\boldsymbol{A}$ 的一个 **k 阶主子式**. 而子式

$$|\boldsymbol{A}_k|=\begin{vmatrix} a_{11} & a_{12} & \cdots & a_{1k} \\ a_{21} & a_{22} & \cdots & a_{2k} \\ \vdots & \vdots & \ddots & \vdots \\ a_{k1} & a_{k2} & \cdots & a_{kk} \end{vmatrix} (k=1,\ 2,\ \cdots,\ n)$$

称为 $\boldsymbol{A}$ 的 **k 阶顺序主子式**.

定理 5.12　n 阶矩阵 $\boldsymbol{A}=(a_{ij})$ 为正定矩阵的充分必要条件是 $\boldsymbol{A}$ 的所有顺序主子式 $|\boldsymbol{A}_k|>0$　$(k=1,\ 2,\ \cdots,\ n)$. 即

$$\boldsymbol{\Delta}_1=a_{11}>0,\ \boldsymbol{\Delta}_2=\begin{vmatrix} a_{11} & a_{12} \\ a_{21} & a_{22} \end{vmatrix}>0,\ \cdots,\ \boldsymbol{\Delta}_n=|\boldsymbol{A}|>0,$$

其中 $\boldsymbol{\Delta}_k$ 是 $\boldsymbol{A}$ 的左上角的 k 阶子式 $(k=1,\ 2,\ \cdots,\ n)$.

判定负定二次型与负定矩阵的充要条件：

注意到若 n 元二次型 $f(\boldsymbol{x})=\boldsymbol{x}^{\mathrm{T}}\boldsymbol{A}\boldsymbol{x}$ 为负定二次型(或实对称矩阵 $\boldsymbol{A}$ 为负定矩阵)时，$-f$ 为正定二次型(或 $-\boldsymbol{A}$ 为正定矩阵)，相应得到如下等价条件：

(1) f 是负定二次型，即对 $\forall \boldsymbol{x}\neq 0,\ f=\boldsymbol{x}^{\mathrm{T}}\boldsymbol{A}\boldsymbol{x}<0$；

(2) f 的负惯性指数为 n；

(3) $\boldsymbol{A}$ 的特征值全小于 0；

(4) $\boldsymbol{A}$ 的奇数阶顺序主子式全小于 0，偶数阶顺序主子式全大于 0.

例 5.10　判断以下两个二次型是不是正定的，并说明理由.

(1) $f(x_1x_2x_3x_4)=x_1^2-3x_2x_3+4x_2^2-x_4^2$；

(2) $f(x_1x_2\cdots x_n)=x_1^2+3x_2^2+5x_3^2+2x_1x_2-4x_2x_3$.

解 (1) 由于 f 的平方项不全大于 0,因此 f 不正定.

(2) f 的矩阵

$$\boldsymbol{A}=\begin{bmatrix}1&1&0\\1&3&-2\\0&-2&5\end{bmatrix},$$

$$\boldsymbol{A}_1=1>0,\ \boldsymbol{A}_2=\begin{vmatrix}1&1\\1&3\end{vmatrix}=2>0,\ \boldsymbol{A}_3=\begin{vmatrix}1&1&0\\1&3&-2\\0&-2&5\end{vmatrix}=6>0,$$

故 f 是正定二次型.

例 5.11 当 λ 取何值时，二次型 $f(x_1, x_2, x_3)$ 为正定.

$$f(x_1, x_2, x_3)=x_1^2+2x_1x_2+4x_1x_3+2x_2^2+6x_2x_3+\lambda x_3^2.$$

解 设二次型的矩阵 $\boldsymbol{A}=\begin{bmatrix}1&1&2\\1&2&3\\2&3&\lambda\end{bmatrix}$,

由 $|\boldsymbol{A}_1|=1>0$, $|\boldsymbol{A}_2|=\begin{vmatrix}1&1\\1&2\end{vmatrix}=1>0$, $|\boldsymbol{A}_3|=|\boldsymbol{A}|=\lambda-5>0$,

知 $\lambda>5$ 时，$f(x_1, x_2, x_3)$ 为正定.

例 5.12 说明二次型 $f(x, y, z)=-5x^2-6y^2-4z^2+4xy+4xz$ 为负定的.

解 设二次型的矩阵 $\boldsymbol{A}=\begin{bmatrix}-5&2&2\\2&-6&0\\2&0&-4\end{bmatrix}$,

由 $|\boldsymbol{A}_1|=-5<0$, $|\boldsymbol{A}_2|=\begin{vmatrix}-5&2\\2&-6\end{vmatrix}=26>0$, $|\boldsymbol{A}_3|=|\boldsymbol{A}|=-80<0$,

知 $f(x_1, x_2, x_3)$ 为负定.

例 5.13 证明：如果 $\boldsymbol{A}$ 为正定矩阵，则 $\boldsymbol{A}^{-1}$ 也是正定矩阵.

解 $\boldsymbol{A}$ 正定,则存在非奇异矩阵 $\boldsymbol{C}$, 使 $\boldsymbol{C}^{\mathrm{T}}\boldsymbol{A}\boldsymbol{C}=\boldsymbol{E}_n$, 两边取逆得 $\boldsymbol{C}^{-1}\boldsymbol{A}^{-1}(\boldsymbol{C}^{\mathrm{T}})^{-1}=\boldsymbol{E}_n$.

又因为 $(\boldsymbol{C}^{\mathrm{T}})^{-1}=(\boldsymbol{C}^{-1})^{\mathrm{T}}$, $((\boldsymbol{C}^{-1})^{\mathrm{T}})^{\mathrm{T}}=\boldsymbol{C}^{-1}$, 因此 $((\boldsymbol{C}^{-1})^{\mathrm{T}})^{\mathrm{T}}\boldsymbol{A}^{-1}(\boldsymbol{C}^{-1})^{\mathrm{T}}=\boldsymbol{E}_n$, $|(\boldsymbol{C}^{-1})^{\mathrm{T}}|=|\boldsymbol{C}|^{-1}\neq 0$,

故 $\boldsymbol{A}^{-1}$ 与 $\boldsymbol{E}_n$ 合同,即 $\boldsymbol{A}^{-1}$ 为正定矩阵.

例 5.14 判断二次型 $f(x_1, x_2, x_3)=x_1^2+2x_2^2+3x_3^2-2x_1x_2-2x_2x_3$ 的正定性.

解 解法一:配方 $f(x_1, x_2, x_3)=(x_1-x_2)^2+(x_2-x_3)^2+2x_3^2\geqslant 0$,

等号在 $x_1=x_2=x_3=0$ 时成立,故 $f(x_1, x_2, x_3)$ 正定.

解法二:$\boldsymbol{A}=\begin{bmatrix}1&-1&0\\-1&2&-1\\0&-1&3\end{bmatrix}$,求得 $|\boldsymbol{A}-\lambda\boldsymbol{E}|=(2-\lambda)(\lambda^2-4\lambda+1)$,特征值为 $\lambda_1=2>0$, $\lambda_2=2+\sqrt{3}>0$, $\lambda_3=2-\sqrt{3}>0$,故 $f(x_1, x_2, x_3)$ 正定.

解法三:$\boldsymbol{A}=\begin{bmatrix}1&-1&0\\-1&2&-1\\0&-1&3\end{bmatrix}$, $\boldsymbol{\Delta}_1=1>0$, $\boldsymbol{\Delta}_2=1>0$, $\boldsymbol{\Delta}_3=2>0$,

故 $f(x_1, x_2, x_3)$ 正定.

例 5.15 设 $\boldsymbol{A}$ 是实对称矩阵,$\boldsymbol{B}$ 是正定矩阵,证明:存在可逆实矩阵 $\boldsymbol{C}$,使得 $\boldsymbol{C}^{\mathrm{T}}\boldsymbol{AC}$ 和 $\boldsymbol{C}^{\mathrm{T}}\boldsymbol{BC}$ 均为对角阵.

证 因为 $\boldsymbol{B}$ 是正定矩阵,所以存在可逆实阵 $\boldsymbol{P}$,使 $\boldsymbol{P}^{\mathrm{T}}\boldsymbol{BP}=\boldsymbol{E}$,由 $\boldsymbol{A}$ 是实对称矩阵,故 $\boldsymbol{P}^{\mathrm{T}}\boldsymbol{A}\boldsymbol{P}$ 也是实对称矩阵,于是存在正交矩阵 $\boldsymbol{Q}$,使 $\boldsymbol{Q}^{\mathrm{T}}(\boldsymbol{P}^{\mathrm{T}}\boldsymbol{A}\boldsymbol{P})\boldsymbol{Q}=\mathrm{diag}(\lambda_1, \cdots, \lambda_n)$,$\lambda_i$ 是 $\boldsymbol{P}^{\mathrm{T}}\boldsymbol{AP}$ 的特征值.

取 $\boldsymbol{C}=\boldsymbol{PQ}$,则 $\boldsymbol{C}^{\mathrm{T}}\boldsymbol{AC}=\mathrm{diag}(\lambda_1, \cdots, \lambda_n)$,且 $\boldsymbol{C}^{\mathrm{T}}\boldsymbol{BC}=\boldsymbol{Q}^{\mathrm{T}}\boldsymbol{Q}=\boldsymbol{E}$,得证.

习 题 5-3

1. 判断下列二次型是否为正定二次型:

(1) $f=3x_1^2-4x_1x_2+3x_2^2+x_3^2$;

(2) $f=5x_1^2+x_2^2+5x_3^2+4x_1x_2-8x_1x_3-4x_2x_3$;

(3) $f=-5x_1^2+4x_1x_2+4x_1x_3-6x_2^2-4x_3^2$;

(4) $f=-2x_1^2-6x_2^2-4x_3^2+2x_1x_2+2x_1x_3$;

(5) $f=x_1^2+3x_2^2+9x_3^2+19x_4^2-2x_1x_2+4x_1x_3+2x_1x_4-6x_2x_4-12x_3x_4$.

2. 确定 a 的值,使下列实二次型为正定型:

(1) $f=x_1^2+2x_1x_2+4x_1x_3+2x_2^2+8x_2x_3+ax_3^2$;

(2) $f=x_1^2+4x_2^2+4x_3^2+2ax_1x_2-2x_1x_3+4x_2x_3$;

(3) $f=x_1^2+x_2^2+5x_3^2+2ax_1x_2-2x_1x_3+4x_2x_3$;

(4) $f=5x_1^2+x_2^2+ax_3^2+4x_1x_2-2x_1x_3-2x_2x_3$.

3. 已知 $\begin{bmatrix} 2-a & 1 & 0 \\ 1 & 1 & 0 \\ 0 & 0 & a+3 \end{bmatrix}$ 是正定矩阵，求 a 的值.

4. 设对称矩阵 $\boldsymbol{A}$ 为正定矩阵，证明：存在可逆矩阵 $\boldsymbol{U}$，使 $\boldsymbol{A}=\boldsymbol{U}^{\mathrm{T}}\boldsymbol{U}$.

5. 设 $\boldsymbol{A}$ 为 $m\times n$ 实矩阵，且 $m\leqslant n$，证明：$\boldsymbol{A}\boldsymbol{A}^{\mathrm{T}}$ 正定的充分必要条件是 $\mathrm{r}(\boldsymbol{A})=m$.

6. 已知 $\boldsymbol{A}$ 是阶正定矩阵，证明 $\boldsymbol{A}$ 的伴随矩阵 $\boldsymbol{A}^*$ 也是正定矩阵.

本 章 小 结

- 二次型
  - 二次型
    - 二次型的定义
    - 二次型的矩阵
    - 合同矩阵及其性质
    - 有关合同矩阵的定理
    - 对称矩阵的合同矩阵
  - 标准形
    - 二次型的标准形
    - 配方法化二次型为标准形
    - 初等变换二次型为标准形
    - 正交变换法化二次型的标准形
    - 二次型与对称矩阵的规范形
  - 正定型
    - 二次型有定性的概念
    - 正定矩阵的判定
    - 矩阵的主子式
    - 对称矩阵的正定性

习 题 5

1. 写出下列二次型的矩阵：

(1) $f=2x_1^2+3x_1x_2+x_2^2$;

(2) $f=2x_1x_2$;

(3) $f=5x_1^2+2x_2^2-x_3^2+4x_1x_2-3x_2x_3$;

(4) $f=2x_1x_2-2x_1x_3+2x_2x_3$;

(5) $f=x_1^2-4x_1x_2-x_2^2$.

2. 写出下列实对称矩阵对应的二次型：

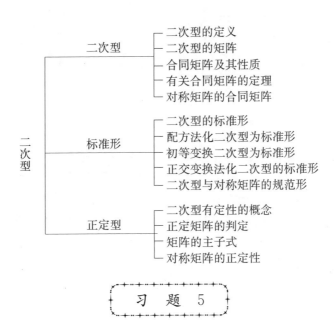

(1) $\boldsymbol{A}=\begin{bmatrix}1 & -1\\ -1 & 1\end{bmatrix}$； (2) $\boldsymbol{A}=\begin{bmatrix}0 & 2\\ 2 & 0\end{bmatrix}$； (3) $\boldsymbol{A}=\begin{bmatrix}1 & 0 & 0\\ 0 & 2 & 0\\ 0 & 0 & 3\end{bmatrix}$；

(4) $\boldsymbol{A}=\begin{bmatrix}0 & -1 & 2\\ -1 & 0 & 3\\ 2 & 3 & 0\end{bmatrix}$； (5) $\boldsymbol{A}=\begin{bmatrix}2 & 3 & 0\\ 3 & 1 & 0\\ 0 & 0 & 0\end{bmatrix}$.

3. 求二次型

$$f(x_1, x_2, x_3)=x_1^2-2x_2^2+x_3^2+2x_1x_2-4x_1x_3-10x_2x_3$$

的秩.

4. 二次型

$$f(x_1, x_2, x_3)=x_1^2+x_2^2+ax_3^2+4x_1x_2+6x_2x_3$$

的秩为 2，求 a 的值.

5. 已知二次型

$$f(x_1, x_2)=x_1^2+4x_1x_2+tx_2^2$$

的秩等于 1，求 t 的值.

6. 设矩阵 $\boldsymbol{A}=\begin{bmatrix}0 & 1 & 0 & 0\\ 1 & 0 & 0 & 0\\ 0 & 0 & y & 1\\ 0 & 0 & 1 & 2\end{bmatrix}$，已知 $\boldsymbol{A}$ 的一个特征值为 3，求 y.

7. $\boldsymbol{A}$ 为三阶实对称矩阵，且满足 $\boldsymbol{A}^3-\boldsymbol{A}^2-\boldsymbol{A}=2\boldsymbol{E}$，二次型 $\boldsymbol{x}^{\mathrm{T}}\boldsymbol{A}\boldsymbol{x}$ 经正交变换可化为标准形，求此标准形的表达式.

8. 用配方法化下列二次型为标准形：

(1) $f=3x_1^2-7x_1x_2+x_2^2$；

(2) $f=x_1x_2$；

(3) $f=x_1^2+2x_2^2-x_3^2+4x_1x_2-4x_1x_3-4x_2x_3$；

(4) $f=4x_1x_2+4x_1x_3-12x_2x_3$.

9. 用正交矩阵变换化下列二次型为标准形，并写出相应的正交替换：

(1) $f=2x_1^2+x_2^2-4x_1x_2-4x_2x_3$；

(2) $f=2x_1x_2-2x_1x_4$.

10. 判断下列二次型是否为正定二次型：

(1) $f=4x_1^2+3x_2^2+5x_3^2-4x_1x_2-4x_1x_3$；

(2) $f=2x_1^2+x_2^2-3x_3^2+6x_1x_2-2x_1x_3+5x_2x_3$.

11. 考虑二次型 $f(x_1, x_2, x_3)=x_1^2+2x_2^2+(1-k)x_3^2+2kx_1x_2+2x_1x_3$，问 k 为何值时，f 为正定二次型.

12. 设 $\boldsymbol{A}$ 为 n 阶正定矩阵,证明 $|\boldsymbol{A}+\boldsymbol{E}|>1$.

13. 设 $\boldsymbol{A}$ 是实对称矩阵,且 $\boldsymbol{A}$ 的任意特征值 λ 满足条件 $|\lambda|<2$，证明 $2\boldsymbol{E}+\boldsymbol{A}$ 是正定矩阵.

14. 证明：二次型 $f=\boldsymbol{x}^{\mathrm{T}}\boldsymbol{A}\boldsymbol{x}$ 在 $\|\boldsymbol{x}\|=1$ 时的最大值为矩阵 $\boldsymbol{A}$ 的最大特征值.

习 题 答 案

1 行 列 式

习题 1-1

1. (1) 0；(2) $ab(b-a)$；(3) x^3-x^2-1；(4) 0；(5) 1；
(6) 5；(7) 1；(8) $\ln x \cdot \ln y - xy^2$；(9) 0；(10) 0.

2. (1) 当 $\lambda=0$ 或 $\lambda=1$ 时，$D=0$；(2) $\lambda \neq 0$ 且 $\lambda \neq 1$ 时，$D \neq 0$.

3. (1) -5；(2) 5；(3) 0；(4) 18；(5) -7；(6) $3abc-a^3-b^3-c^3$.

4. $a=0$ 且 $b=0$.

5. $x \neq 0$ 且 $x \neq 2$.

6. $|a|<2$.

7. (1) $\begin{cases} x=\dfrac{3}{2}, \\ y=\dfrac{1}{2}; \end{cases}$ (2) $\begin{cases} x=\dfrac{19}{7}, \\ y=\dfrac{3}{7}. \end{cases}$

8. $x=3$ 或 $x=2$.

9. $(x_1, x_2, x_3)^{\mathrm{T}}=(3, 1, 1)^{\mathrm{T}}$.

习题 1-2

1. (1) 3；(2) 3；(3) 13；(4) 7.

2. $\dfrac{n(n-1)}{2}-s$.

3. $-a_{11}a_{23}a_{32}a_{44}$ 和 $a_{11}a_{23}a_{34}a_{42}$.

4. (1) $+$；(2) $-$；(3) $-$.

5. (1) $i=8, j=6$；(2) $i=3, j=1$.

6. (1) 1；(2) 0；(3) $(-1)^{(n-1)}n!$.

7. (1) 10；(2) -1；(3) 60；(4) 108.

8. x^4 的系数为 2，x^3 的系数为 -1.

习题 1-3

1. (1) 6 123 000；(2) 0；(3) $-2[x^3+y^3]$；(4) $abcd+ab+ac+ad+1$；
(5) 0；(6) 8；(7) 108；(8) $(a+b+c)(b-a)(c-a)(c-b)$；

(9) 0；(10) $4abcdef$.

2. -70.

3. (1) 8；(2) $(a+3b)(a-b)^3$；(3) -12；(4) 160.

4. 提示：直接求行列式的值.

5. $x=\pm 1$, $x=\pm 2$.

6. 略.

7. $n!$

习题 1－4

1. $\boldsymbol{A}_{11}=-3$；$\boldsymbol{A}_{12}=-1$；$\boldsymbol{A}_{13}=1$；$\boldsymbol{A}_{14}=2$.

2. $(x-a)^{n-1}$.

3. (1) x^2y^2；(2) 0；(3) $a+b+d$；(4) 0；(5) $b^2(b^2-4a^2)$；
(6) $12(x-1)(x-2)(x+3)$.

4. $n!\ (n-1)!\ \cdots 2!\ 1!$.

5. 略.

6. (1) $x=2$ 和 $x=-4$；(2) $x=-1$, $x=1$ 及 $x=2$.

7. (1) $n+1$；(2) $\cos n\theta$.

习题 1－5

1. (1) $x=3$, $y=-1$；(2) $x=3$, $y=2$.

2. (1) $\begin{cases} x_1=3, \\ x_2=-4, \\ x_3=-1, \\ x_4=1; \end{cases}$ (2) $\begin{cases} x_1=0, \\ x_2=2, \\ x_3=0, \\ x_4=0; \end{cases}$ (3) $\begin{cases} x_1=1, \\ x_2=2, \\ x_3=3; \end{cases}$ (4) 仅有零解；

(5) $\begin{cases} x_1=-\dfrac{1}{2}, \\ x_2=-\dfrac{1}{2}, \\ x_3=\dfrac{7}{4}, \\ x_4=-\dfrac{3}{4}; \end{cases}$ (6) $\begin{cases} x_1=1, \\ x_2=2, \\ x_3=3, \\ x_4=-1. \end{cases}$

3. 方程组仅有零解.

4. 当 $\lambda\neq 1$ 且 $\lambda\neq -2$ 时，方程组有唯一解 $x_1=-\dfrac{\lambda+1}{\lambda+2}$, $x_2=\dfrac{1}{\lambda+2}$, $x_3=\dfrac{(\lambda+1)^2}{\lambda+2}$.

5. 当 $\mu=0$ 或 $\lambda=1$ 时,齐次线性方程组有非零解.

6. 当 $(a+1)^2=4b$ 时,原方程有非零解.

7. $f(4)=97.5$.

习题 1

1. (1) 5; (2) 0; (3) 5; (4) -7.

2. $\lambda=3$ 或 $\lambda=1$.

3. (1) 5; (2) 8; (3) 21; (4) 13.

4. (1) $+$; (2) 不是行列式中的项; (3) $+$; (4) $-$.

5. (1) -6; (2) -24; (3) -8; (4) $4a-1$; (5) -270;

(6) $(-1)^{\frac{n(n-1)}{2}}n!$.

6. 略.

7. (1) $x_1=x_2=0$, $x_3=2$, $x_4=-2$; (2) $x_1=-3$, $x_2=\sqrt{3}$, $x_3=\sqrt{3}$;

(3) $x_1=a$, $x_2=b$, $x_3=c$; (4) $x=y=z=0$.

8. 元素 7 的余子式为 -23,代数余子式为 23;

元素 -4 的余子式为 -21,代数余子式为 -21.

9. (1) $x_1=\frac{1}{5}$, $x_2=\frac{1}{5}$; (2) $x_1=3$, $x_2=2$;

(3) $x_1=1$, $x_2=2$, $x_3=3$; (4) $x_1=\frac{36}{5}$, $x_2=\frac{27}{5}$, $x_3=-\frac{31}{5}$;

(5) $x_1=3$, $x_2=-4$, $x_3=-1$, $x_4=1$;

(6) $x_1=1$, $x_2=-2$, $x_3=0$, $x_4=\frac{1}{2}$.

10. $\lambda=2+2\sqrt{5}$ 或 $\lambda=2-2\sqrt{5}$.

11. $k\neq 2$ 时,仅有零解.

12. $\lambda=0$, 2 或 3.

13. $(1-a)(1+a^2+a^4)$.

14. 提示:利用代数余子式.

15. 略.

16. 7.

17. 提示:方程有非零解则相应系数行列式等于零.

18. $f(x)=2x^3-5x^2+7$.

19. 略.

20. 提示:即证明齐次方程组只有唯一解.

2 矩　　阵

习题 2-1

1. $x=y=c$，c 为任意数.

2. $\begin{bmatrix} a_{11} & \cdots & a_{1n} \\ \vdots & \ddots & \vdots \\ a_{m1} & \cdots & a_{mn} \end{bmatrix}$.

3. (1) $\begin{bmatrix} 1 & 0 & -1 \\ 3 & 2 & 1 \end{bmatrix}$；　(2) $\begin{bmatrix} 2 & -1 & 0 \\ -1 & 2 & -1 \\ 0 & -1 & 2 \end{bmatrix}$.

4. $\begin{bmatrix} 0 & -1 & 1 \\ 1 & 0 & -1 \\ -1 & 1 & 0 \end{bmatrix}$，其中 a_{ij} 表示 $\boldsymbol{A}_i$ 策略，$\boldsymbol{B}_j$ 策略时 $\boldsymbol{A}$ 的胜负.

习题 2-2

1. (1) $\begin{bmatrix} -1 & 6 & 5 \\ -2 & -1 & 12 \end{bmatrix}$；　(2) $\begin{bmatrix} -1 & 4 \\ 0 & -2 \end{bmatrix}$.

2. $\begin{bmatrix} 2 & 1 & 6 \\ 2 & -3 & 4 \end{bmatrix}$，$\begin{bmatrix} 4 & -1 & 6 \\ 2 & 1 & -2 \end{bmatrix}$.

3. $\begin{bmatrix} 0 & 5 & 1 \\ 4 & 10 & -8 \end{bmatrix}$，$\boldsymbol{BA}$ 无意义.

4. (1) $\begin{bmatrix} -2 & 13 & 16 \\ -2 & -17 & 26 \\ 4 & 29 & -8 \end{bmatrix}$；　(2) $\begin{bmatrix} 0 & 5 & 6 \\ 0 & -5 & 8 \\ 2 & 9 & -2 \end{bmatrix}$；

(3) $\begin{bmatrix} 3 & 1 & 1 \\ 1 & 3 & -1 \\ 1 & -1 & 3 \end{bmatrix}$；　(4) $\begin{bmatrix} 0 & -1 & -2 \\ 2 & 3 & -5 \\ 1 & -6 & 2 \end{bmatrix}$.

5. (1) $\begin{bmatrix} 35 \\ 6 \\ 49 \end{bmatrix}$；　(2) $\begin{bmatrix} 0 & 0 & 0 \\ 0 & 0 & 0 \\ 0 & 0 & 0 \end{bmatrix}$；　(3) (10)；　(4) $\begin{bmatrix} 3 & 6 & 9 \\ 2 & 4 & 6 \\ 1 & 2 & 3 \end{bmatrix}$；

(5) $\begin{bmatrix} 10 & 4 & -1 \\ 4 & -3 & -1 \end{bmatrix}$；

(6) $(a_{11}x_1^2+a_{22}x_2^2+a_{33}x_3^2+2a_{12}x_1x_2+2a_{13}x_1x_3+2a_{23}x_2x_3)$.

6. (1) $\boldsymbol{AB}\neq\boldsymbol{BA}$；　(2) $(\boldsymbol{A}+\boldsymbol{B})^2\neq\boldsymbol{A}^2+2\boldsymbol{AB}+\boldsymbol{B}^2$.

7. 例如 $\boldsymbol{A}=\begin{bmatrix}0 & 1\\0 & 0\end{bmatrix}$，$\boldsymbol{A}^2=\boldsymbol{0}$，但 $\boldsymbol{A}\neq\boldsymbol{0}$.

8. $\begin{bmatrix}x & y\\0 & x\end{bmatrix}$，$x$，$y$ 是任意实数.

9. (1) $\begin{bmatrix}1 & 1\\0 & 0\end{bmatrix}$； (2) $\begin{bmatrix}1 & 0\\5\lambda & 1\end{bmatrix}$； (3) $\begin{bmatrix}a^3 & 0 & 0\\0 & b^3 & 0\\0 & 0 & c^3\end{bmatrix}$.

10. (1) $\boldsymbol{X}=-\dfrac{1}{4}\begin{bmatrix}2 & -23\\-4 & 14\end{bmatrix}$； (2) $\boldsymbol{X}=\begin{bmatrix}1\\3\\2\end{bmatrix}$.

11. $\begin{bmatrix}4 & 4 & 4\\9 & -3 & -10\\-3 & 5 & 6\end{bmatrix}$.

习题 2-3

1. 矩阵 $\boldsymbol{A}$ 可逆，矩阵 $\boldsymbol{B}$ 不可逆.

2. (1) $\dfrac{1}{4}\begin{bmatrix}4\cos\theta & \sin\theta\\-4\sin\theta & \cos\theta\end{bmatrix}$； (2) $\dfrac{1}{3}\begin{bmatrix}5 & -2 & -1\\-1 & 1 & 2\\1 & -1 & 1\end{bmatrix}$；

(3) $\begin{bmatrix}5 & -2\\-2 & 1\end{bmatrix}$； (4) $-\dfrac{1}{62}\begin{bmatrix}-4 & -6 & -8\\-13 & -4 & 5\\-32 & 14 & -2\end{bmatrix}$；

(5) $\begin{bmatrix}1 & -2 & 1 & 0\\0 & 1 & -2 & 1\\0 & 0 & 1 & -2\\0 & 0 & 0 & 1\end{bmatrix}$；(6) $\begin{bmatrix}\dfrac{7}{6} & \dfrac{2}{3} & -\dfrac{3}{2}\\-1 & -1 & 2\\-\dfrac{1}{2} & 0 & \dfrac{1}{2}\end{bmatrix}$.

3. $\begin{bmatrix}1 & 0 & 0\\-\dfrac{2}{3} & \dfrac{1}{3} & 0\\-\dfrac{1}{6} & -\dfrac{2}{3} & \dfrac{1}{2}\end{bmatrix}$.

4. (1) $\begin{bmatrix}2 & -33\\0 & 12\end{bmatrix}$； (2) $\begin{bmatrix}1 & 1\\\dfrac{1}{4} & 0\end{bmatrix}$； (3) $\begin{bmatrix}2 & -1 & 0\\1 & 3 & -4\\1 & 0 & -2\end{bmatrix}$； (4) $\begin{bmatrix}-1 & 0\\0 & 0\\-2 & 1\end{bmatrix}$.

5. $\begin{bmatrix} 0 & 3 & 3 \\ -1 & 2 & 3 \\ 1 & 1 & 0 \end{bmatrix}$.

6. $\boldsymbol{X}=\begin{bmatrix} 3 & 2 \\ -2 & -3 \\ 1 & 3 \end{bmatrix}$.

7. (1) $x_1=1$, $x_2=0$, $x_3=0$;　(2) $x_1=5$, $x_2=0$, $x_3=3$.

8. 略.

9. (1) 2 048;(2) $-\dfrac{1}{2\,048}$;(3) $\dfrac{1}{32}$;(4) -16;(5) -512;(6) -4.

习题 2-4

1. (1) $\begin{bmatrix} 3 & 0 & -2 \\ 5 & -1 & -2 \\ 0 & 3 & 2 \end{bmatrix}$;　(2) $\begin{bmatrix} -2 & 1 \\ 1 & 0 \\ 3 & 2 \end{bmatrix}$.

2. (1) $\begin{bmatrix} 0 & -2 & 1 \\ 0 & \dfrac{3}{2} & \dfrac{1}{2} \\ \dfrac{1}{2} & 0 & 0 \end{bmatrix}$;　(2) $\begin{bmatrix} 1 & -2 & 0 & 0 \\ -2 & 5 & 0 & 0 \\ 0 & 0 & 2 & -3 \\ 0 & 0 & -5 & 8 \end{bmatrix}$.

3. $\begin{bmatrix} \boldsymbol{0} & \boldsymbol{B}^{-1} \\ \boldsymbol{A}^{-1} & \boldsymbol{0} \end{bmatrix}$.

4. -3.

5. (1) $\begin{bmatrix} 1 & 2 & 5 & 1 \\ 0 & 1 & 2 & -4 \\ 0 & 0 & -4 & 3 \\ 0 & 0 & -6 & 9 \end{bmatrix}$;　(2) $\begin{bmatrix} 1 & 0 & 0 & 0 \\ 0 & 1 & 0 & 0 \\ 0 & 0 & 1 & 0 \\ 0 & 0 & 0 & 1 \end{bmatrix}$.

习题 2-5

1. $\begin{bmatrix} 1 & 0 & 2 & 0 \\ 0 & 1 & -1 & 0 \\ 0 & 0 & 0 & 1 \\ 0 & 0 & 0 & 0 \end{bmatrix}$.

2. $\begin{bmatrix} 4 & 5 & 2 \\ 1 & 2 & 2 \\ 7 & 8 & 2 \end{bmatrix}$.

3. (1) $\begin{bmatrix} \frac{2}{3} & \frac{2}{9} & -\frac{1}{9} \\ -\frac{1}{3} & -\frac{1}{6} & \frac{1}{6} \\ -\frac{1}{3} & \frac{1}{9} & \frac{1}{9} \end{bmatrix}$; (2) $\begin{bmatrix} 1 & 1 & -2 & -4 \\ 0 & 1 & 0 & -1 \\ -1 & -1 & 3 & 6 \\ 2 & 1 & -6 & -10 \end{bmatrix}$.

4. (1) $\begin{bmatrix} 1 & 1 & 3 \\ 3 & 2 & 7 \\ 4 & 3 & 9 \end{bmatrix}$; (2) $\begin{bmatrix} 1 & -3 & 11 & -20 \\ 0 & 1 & -2 & 1 \\ 0 & 0 & 1 & -2 \\ 0 & 0 & 0 & 1 \end{bmatrix}$.

5. (1) $\begin{bmatrix} \frac{1}{2} & -11 & 7 \\ 1 & -27 & 17 \\ \frac{3}{2} & -35 & 22 \end{bmatrix}$; (2) $\begin{bmatrix} 10 & 2 \\ -15 & -3 \\ 12 & 4 \end{bmatrix}$;

(3) $\begin{bmatrix} 0 & 1 & -1 \\ -1 & 0 & 1 \\ 1 & -1 & 0 \end{bmatrix}$; (4) $\begin{bmatrix} 2 & 0 & -1 \\ -7 & -4 & 3 \\ -4 & -2 & 1 \end{bmatrix}$.

6. $\begin{bmatrix} 1 & 0 \\ 1 & 1 \end{bmatrix}\begin{bmatrix} 1 & 0 \\ 0 & 2 \end{bmatrix}\begin{bmatrix} 1 & -1 \\ 0 & 1 \end{bmatrix}$.

习题 2-6

1. (1) 2; (2) 3; (3) 2; (4) 2; (5) 2; (6) 3.

2. (1) $r(\boldsymbol{A})=3$, $\begin{vmatrix} 3 & 1 & 0 \\ 1 & -1 & 3 \\ 1 & 3 & -4 \end{vmatrix}=-8$;

(2) $r(\boldsymbol{A})=3$, $\begin{vmatrix} -1 & -3 & -1 \\ 3 & 1 & -3 \\ 5 & -1 & -8 \end{vmatrix}=-8$.

3. $r(\boldsymbol{A})=3$.

4. (1) 1; (2) 2.

5. 可能有;可能有.

6. $r(\boldsymbol{A})\leqslant r(\boldsymbol{B})$.

7. 略.

8. 略.

9. 略.

习题 2

1. 能.

2. $x=-5$，$y=-6$，$u=4$，$v=-2$.

3. (1) $\begin{bmatrix} 7 & 7 \\ -5 & -1 \\ 11 & 12 \end{bmatrix}$；(2) (0)；(3) $\begin{bmatrix} -4 & 66 \\ 16 & 103 \end{bmatrix}$；

(4) $a_{11}x_1^2+a_{22}x_2^2+a_{33}x_3^2+(a_{12}+a_{21})x_1x_2+(a_{13}+a_{31})x_1x_3+(a_{23}+a_{32})x_2x_3$.

4. $6\boldsymbol{A}$，$6^3\boldsymbol{A}$，$6^{99}\boldsymbol{A}$.

5. $\begin{bmatrix} 1 & n \\ 0 & 1 \end{bmatrix}$.

6. 不成立.

7. (1) $\begin{bmatrix} 3 & -1 \\ -2 & 1 \end{bmatrix}$；(2) $\begin{bmatrix} d & -b \\ -c & a \end{bmatrix}$；(3) $\dfrac{1}{25}\begin{bmatrix} 10 & 5 & -5 \\ -7 & -1 & 11 \\ -6 & -8 & 13 \end{bmatrix}$；

(4) $\begin{bmatrix} \lambda_1^{-1} & \cdots & 0 \\ \vdots & \ddots & \vdots \\ 0 & \cdots & \lambda_n^{-1} \end{bmatrix}$.

8. $\dfrac{1}{3}\begin{bmatrix} 0 & 1 & 1 \\ 0 & 1 & -2 \\ -3 & 2 & -1 \end{bmatrix}$.

9. $\begin{bmatrix} -\dfrac{1}{2} & -\dfrac{3}{2} & -\dfrac{5}{2} \\ \dfrac{1}{2} & \dfrac{1}{2} & \dfrac{1}{2} \\ 0 & 1 & 1 \end{bmatrix}$.

10. (1) $\begin{bmatrix} -9 & 1 \\ 16 & -1 \end{bmatrix}$；(2) $\begin{bmatrix} -\dfrac{149}{2} & 33 & -\dfrac{9}{2} \\ -\dfrac{87}{2} & 19 & -\dfrac{5}{2} \end{bmatrix}$.

11. (1) $x_1=7$，$x_2=-9$；(2) $x_1=-7$，$x_2=-9$，$x_3=11$.

12. $\begin{bmatrix} 3 & -1 & 1 \\ -2 & 2 & -2 \\ 3 & -1 & 3 \end{bmatrix}$.

13. $\begin{bmatrix} 2\,731 & 2\,732 \\ -683 & -684 \end{bmatrix}$.

14. $\begin{bmatrix}1 & 2 & 5 & 2\\ 0 & 1 & 2 & -4\\ 0 & 0 & -4 & 3\\ 0 & 0 & 0 & -9\end{bmatrix}$.

15. $\begin{bmatrix}2 & 0 & 1\\ 0 & 3 & 6\\ 1 & 6 & 2\end{bmatrix}$.

16. $|\boldsymbol{A}|=3$, $\boldsymbol{A}^4=\begin{bmatrix}97 & -56 & 0 & 0\\ -168 & 97 & 0 & 0\\ 0 & 0 & -7 & -8\\ 0 & 0 & 4 & -7\end{bmatrix}$, $\boldsymbol{A}^{-1}=\begin{bmatrix}2 & 1 & 0 & 0\\ 3 & 2 & 0 & 0\\ 0 & 0 & \frac{1}{3} & -\frac{2}{3}\\ 0 & 0 & \frac{1}{3} & \frac{1}{3}\end{bmatrix}$.

17. (1) 2;　(2) 2.

18. 当 $x\neq 1$ 且 $x\neq -2$ 时 $\mathrm{r}(\boldsymbol{A})=3$; 当 $x=1$ 时 $\mathrm{r}(\boldsymbol{A})=1$; 当 $x=-2$ 时 $\mathrm{r}(\boldsymbol{A})=2$.

19. $a=1$.

20. $k=1$.

21. 略.

22. 略.

3　线性方程组

习题 3 - 1

1. $\boldsymbol{\beta}=2\boldsymbol{\varepsilon}_1-\boldsymbol{\varepsilon}_2+5\boldsymbol{\varepsilon}_3+\boldsymbol{\varepsilon}_4$.

2. $\boldsymbol{\beta}_1=2\boldsymbol{\alpha}_1+\boldsymbol{\alpha}_2$,　$\boldsymbol{\beta}_2$ 不能由 $\boldsymbol{\alpha}_1$, $\boldsymbol{\alpha}_2$ 线性表示.

3. $(1, 0, -1)^{\mathrm{T}}$, $(0, 1, 2)^{\mathrm{T}}$.

4. $\boldsymbol{\beta}=-11\boldsymbol{\alpha}_1+14\boldsymbol{\alpha}_2+9\boldsymbol{\alpha}_3$.

5. $\boldsymbol{\alpha}_1=\frac{1}{2}(\boldsymbol{\beta}_1+\boldsymbol{\beta}_2)$,　$\boldsymbol{\alpha}_2=\frac{1}{2}(\boldsymbol{\beta}_3+\boldsymbol{\beta}_2)$,　$\boldsymbol{\alpha}_3=\frac{1}{2}(\boldsymbol{\beta}_1+\boldsymbol{\beta}_3)$.

6. 当 $\lambda=-3$ 时, $\boldsymbol{\beta}$ 不能由 $\boldsymbol{\alpha}_1$, $\boldsymbol{\alpha}_2$, $\boldsymbol{\alpha}_3$ 线性表示;
当 $\lambda\neq 0$, $\lambda\neq -3$ 时, $\boldsymbol{\beta}$ 可由 $\boldsymbol{\alpha}_1$, $\boldsymbol{\alpha}_2$, $\boldsymbol{\alpha}_3$ 线性表示且表示唯一;
当 $\lambda=0$ 时, $\boldsymbol{\beta}$ 可由 $\boldsymbol{\alpha}_1$, $\boldsymbol{\alpha}_2$, $\boldsymbol{\alpha}_3$ 线性表示,表示式有无穷多种情况.

7. 略.

习题 3 - 2

1. (1) 线性相关;　(2) 线性无关;　(3) 线性无关.

2. $a=-1$ 或 $a=2$.

3. $\boldsymbol{\beta}=-\frac{k_1}{k_1+k_2}\boldsymbol{\alpha}_1-\frac{k_2}{k_1+k_2}\boldsymbol{\alpha}_2$, k_1, $k_2\in\mathbf{R}$, $k_1+k_2\neq 0$.

4. 略.

5. (1)(2)(4)(5) 命题错误,(3)(6) 命题正确.

6. 线性无关.

7. 当 $k=-6$ 时,线性相关; $k\neq-6$ 时,线性无关.

8. 略.

9. 略.

习题 3 - 3

1. (1) $\boldsymbol{\alpha}_1, \boldsymbol{\alpha}_2, \boldsymbol{\alpha}_4$; (2) $\boldsymbol{\alpha}_1, \boldsymbol{\alpha}_2, \boldsymbol{\alpha}_3$; (3) $\boldsymbol{\alpha}_2, \boldsymbol{\alpha}_3, \boldsymbol{\alpha}_4$;
(4) $\boldsymbol{\alpha}_1, \boldsymbol{\alpha}_2$.

2. (1) 极大无关组为 $\boldsymbol{\alpha}_1, \boldsymbol{\alpha}_2, \boldsymbol{\alpha}_3, \boldsymbol{\alpha}_4$;
(2) 极大无关组为 $\boldsymbol{\alpha}_1, \boldsymbol{\alpha}_2, \boldsymbol{\alpha}_3$, 且 $\boldsymbol{\alpha}_4=\boldsymbol{\alpha}_1+3\boldsymbol{\alpha}_2-\boldsymbol{\alpha}_3$, $\boldsymbol{\alpha}_5=-\boldsymbol{\alpha}_2+\boldsymbol{\alpha}_3$.

3. $\boldsymbol{\alpha}_1, \boldsymbol{\alpha}_2, \boldsymbol{\alpha}_3, \boldsymbol{\alpha}_4$ 是 $\boldsymbol{A}$ 的一个极大线性无关组.

4. $a=2$, $b=5$.

5. 略.

6. $\boldsymbol{A}$ 的行秩和列秩都等于 2.

7. 略.

习题 3 - 4

1. (1) $(23\quad 18\quad 17)^{\mathrm{T}}$; (2) $(12\quad 12\quad 11)^{\mathrm{T}}$.

2. (1) $\boldsymbol{\xi}=\begin{bmatrix}\frac{23}{3}\\-5\\1\end{bmatrix}$; (2) $\boldsymbol{\xi}=\begin{bmatrix}2\\-1\\\frac{2}{3}\end{bmatrix}$, $\boldsymbol{\eta}=\begin{bmatrix}3\\-2\\\frac{1}{3}\end{bmatrix}$.

3. (1) $r=3$,极大无关组为 $\boldsymbol{\alpha}_1, \boldsymbol{\alpha}_2, \boldsymbol{\alpha}_3$, 生成的空间为 $\mathrm{span}(\boldsymbol{\alpha}_1, \boldsymbol{\alpha}_2, \boldsymbol{\alpha}_3)$, 且以 $\boldsymbol{\alpha}_1, \boldsymbol{\alpha}_2, \boldsymbol{\alpha}_3$ 为一个基向量组的三维空间;
(2) $r=2$ 极大无关组为 $\boldsymbol{\alpha}_1, \boldsymbol{\alpha}_2$, 生成的空间为 $\mathrm{span}(\boldsymbol{\alpha}_1, \boldsymbol{\alpha}_2)$, 且以 $\boldsymbol{\alpha}_1, \boldsymbol{\alpha}_2$ 为一个基向量组的二维空间.

4. $\boldsymbol{v}_1=2\boldsymbol{\alpha}_1+3\boldsymbol{\alpha}_2-\boldsymbol{\alpha}_3$; $\boldsymbol{v}_2=3\boldsymbol{\alpha}_1-3\boldsymbol{\alpha}_2-2\boldsymbol{\alpha}_3$.

5. $\left(\frac{1}{5}, \frac{1}{5}, \frac{3}{5}\right)$.

习题 3 - 5

1. (1) $x_1=-1$, $x_2=-1$, $x_3=0$, $x_4=1$; (2) 无解;
(3) $x_1=3-2C$, $x_2=C$, $x_3=1$, $x_4=-1$, C 为任意实数.

2. (1) $\begin{bmatrix}x_1\\x_2\\x_3\end{bmatrix}=\begin{bmatrix}-2C\\C\\0\end{bmatrix}$, C 为任意实数; (2) 零解;

(3) $k\begin{bmatrix}\frac{13}{3}\\-3\\\frac{4}{3}\\1\end{bmatrix}$, $k\in\mathbf{R}$;　(4) $k_1\begin{bmatrix}-2\\1\\0\\0\end{bmatrix}+k_2\begin{bmatrix}1\\0\\0\\1\end{bmatrix}$, $k_1, k_2\in\mathbf{R}$.

3. (1) 无解;　(2) $k\begin{bmatrix}-2\\1\\1\end{bmatrix}+\begin{bmatrix}-1\\2\\0\end{bmatrix}$, $k\in\mathbf{R}$;

(3) $\begin{bmatrix}x\\y\\z\\w\end{bmatrix}=k_1\begin{bmatrix}-\frac{1}{2}\\1\\0\\0\end{bmatrix}+k_2\begin{bmatrix}\frac{1}{2}\\0\\1\\0\end{bmatrix}+\begin{bmatrix}\frac{1}{2}\\0\\0\\0\end{bmatrix}$, $k_1, k_2\in\mathbf{R}$;

(4) $\begin{bmatrix}x\\y\\z\\w\end{bmatrix}=k_1\begin{bmatrix}\frac{1}{7}\\\frac{5}{7}\\1\\0\end{bmatrix}+k_2\begin{bmatrix}\frac{1}{7}\\-\frac{9}{7}\\0\\1\end{bmatrix}+\begin{bmatrix}\frac{6}{7}\\-\frac{5}{7}\\0\\0\end{bmatrix}$, $k_1, k_2\in\mathbf{R}$.

4. 当 $a=3$ 时,解为 $C\begin{bmatrix}-1\\1\\1\end{bmatrix}$, $C\in\mathbf{R}$.

5. 当 $a=1$ 时,有无穷多个解 $x_1=1-C_1-C_2$, $x_2=C_1$, $x_3=C_2$(C_1, C_2 为任意实数);

当 $a\neq1$ 且 $a\neq-2$ 时,有唯一解 $x_1=-\frac{a+1}{a+2}$, $x_2=\frac{1}{a+2}$, $x_3=\frac{(a+1)^2}{a+2}$.

6. 当 $\lambda=1$ 时,解为 $k\begin{bmatrix}1\\1\\1\end{bmatrix}+\begin{bmatrix}1\\0\\0\end{bmatrix}$, $k\in\mathbf{R}$;

当 $\lambda=-2$ 时,解为 $k\begin{bmatrix}1\\1\\1\end{bmatrix}+\begin{bmatrix}2\\2\\0\end{bmatrix}$, $k\in\mathbf{R}$;

当 $\lambda\neq1$ 且 $\lambda\neq-2$ 时,方程组无解;方程组不存在具有唯一解的情况.

习题 3 - 6

1. (1) 只有零解;

(2) 基础解系: $\boldsymbol{\xi}_1=(-2, 1, 0, 0)^{\mathrm{T}}$, $\boldsymbol{\xi}_2=(1, 0, 0, 1)^{\mathrm{T}}$,

通解: $\boldsymbol{x}=k_1\boldsymbol{\xi}_1+k_2\boldsymbol{\xi}_2$, $k_1, k_2\in\mathbf{R}$;

(3) 基础解系: $\boldsymbol{\xi}_1=(-9, 3, 1, 0)^{\mathrm{T}}$, 通解: $\boldsymbol{x}=k\boldsymbol{\xi}_1(k\in\mathbf{R})$;

(4) 基础解系: $\boldsymbol{\xi}_1=(0, 1, 1, 0, 0)^{\mathrm{T}}$, $\boldsymbol{\xi}_2=(0, 1, 0, 1, 0)^{\mathrm{T}}$,

$\boldsymbol{\xi}_3=(1, -5, 0, 0, 3)^{\mathrm{T}}$,

通解: $\boldsymbol{x}=k_1\boldsymbol{\xi}_1+k_2\boldsymbol{\xi}_2+k_3\boldsymbol{\xi}_3$, $k_1, k_2, k_3\in\mathbf{R}$.

2. 当 $\lambda=1$ 或 $\lambda=3$ 时有非零解;

当 $\lambda=1$ 时,基础解系: $\boldsymbol{\xi}_1=(1, -2, 1)^{\mathrm{T}}$, 通解为 $\boldsymbol{x}=k_1\boldsymbol{\xi}_1$, $k_1\in\mathbf{R}$;

当 $\lambda=3$ 时,基础解系: $\boldsymbol{\xi}_2=(1, -6, 3)^{\mathrm{T}}$, 通解为 $\boldsymbol{x}=k_2\boldsymbol{\xi}_2$, $k_2\in\mathbf{R}$.

3. 略.

4. $\begin{bmatrix} 1 & 0 \\ 0 & 1 \\ \frac{11}{2} & \frac{1}{2} \\ -\frac{5}{2} & \frac{1}{2} \end{bmatrix}$.

5. $\begin{bmatrix} 2 & 3 & 3k \\ -1 & 0 & 0 \\ 0 & -1 & k \end{bmatrix}$, $k\in\mathbf{R}$.

6. $C_1\begin{bmatrix} 1 \\ -1 \\ 1 \\ 0 \end{bmatrix}+C_2\begin{bmatrix} 0 \\ -1 \\ 0 \\ 1 \end{bmatrix}$, $(C_1, C_2\in\mathbf{R})$.

7. (1) 唯一解: $\boldsymbol{\xi}=(9, 6, -2)^{\mathrm{T}}$; (2) 无解;

(3) 通解: $\boldsymbol{x}=k(-3, -5, 1, 0)^{\mathrm{T}}+\frac{1}{3}(2, 3, 0, -1)^{\mathrm{T}}$, $k\in\mathbf{R}$;

(4) 通解: $\boldsymbol{x}=k_1(-2, 1, 0, 0)^{\mathrm{T}}+k_2(1, 0, 0, 1)^{\mathrm{T}}+(3, 0, 1, 0)^{\mathrm{T}}$, k_1, $k_2\in\mathbf{R}$.

8. (1) 当 $\lambda=4$ 时无解, $\lambda\neq4$ 时解为 $\boldsymbol{x}=k(-\lambda-4, 2, 1)^{\mathrm{T}}+\left(\frac{\lambda-6}{\lambda-4}, \frac{1}{\lambda-4}, 0\right)^{\mathrm{T}}$;

(2) 当 $\lambda=-3$ 时无解, $\lambda\neq-3$ 时解为 $\boldsymbol{x}=\left(\frac{\lambda+5}{\lambda+3}, \frac{-2}{\lambda+3}, \frac{-2}{\lambda+3}\right)^{\mathrm{T}}$.

9. 略.

10. 略.

习题 3

1. (1) $x_1=3$, $x_2=2$, $x_3=1$;　(2) $x_1=-1$, $x_2=3$, $x_3=-2$, $x_4=2$.

2. $\boldsymbol{\alpha}=(1, 2, 3, 4)^{T}$.

3. $k=2$.

4. 线性无关.

5. (1)(4) 线性相关；(2)(3) 线性无关.

6. $c=5$ 时,线性相关, $c\neq 5$ 时,线性无关.

7. 线性相关,证明略.

8. $\boldsymbol{\alpha}_1$, $\boldsymbol{\alpha}_2$ 是一个极大线性无关组(任意两个向量是一个极大线性无关组).

9. (1)(2)(3)不正确；(4)正确.

10. (1) $r=3$, 极大无关组为 $\{\boldsymbol{\alpha}_1, \boldsymbol{\alpha}_2, \boldsymbol{\alpha}_3\}$;

(2) $r=3$ 极大无关组为 $\{\boldsymbol{\alpha}_1, \boldsymbol{\alpha}_2, \boldsymbol{\alpha}_4\}$ 或$\{\boldsymbol{\alpha}_1, \boldsymbol{\alpha}_3, \boldsymbol{\alpha}_4\}$.

11. (1) $x_1=1$, $x_2=2$, $x_3=1$;

(2) 无解;

(3) $x_1=1-\frac{5}{7}k_1-k_2$, $x_2=\frac{4}{7}k_1+k_2$, $x_3=k_1$, $x_4=k_2$, $k_1, k_2\in\mathbf{R}$;

12. (1) 基础解系为 $\boldsymbol{\eta}_1=\begin{bmatrix}3\\1\\5\\0\end{bmatrix}$, $\boldsymbol{\eta}_2=\begin{bmatrix}0\\1\\0\\1\end{bmatrix}$, 通解为 $\boldsymbol{x}=k_1\boldsymbol{\eta}_1+k_2\boldsymbol{\eta}_2$, $k_1, k_2\in\mathbf{R}$;

(2) 基础解系为 $\boldsymbol{\eta}_1=\begin{bmatrix}-\frac{3}{2}\\ \frac{7}{2}\\1\\0\end{bmatrix}$, $\boldsymbol{\eta}_2=\begin{bmatrix}-1\\-2\\0\\1\end{bmatrix}$, 通解为 $\boldsymbol{x}=k_1\boldsymbol{\eta}_1+k_2\boldsymbol{\eta}_2$, k_1, $k_2\in\mathbf{R}$;

(3) 基础解系为 $\boldsymbol{\eta}_1=\begin{bmatrix}-2\\-6\\5\\0\\0\end{bmatrix}$, $\boldsymbol{\eta}_2=\begin{bmatrix}-4\\-2\\0\\5\\0\end{bmatrix}$, 通解为 $\boldsymbol{x}=k_1\boldsymbol{\eta}_1+k_2\boldsymbol{\eta}_2$, k_1,

$k_2 \in \mathbf{R}$.

13. (1) 特解为 $\boldsymbol{x}_0=\begin{bmatrix}0\\0\\1\\1\end{bmatrix}$，导出组的基础解系为 $\boldsymbol{\eta}_1=\begin{bmatrix}1\\0\\-3\\0\end{bmatrix}$，$\boldsymbol{\eta}_2=\begin{bmatrix}0\\1\\-4\\0\end{bmatrix}$，全部解为 $\boldsymbol{x}=\boldsymbol{x}_0+k_1\boldsymbol{\eta}_1+k_2\boldsymbol{\eta}_2$，$k_1$，$k_2\in\mathbf{R}$；

(2) 特解为 $x_0=\begin{bmatrix}2\\-1\\0\\0\end{bmatrix}$，导出组的基础解系为 $\boldsymbol{\eta}_1=\begin{bmatrix}1\\-2\\1\\0\end{bmatrix}$，$\boldsymbol{\eta}_2=\begin{bmatrix}1\\-2\\0\\1\end{bmatrix}$，全部解为 $\boldsymbol{x}=\boldsymbol{x}_0+k_1\boldsymbol{\eta}_1+k_2\boldsymbol{\eta}_2$，$k_1$，$k_2\in\mathbf{R}$.

14. (1) $4(p+q)+pq=7$ 无解；

(2) 当 $4(p+q)+pq\neq 7$ 时，存在唯一解；

(3) 当 $p=16$，$q=\frac{19}{4}$ 时，有无穷多解 $\boldsymbol{x}=k\left(-\frac{5}{2},\frac{5}{4},\frac{1}{4},1\right)^{\mathrm{T}}+\left(-\frac{1}{3},-\frac{1}{3},\frac{2}{3},0\right)^{\mathrm{T}}$，$k\in\mathbf{R}$.

15. $\boldsymbol{x}=k(3,4,5,6)^{\mathrm{T}}+(2,3,4,5)^{\mathrm{T}}$，$k\in\mathbf{R}$.

4 矩阵的特征值与特征向量

习题 4-1

1. $\boldsymbol{v}=\{(-k_1,k_1,0),(-k_2,0,k_2)\mid k_i\in\mathbf{R}\}$，表示过原点与向量 $\boldsymbol{\alpha}$ 垂直的一个平面.

2. 9.

3. $\pm\frac{1}{\sqrt{2}}\begin{bmatrix}1\\0\\0\\-1\end{bmatrix}$.

4. (1) 不是； (2) 是.

5. (1) $\boldsymbol{e}_1=\frac{1}{\sqrt{3}}\begin{bmatrix}1\\1\\1\end{bmatrix}$，$\boldsymbol{e}_2=\frac{1}{\sqrt{6}}\begin{bmatrix}-2\\1\\1\end{bmatrix}$，$\boldsymbol{e}_3=\frac{1}{\sqrt{2}}\begin{bmatrix}0\\-1\\1\end{bmatrix}$；

(2) $\boldsymbol{e}_1=\begin{bmatrix}1\\0\\0\end{bmatrix}$, $\boldsymbol{e}_2=\begin{bmatrix}0\\1\\0\end{bmatrix}$, $\boldsymbol{e}_3=\begin{bmatrix}0\\0\\1\end{bmatrix}$.

6. (1) $\boldsymbol{e}_1=\frac{1}{\sqrt{3}}\begin{bmatrix}1\\1\\1\end{bmatrix}$, $\boldsymbol{e}_2=\frac{1}{\sqrt{6}}\begin{bmatrix}-2\\1\\1\end{bmatrix}$, $\boldsymbol{e}_3=\frac{1}{\sqrt{2}}\begin{bmatrix}0\\-1\\1\end{bmatrix}$;

(2) $\boldsymbol{e}_1=\frac{1}{\sqrt{2}}\begin{bmatrix}1\\1\\0\\0\end{bmatrix}$, $\boldsymbol{e}_2=\frac{1}{\sqrt{6}}\begin{bmatrix}-1\\1\\2\\0\end{bmatrix}$, $\boldsymbol{e}_3=\frac{1}{\sqrt{21}}\begin{bmatrix}2\\-2\\2\\3\end{bmatrix}$.

7. 略.

8. 略.

习题 4-2

1. (1) $\lambda_1=\lambda_2=\lambda_3=2$, $\lambda_4=-2$, $(\boldsymbol{p}_1, \boldsymbol{p}_2, \boldsymbol{p}_3, \boldsymbol{p}_4)=\begin{bmatrix}1&1&1&-1\\1&0&0&1\\0&1&0&1\\0&0&1&1\end{bmatrix}$;

(2) $\lambda_1=2$, $\lambda_2=3$, $(\boldsymbol{p}_1, \boldsymbol{p}_2)=\begin{bmatrix}-1&-1\\1&2\end{bmatrix}$;

(3) $\lambda_1=-1$, $\lambda_2=9$, $\lambda_3=0$, $(\boldsymbol{p}_1, \boldsymbol{p}_2, \boldsymbol{p}_3)=\begin{bmatrix}1&1&1\\-1&1&1\\0&2&-1\end{bmatrix}$;

(4) $\lambda_1=\lambda_2=-1$, $\lambda_3=\lambda_4=1$, $(\boldsymbol{p}_1, \boldsymbol{p}_2, \boldsymbol{p}_3, \boldsymbol{p}_4)=\begin{bmatrix}0&-1&0&1\\-1&0&1&0\\1&0&1&0\\0&1&0&1\end{bmatrix}$.

2. (1) $\lambda_1=\lambda_2=1$, $\lambda_3=-5$;　(2) $\lambda_1=\lambda_2=2$, $\lambda_3=\frac{4}{5}$;

3. (1) 2, -4, 6;　(2) 1, $-\frac{1}{2}$, $\frac{1}{3}$.

4. $\boldsymbol{B}$ 的特征值为 -4, -6, -12, $|\boldsymbol{B}|=-288$, $|\boldsymbol{A}-5\boldsymbol{I}|=-72$.

5. 略.

6. 略.

7. $\boldsymbol{A}$ 的特征值为 $\lambda_1=\lambda_2=2$, $\lambda_3=0$;

对应 $\lambda_{1,2}$ 的特征向量为 $k_1\begin{bmatrix}0\\1\\0\end{bmatrix}+k_2\begin{bmatrix}1\\0\\1\end{bmatrix}$, k_1, $k_2\in\mathbf{R}$, $k_1+k_2\neq 0$;

对应 λ_3 的特征向量为 $k_3\begin{bmatrix}1\\0\\-1\end{bmatrix}$, $k_3\in\mathbf{R}$, $k_3\neq 0$.

8. $(1, -1, 0)^{\mathrm{T}}$.

9. 略.

10. 18.

11. 637.

12. $k=-2$, $\lambda=1$ 或 $k=1$, $\lambda=\dfrac{1}{4}$.

习题 4 - 3

1. $x=0$.

2. 略.

3. 略.

4. $x=3$.

5. 当 $a=c=0$, b 为任意值时, $\boldsymbol{A}$ 与对角阵相似.

6. 当 $a=2$ 时, $\boldsymbol{A}$ 可对角化;当 $a=6$ 时, $\boldsymbol{A}$ 不可对角化.

7. (1) $\lambda=-1$, $a=-3$, $b=0$;　(2) $\boldsymbol{A}$ 不能相似对角化.

8. $\begin{bmatrix}-1&1&1\\-2&2&2\\0&0&1\end{bmatrix}$.

9. $\dfrac{1}{3}\begin{bmatrix}-1&0&2\\0&1&2\\2&2&0\end{bmatrix}$.

10. $k=0$, $\begin{bmatrix}-1&0&0\\0&-1&0\\0&0&1\end{bmatrix}$.

11. 略.

12. 略.

习题 4 - 4

1. $\boldsymbol{P}=\begin{bmatrix}0 & \frac{1}{\sqrt{2}} & \frac{1}{\sqrt{2}} \\ 1 & 0 & 0 \\ 0 & \frac{1}{\sqrt{2}} & -\frac{1}{\sqrt{2}}\end{bmatrix}$, $\boldsymbol{P}^{-1}\boldsymbol{A}\boldsymbol{P}=\begin{bmatrix}-1 & 0 & 0 \\ 0 & 0 & 0 \\ 0 & 0 & 2\end{bmatrix}$.

2. (1) $\begin{bmatrix}1 & 2 & 2 \\ 2 & -2 & 1 \\ 2 & 1 & -2\end{bmatrix}$; (2) $\begin{bmatrix}\frac{1}{3} & \frac{2}{3} & \frac{2}{3} \\ \frac{2}{3} & -\frac{2}{3} & \frac{1}{3} \\ -\frac{2}{3} & \frac{1}{3} & -\frac{2}{3}\end{bmatrix}$.

3. $\boldsymbol{P}=\begin{bmatrix}-\frac{2}{\sqrt{5}} & \frac{2}{3\sqrt{5}} & \frac{1}{3} \\ \frac{1}{\sqrt{5}} & \frac{4}{3\sqrt{5}} & \frac{2}{3} \\ 0 & \frac{5}{3\sqrt{5}} & -\frac{2}{3}\end{bmatrix}$.

4. $\begin{bmatrix}-2 & 0 & 0 \\ 0 & 1 & 0 \\ 0 & 0 & 4\end{bmatrix}$.

5. (1) -2; (2) $\begin{bmatrix}\frac{1}{\sqrt{2}} & \frac{1}{\sqrt{6}} & \frac{1}{\sqrt{3}} \\ 0 & -\frac{2}{\sqrt{6}} & \frac{1}{\sqrt{3}} \\ -\frac{1}{\sqrt{2}} & \frac{1}{\sqrt{6}} & \frac{1}{\sqrt{3}}\end{bmatrix}$.

6. $a=-1$, $\lambda_0=2$.

7. $\boldsymbol{A}=\frac{2}{3}\begin{bmatrix}1 & -2 & -2 \\ -2 & 1 & -2 \\ -2 & -2 & 1\end{bmatrix}$.

8. $2\begin{bmatrix}1 & 1 & -2 \\ 1 & 1 & -2 \\ -2 & -2 & 4\end{bmatrix}$.

9. $\begin{bmatrix} 4 & 1 & 1 \\ 1 & 4 & 1 \\ 1 & 1 & 4 \end{bmatrix}$.

习题 4

1. $k_1\boldsymbol{\eta}_1+k_2\boldsymbol{\eta}_2$，其中 $\boldsymbol{\eta}_1=(1,-3,1,0)^{\mathrm{T}}$，$\boldsymbol{\eta}_2=(-2,-1,0,1)^{\mathrm{T}}$，$k_1$，$k_2$ 是任意常数.

2. 略.

3. 略.

4. $\lambda=3,2,-2$.

5. 提示：根据特征值与特征向量的定义证明.

6. 略.

7. 略.

8. $\lambda_1=1$，$\lambda_2=-1$，$\lambda_3=\dfrac{3}{2}$；　$|\boldsymbol{A}|=-\dfrac{3}{2}$.

9. (1) $a=5$，$b=6$；　(2) $\boldsymbol{P}=\begin{bmatrix} 1 & 1 & 1 \\ -1 & 0 & -2 \\ 0 & 1 & 3 \end{bmatrix}$.

10. (1) $\lambda_1=-2$，$\lambda_2=1$，$\boldsymbol{\alpha}_1=(2,1)^{\mathrm{T}}$，$\boldsymbol{\alpha}_2=(1,2)^{\mathrm{T}}$；

(2) $\lambda_1=\lambda_2=3$，$\boldsymbol{\alpha}=(1,1)^{\mathrm{T}}$；

(3) $\lambda_1=\lambda_2=0$，$\lambda_3=3$，$\boldsymbol{\alpha}_1=(-1,1,0)^{\mathrm{T}}$，$\boldsymbol{\alpha}_2=(-1,0,1)^{\mathrm{T}}$，$\boldsymbol{\alpha}_3=(1,1,1)^{\mathrm{T}}$；

(4) $\lambda_1=1$，$\lambda_2=2$，$\lambda_3=3$，$\boldsymbol{\alpha}_1=(1,1,1)^{\mathrm{T}}$，$\boldsymbol{\alpha}_2=(2,3,3)^{\mathrm{T}}$，$\boldsymbol{\alpha}_3=(1,3,4)^{\mathrm{T}}$.

11. $\lambda_1=2$，$\lambda_2=3$.

12. $\boldsymbol{A}=\dfrac{1}{6}\begin{bmatrix} 1 & -4 & -1 \\ -4 & -2 & -4 \\ 1 & -4 & 1 \end{bmatrix}$.

13. 对应 1 的特征向量是 $k_2\begin{bmatrix} 1 \\ 0 \\ 0 \end{bmatrix}+k_3\begin{bmatrix} 0 \\ -1 \\ 1 \end{bmatrix}$，$(k_1,k_2\neq 0)$，$\boldsymbol{A}=\begin{bmatrix} 1 & 0 & 0 \\ 0 & 0 & -1 \\ 0 & -1 & 0 \end{bmatrix}$.

14. $x=4$，$\boldsymbol{\alpha}_1=(-1,1,0)^{\mathrm{T}}$，$\boldsymbol{\alpha}_2=(1,0,4)^{\mathrm{T}}$，$\boldsymbol{\alpha}_3=(-1,-1,1)^{\mathrm{T}}$；

$\lambda_1=\lambda_2=3$ 对应的特征向量是 $k_1\boldsymbol{\alpha}_1+k_2\boldsymbol{\alpha}_2$；

λ_3 对应的特征向量是 $k_3\boldsymbol{\alpha}_3$，其中 k_1，k_2，k_3 为非零实数.

15. $|\boldsymbol{B}|=-459$.

16. (1) $\boldsymbol{P}=\begin{bmatrix}-1&2\\1&1\end{bmatrix}$, $\boldsymbol{P}^{-1}\boldsymbol{A}\boldsymbol{P}=\begin{bmatrix}-3&0\\0&-3\end{bmatrix}$; (2) 不能对角化;

(3) $\boldsymbol{P}=\begin{bmatrix}0&0&1\\-1&1&0\\1&1&0\end{bmatrix}$, $\boldsymbol{P}^{-1}\boldsymbol{A}\boldsymbol{P}=\begin{bmatrix}-1&0&0\\0&1&0\\0&0&2\end{bmatrix}$; (4) 不能对角化.

17. $\frac{1}{3}\begin{bmatrix}-1&0&2\\0&1&2\\2&2&0\end{bmatrix}$.

18. 1.

19. $\begin{bmatrix}1&1&1\\-1&0&-2\\0&1&3\end{bmatrix}$.

20. 当 $\lambda=2$ 是特征方程的二重根, $a=-2$, $\boldsymbol{A}$ 可相似对角化;

当 $\lambda=2$ 不是特征方程的二重根, $a=-\frac{2}{3}$, $\boldsymbol{A}$ 不可相似对角化.

21. $a=2$, $b=-3$, $c=2$, $\lambda_0=1$.

22. $\boldsymbol{A}=\begin{bmatrix}-2&3&-3\\-4&5&-3\\-4&4&-2\end{bmatrix}$.

23. $a=1$, $b=0$, $c=0$, $\lambda_3=2$.

24. 提示:利用反证法证明.

25. 提示:利用反证法证明.

5 二 次 型

习题 5-1

1. (1) $\begin{bmatrix}0&\frac{1}{2}&\frac{1}{2}\\\frac{1}{2}&0&-\frac{1}{2}\\\frac{1}{2}&-\frac{1}{2}&0\end{bmatrix}$; (2) $\begin{bmatrix}3&1&0&-4\\1&1&-2&1\\0&-2&2&-1\\-4&1&-1&-1\end{bmatrix}$;

(3) $\begin{bmatrix}1&2&1\\2&4&2\\1&2&1\end{bmatrix}$; (4) $\begin{bmatrix}1&-1&-2\\-1&1&-2\\-2&-2&-7\end{bmatrix}$;

(5) $\begin{bmatrix} 1 & -1 & 2 & -1 \\ -1 & 1 & 3 & -2 \\ 2 & 3 & 1 & 0 \\ -1 & -2 & 0 & 1 \end{bmatrix}$；　(6) $\begin{bmatrix} 1 & -2 & \frac{1}{2} \\ -2 & -2 & 0 \\ \frac{1}{2} & 0 & 3 \end{bmatrix}$；

(7) $\begin{bmatrix} 1 & 1 & 0 \\ 1 & -2 & 1 \\ 0 & 1 & -3 \end{bmatrix}$；　(8) $\begin{bmatrix} 0 & 1 & 1 & 1 \\ 1 & 0 & 1 & 1 \\ 1 & 1 & 0 & 1 \\ 1 & 1 & 1 & 0 \end{bmatrix}$.

2. $\begin{bmatrix} 1 & 2 & 3 \\ 2 & 1 & 4 \\ 3 & 4 & 1 \end{bmatrix}$.

3. (1) $f=2x_1x_2$；　(2) $f=x_1^2+2x_1x_2-x_2^2+4x_2x_3$.

4. $\begin{bmatrix} 2 & 7 & 4 \\ 7 & 4 & 7 \\ 4 & 7 & 10 \end{bmatrix}$.

5. $\begin{bmatrix} 0 & 1 & 0 \\ 1 & 0 & 0 \\ 0 & 0 & 1 \end{bmatrix}$.

6. 2.

7. f 是关于 x_1，x_2，x_3 的二次型，但 $\boldsymbol{B}$ 不是 f 的矩阵，二次型 f 的矩阵为

$$\boldsymbol{A}=\begin{bmatrix} 1 & \frac{5}{2} & 6 \\ \frac{5}{2} & 4 & 7 \\ 6 & 7 & 5 \end{bmatrix},$$

f 的矩阵表示式为 $f(x_1, x_2, x_3)=\boldsymbol{x}^{\mathrm{T}}\boldsymbol{A}\boldsymbol{x}$.

习题 5－2

1. (1) $f=-y_1^2-y_2^2+2y_3^2$；　(2) $f=3y_1^2-y_2^2-y_3^2-y_4^2$；

(3) $f=2y_1^2+5y_2^2+y_3^2$；　(4) $f=-y_1^2+3y_3^2+y_3^2+y_4^2$.

2. $c=3$，$f=4y_1^2+9y_2^2$.

3. (1) $f=y_1^2+y_2^2-y_3^2$，$\boldsymbol{x}=\boldsymbol{C}\boldsymbol{y}$，$\boldsymbol{C}=\begin{bmatrix} 1 & 1 & -1 \\ 0 & 0 & 1 \\ 0 & -1 & 1 \end{bmatrix}$；

(2) $f=-4y_1^2+4y_2^2+y_3^2$, $\boldsymbol{x}=\boldsymbol{C}\boldsymbol{y}$, $\boldsymbol{C}=\begin{bmatrix}1 & 1 & -\frac{1}{2}\\ 1 & -1 & \frac{1}{2}\\ 0 & 0 & 1\end{bmatrix}$.

4. (1) $\boldsymbol{P}=\begin{bmatrix}1 & -\frac{1}{2} & 1 & -\frac{1}{2}\\ 1 & \frac{1}{2} & -1 & \frac{1}{2}\\ 0 & 0 & 1 & \frac{1}{2}\\ 0 & 0 & 0 & 1\end{bmatrix}$; $f=2y_1^2-\frac{1}{2}y_2^2+3y_3^2+\frac{3}{2}y_4^2$;

(2) $\boldsymbol{P}=\begin{bmatrix}1 & -1 & 3\\ 1 & 1 & -1\\ 0 & 0 & 1\end{bmatrix}$; $f=2y_1^2-2y_2^2+6y_3^2$.

5. $a=b=0$.

6. (1) 二次型的规范型为 $y_1^2+y_2^2-y_3^2$,正惯性指数为 2,秩为 3;

(2) 二次型的规范型为 $y_1^2-y_2^2$,正惯性指数为 1,秩为 2;

(3) 二次型的规范型为 $y_1^2+y_2^2-y_3^2$,正惯性指数为 2,秩为 3.

7. $\boldsymbol{C}=\begin{bmatrix}2 & 0 & 0\\ 0 & 0 & 2\\ 0 & 1 & 0\end{bmatrix}$.

8. (1) $f=2y_1^2-4y_2^2+4y_3^2$,(2) $f=\frac{1}{2}y_1^2-y_2^2+y_3^2$.

习题 5-3

1. (1)(2)(5) 正定; (3)(4) 负定.

2. (1) $a>7$; (2) $-2<a<1$; (3) $-0.8<a<0$; (4) $a>2$.

3. $-3<a<1$.

4. 略.

5. 略.

6. 略.

习题 5

1. (1) $\boldsymbol{A}=\begin{bmatrix}2 & \frac{3}{2}\\ \frac{3}{2} & 1\end{bmatrix}$; (2) $\boldsymbol{A}=\begin{bmatrix}0 & 1\\ 1 & 0\end{bmatrix}$; (3) $\boldsymbol{A}=\begin{bmatrix}5 & 2 & 0\\ 2 & 2 & -\frac{3}{2}\\ 0 & -\frac{3}{2} & -1\end{bmatrix}$;

(4) $\boldsymbol{A}=\begin{bmatrix}0 & 1 & -1\\ 1 & 0 & 1\\ -1 & 1 & 0\end{bmatrix}$； (5) $\boldsymbol{A}=\begin{bmatrix}1 & -2\\ -2 & -1\end{bmatrix}$.

2. (1) $f=x_1^2-2x_1x_2+x_2^2$； (2) $f=4x_1x_2$； (3) $f=x_1^2+2x_2^2+3x_3^2$；
(4) $f=-2x_1x_2+4x_1x_2+6x_2x_3$； (5) $f=2x_1^2+6x_1x_2+x_2^2$.

3. 2.

4. $a=-3$.

5. $t=4$.

6. $y=2$.

7. $2y_1^2+2y_2^2+2y_3^2$.

8. (1) $f=3y_1^2-\frac{37}{12}y_2^2$，$\boldsymbol{x}=\boldsymbol{C}\boldsymbol{y}$，$\boldsymbol{C}=\begin{bmatrix}1 & \frac{7}{6}\\ 0 & 1\end{bmatrix}$；

(2) $f=y_1^2-y_2^2$，$\boldsymbol{x}=\boldsymbol{C}\boldsymbol{y}$，$\boldsymbol{C}=\begin{bmatrix}1 & -1\\ 1 & 1\end{bmatrix}$；

(3) $f=y_1^2-2y_2^2-3y_3^2$，$\boldsymbol{x}=\boldsymbol{C}\boldsymbol{y}$，$\boldsymbol{C}=\begin{bmatrix}1 & -2 & 0\\ 0 & 1 & -1\\ 0 & 0 & 1\end{bmatrix}$；

(4) $f=4y_1^2-4y_2^2+12y_3^2$，$\boldsymbol{x}=\boldsymbol{C}\boldsymbol{y}$，$\boldsymbol{C}=\begin{bmatrix}1 & -1 & 3\\ 1 & 1 & -1\\ 0 & 0 & 1\end{bmatrix}$.

9. (1) $f=y_1^2+4y_2^2-2y_3^2$，$\boldsymbol{x}=\boldsymbol{C}\boldsymbol{y}$，$\boldsymbol{C}=\begin{bmatrix}-\frac{2}{3} & \frac{2}{3} & \frac{1}{3}\\ \frac{1}{3} & -\frac{2}{3} & \frac{2}{3}\\ \frac{2}{3} & \frac{1}{3} & \frac{2}{3}\end{bmatrix}$；

(2) $f=y_1^2+y_2^2-y_3^2-y_4^2$，$\boldsymbol{x}=\boldsymbol{C}\boldsymbol{y}$，$\boldsymbol{C}=\begin{bmatrix}\frac{\sqrt{2}}{2} & 0 & \frac{\sqrt{2}}{2} & 0\\ \frac{\sqrt{2}}{2} & 0 & -\frac{\sqrt{2}}{2} & 0\\ 0 & \frac{\sqrt{2}}{2} & 0 & \frac{\sqrt{2}}{2}\\ 0 & -\frac{\sqrt{2}}{2} & 0 & \frac{\sqrt{2}}{2}\end{bmatrix}$.

10. (1) 是; (2) 不是.

11. $-1 < k < 0$.

12. 提示:实对称矩阵 $\boldsymbol{A}$ 正定当且仅当 $\boldsymbol{A}$ 的特征值均大于零.

13. 提示:由于 $\boldsymbol{A}$ 是实对称矩阵,故 $2\boldsymbol{E}+\boldsymbol{A}$ 为实对称矩阵,若 λ 是 $\boldsymbol{A}$ 的特征值,则 $\lambda+2$ 是 $2\boldsymbol{E}+\boldsymbol{A}$ 的特征值,因此可推出 $2\boldsymbol{E}+\boldsymbol{A}$ 的全部特征值均大于零.

14. 略.

参 考 文 献

[1] 肖马成.线性代数(理工类)[M].北京：高等教育出版社，2009.
[2] 吴赣章.线性代数(理工类)[M].北京：中国人民大学出版社，2006.
[3] 薛有才.线性代数(理工类简明版)[M].北京：机械工业出版社，2012.
[4] 余长安.线性代数[M].武汉：武汉大学出版社，2012.
[5] 北京大学数学系几何与代数教研室前代数小组编.高等代数[M].北京：高等教育出版社，2003.

部分专业名词中英文对照表

1. 行列式	**determinant**
行	row
列	column
余子式	cofactor
代数余子式	algebraic cofactor
主子式	principal minor
顺序主子式	sequential principal minor
主对角线	principal diagonal
副对角线	sub-diagonal
逆序	inverse order(negative sequence)
逆序数	inversion number
对换	transposition
排列	permutation
自然排列	natural permutation
奇排列	odd permutation
偶排列	even permutation
对角线法则	diagonal law (又称沙路法则 Sarrus rule)
对角行列式	diagonal determinant
上三角行列式	upper triangular determinant
下三角行列式	lower triangular determinant
系数行列式	coefficient determinant
转置行列式	transposed determinant

2. 矩阵	**matrix**
实矩阵	real matrix
复矩阵	complex matrix
负矩阵	negative matrix
零矩阵	zero matrix
行矩阵	row matrix (又称行向量 row vector)

列矩阵	column matrix（又称列向量 column vector）
方阵	square matrix
单位矩阵	unit matrix
数量矩阵	scalar matrix
行阶梯形矩阵	row-echelon form matrix
上三角形矩阵	upper triangular matrix
下三角形矩阵	lower triangular matrix
分块矩阵	block matrix
分块对角矩阵	block diagonal matrix
上三角分块矩阵	upper block diagonal matrix
下三角分块矩阵	lower block diagonal matrix
约当矩阵	Jordan matrix
对称矩阵	symmetric matrix
反对称矩阵	skew-symmetric matrix
非负矩阵	non-negative matrix
共轭矩阵	conjugate matrix
伴随矩阵	adjugated matrix
可逆矩阵	invertible matrix
正交矩阵	orthogonal matrix
正定矩阵	positive definite matrix
半正定矩阵	positive semi-definite matrix
负定矩阵	negative definite matrix
半负定矩阵	negative semi-definite matrix
系数矩阵	coefficients matrix
增广矩阵	augmented matrix
满秩矩阵	non-singular matrix（又称非奇异矩阵）
降秩矩阵	singular matrix（又称奇异矩阵）
非奇异的	non-singular（又称非退化的 non-degenerate）
奇异的	singular（又称退化的 degenerate）
权重	weight
迹	trace

3. 向量空间	**vector space**
子空间	subspace

实向量	real vector
复向量	complex vector
零向量	zero vector
负向量	negative vector
内积	inner product
正交基	orthogonal basis
矩阵方程	matrix equation
恒等变换	identical transformation
初等变换	elementary transformation
合同变换	congruent transformation
正交变换	orthogonal transformation
相似变换	similarity transformation
线性变换	linear transformation
线性运算	linear operation
线性组合	linear combination
线性表示	linear expression
线性相关	linearly dependence
线性无关	linearly independence
极大线性无关组	maximal linearly independent system
秩	rank

4. 线性方程组	**linear equations**
齐次线性方程组	homogeneous linear equations
非齐次线性方程组	non-homogeneous linear equations
导出组	induced equations
基础解系	fundamental set of solutions
通解	general solutions
特征值	eigenvalue
特征向量	eigenvector
特征方程	characteristic equation
特征多项式	characteristic polynomial
克莱姆法则	Cramer rule
降阶法	method of reduction of order
消元过程	elimination process

回代过程	regression process
5. 二次型	**quadratic form**
标准型	standard form(normalized form，canonical form)
正惯性指数	positive exponential inertia(positive index of inertia)
负惯性指数	negative exponential inertia(negative index of inertia)